RÉGION ET DÉVELOPPEMENT

n° 36-2012

Hiérarchies et croissances urbaines
Nouveaux regards sur les lois de Zipf et de Gibrat pour les villes

L'Harmattan

REVUE RÉGION ET DÉVELOPPEMENT

Revue fondée en 1995 par Gilbert Benhayoun et Maurice Catin

Revue semestrielle référencée dans ECONLIT et dans IDEAS (REPEC)

Site web : www.regionetdeveloppement.org
ISSN 2117-0843

5-7, rue de l'Ecole polytechnique, 75005 Paris

http://www.librairieharmattan.com
diffusion.harmattan@wanadoo.fr
harmattan1@wanadoo.fr

ISBN : 978-2-336-00468-6
EAN : 9782336004686

Région et Développement

n° 36 - 2012

Hiérarchies et croissances urbaines
Nouveaux regards sur les lois de Zipf et de Gibrat pour les villes

Coordonné par
Alexandra SCHAFFAR

Articles

LES LOIS DE ZIPF ET DE GIBRAT POUR LES VILLES : UNE INTRODUCTION

Alexandra SCHAFFAR*

Durant ces quinze dernières années, de nombreux travaux en sciences régionales se focalisent sur l'étude des lois de Gibrat et de Zipf pour les villes, deux représentations stylisées de la croissance et des hiérarchies urbaines. Ces lois ne sont pas récentes mais trouvent leurs origines au début du 20ème siècle, lorsque plusieurs chercheurs en sciences sociales investissent les propriétés des distributions scalaires et leurs applications, en s'inspirant de la prolifération exceptionnelle des travaux des mathématiciens sur les lois de distribution (Pearson, 1905 ; Yule, 1911 ; Lotka, 1926 ; Weibull, 1939).

Dans ce contexte transdisciplinaire, un bref article de quatre pages de Auerbach (1913) fait remarquer, en premier, la constance singulière de la valeur du produit de la population d'une ville par son rang, au sein d'un système urbain donné. La population de la deuxième plus grande ville représente à peu près la moitié de la population de la première, celle de la troisième ville un tiers de la première et, de façon plus générale, la population de la ville de rang *n*, une proportion 1/*n* de la population de la plus grande ville. Auerbach établit, ainsi, un premier modèle rang-taille où le nombre des villes est en relation inverse avec leur poids démographique respectif.

Durant la première moitié du 20ème siècle, hormis une étude comparative de Singer (1936) sur la distribution des villes dans sept pays, le modèle rang-taille reste à la marge des constructions en économie spatiale, comme l'illustre le mépris affiché par Christaller (1933), selon lequel cette relation ne représente qu'*un jeu de chiffres*, dénué de tout fondement théorique. Il faut attendre les travaux de Zipf et surtout leur reformulation par Simon (1955), Beckmann (1958) et Berry (1961) pour que la loi rang-taille apparaisse comme une « *contrainte de comportement des masses* » (Isard, 1960) dont la régularité dans le temps exige une interprétation théorique de l'organisation des systèmes urbains. Leurs contributions confirment, a posteriori, l'intuition de Schumpeter, selon lequel « *il y a peu d'économistes qui saisissent les possibilités scientifiques qu'ouvre l'existence de telles régularités statistiques. De surcroît, aucun d'entre eux ne semble réaliser que leur interprétation puisse être à l'origine d'une théorie économique complètement novatrice* » (Schumpeter, 1949).

Un nombre conséquent de chercheurs, initialement en géographie, a entrepris une série de travaux empiriques pour tester la validité de la loi de Zipf pour les villes, tout en s'interrogeant sur les interprétations théoriques qui en

* Université de Toulon, LEAD, EA 3163, 83957 La Garde, France ; schaffar@univ-tln.fr

découlent quant à la structuration des systèmes urbains et la localisation des ménages et des firmes. Ces travaux ont permis d'affiner et d'enrichir les connaissances sur les hiérarchies urbaines, en multipliant les terrains d'études, en proposant des comparaisons internationales ou diachroniques, en utilisant multiples définitions statistiques de la ville, en testant différentes méthodes d'estimation pour limiter les biais d'échantillonnage. Néanmoins, ils ne permettent pas de dégager une vision unanime sur la loi rang-taille, qualifiée de façon controversée de « *mystère urbain* » par Krugman (1996) et « *d'illusion statistique* » par Henderson (1996) ; elle reste, ainsi « *un des faits les plus frappants en sciences sociales contemporaines en général* » (Gabaix et Ioannides, 2004).

Sur le plan théorique, Simon (1955), Robson (1973) puis Pumain (1982) introduisent l'hypothèse que la forme de la distribution des tailles urbaines dépend des processus de changement démographique des villes. Ils amorcent, par ce biais, les approches sur la croissance urbaine qui s'articulent autour de la relation entre la croissance des villes et leur taille démographique, synonyme d'un certain nombre de caractéristiques économiques, telles que le poids des externalités (positives ou négatives) d'agglomération, la concentration du capital humain ou le périmètre de débordement des connaissances codifiées. L'absence d'une telle relation valide la loi de Gibrat pour les villes et met en cause toute une série de constructions théoriques en sciences régionales qui reposent sur les effets d'agglomération. Son affirmation conduit, à l'inverse, à l'hypothèse d'une convergence des villes vers une taille urbaine « optimale », objectif convoité depuis la cité idéale de Platon jusqu'aux modèles récents de Henderson (1974) qui posent les fondements de l'économie urbaine contemporaine.

Ce numéro spécial de *Région et Développement* comprend un ensemble de contributions qui permettent à la fois de présenter l'état de l'art sur les lois de Zipf et de Gibrat pour les villes, apporter des éclairages sur les dernières avancées théoriques et méthodologiques et ouvrir le débat entre des chercheurs de disciplines différentes qui se partagent l'ambition d'analyser les hiérarchies urbaines et les processus de changement démographique dans les villes.

Dans la première contribution, **Gilles Duranton** propose une relecture des différents modèles de croissance urbaine en mettant en évidence le clivage fondamental entre les modèles classiques et les modèles de croissance aléatoire. Les premiers permettent d'étudier le changement démographique urbain, tout en considérant une série de sujets connexes tels que la spécialisation économique des villes, tandis que les seconds cherchent à générer une distribution rang-taille des villes conforme à la loi de Zipf sur la base d'hypothèses plus originales. Gilles Duranton montre que, sous certaines conditions restrictives, ces modèles peuvent coexister dans le sens où les premiers traitent les tendances, tandis que les seconds les chocs. Un ensemble de travaux récents s'inscrivent dans cette dynamique.

Dans une deuxième contribution, **Denise Pumain** revisite les travaux sur la loi de Zipf, afin de dégager les connaissances cumulables dans des disciplines différentes mais connexes telles que l'économie urbaine et la géographie. En apportant un regard critique sur certaines utilisations abusives de la loi rang-taille et en rappelant un ensemble de paradoxes qui en découlent, Denise Pumain propose une exploration des processus de croissance des villes et d'évolution des hiérarchies urbaines qui s'appuie sur une théorie géographique évolutive déduite de la comparaison d'un grand nombre de systèmes urbains régionaux et nationaux. Dans son article, Denise Pumain introduit l'hypothèse de la croissance urbaine en tant que processus complexe, composé d'une part d'une forme d'évolution générale propre à tout processus d'urbanisation et d'autre part des histoires locales.

En adoptant une approche assez proche de la précédente, dans laquelle les systèmes urbains apparaissent comme des systèmes complexes déterminés par des effets d'échelle et de variété, **Tarsha Eason** et **Ahjond Garmestani** examinent la relation entre la taille des villes, le taux de croissance urbaine et les facteurs qui ont un impact significatif sur la résilience et la dynamique démographique des systèmes urbains. En s'appuyant sur des données empiriques concernant le système urbain du sud-est des Etats-Unis, ils montrent que la loi de Gibrat n'est pas valide pour les villes les plus dynamiques sur le plan démographique. A l'inverse, dans ces villes la croissance urbaine semble fortement corrélée avec un certain nombre de caractéristiques économiques telles que le revenu par habitant et le niveau du capital humain localisé.

Dans sa contribution, **Boris Portnov** propose d'étudier la validité de la loi de Gibrat pour les villes, en s'appuyant sur une étude empirique des évolutions démographiques de 2189 aires urbaines européennes. Il émet l'hypothèse que la loi de Gibrat est validée lorsqu'on utilise le niveau d'agrégation le plus élevé, c'est-à-dire les aires urbaines. Cependant, lorsqu'on utilise des niveaux d'agrégation plus fins, tels que les villes administratives ou les quartiers, ceci n'est plus le cas, car les effets de taille et les mécanismes économiques conditionnent davantage les mouvements démographiques et les migrations. Au niveau d'agrégation le plus élevé, les mouvements démographiques intra-urbains enregistrés se compensent, ce qui peut induire une interprétation différente et/ou erronée de la relation entre la croissance et la taille urbaine.

Kristian Giesen et Jen Sudekum examinent de leur côté la forme distributionnelle des villes françaises, en considérant non pas une distribution tronquée à une taille urbaine minimale mais l'ensemble des localités habitées. Ils montrent que cette distribution n'épouse pas la loi de Zipf, mais plutôt une distribution double Paréto lognormale (DPLN). Ils arrivent, par ce biais, à concilier la littérature sur la loi de Zipf, animée par des travaux qui s'appuient sur des distributions de grandes villes et certaines approches plus ou moins récentes selon lesquelles la distribution réelle adopte davantage les allures d'une lognormale, lorsqu'on considère l'ensemble de la population des villes. Kristian Giesen et Jens Sudekum construisent un modèle de croissance urbaine microéconomique adéquat, qui débouche sur une distribution DPLN. Un trait intéressant dans leur article est l'introduction de « l'âge des villes » comme élément explicatif de la forme de la distribution des tailles urbaines.

L'âge des villes se trouve au cœur de la contribution de **Lena Sanders** qui propose une exploration des travaux des économistes, des géographes et des archéologues sur la loi de Zipf. En puisant dans cette diversité disciplinaire des analyses qui se focalisent sur l'organisation des systèmes urbains, elle montre que la relation rang-taille ne doit être utilisée que comme un critère parmi d'autres pour étudier les subtilités des hiérarchies urbaines. Les pratiques des différentes disciplines sont source d'inspiration non seulement pour diversifier les méthodes d'investigations, mais également pour expliquer la récurrence ou pas d'une relation rang-taille et décrire empiriquement les caractéristiques d'un système de peuplement.

Rafael Gonzalez-Val entame, de son côté, une analyse des questions méthodologiques qui pèsent sur l'étude de la loi de Zipf. Dans sa contribution, il parcourt trois séries de choix méthodologiques qui doivent être tranchés par toute étude sur le sujet : ils concernent la définition de la ville, la construction de l'échantillon et la méthode d'estimation du coefficient de hiérarchisation. A partir de données sur les villes américaines, il montre que la méthode du maximum de vraisemblance (Hill) est la plus adéquate pour calculer le coefficient de hiérarchisation sous la condition stricte que la distribution des tailles urbaines soit une distribution de Pareto. En cas de doute, il est préférable d'utiliser la méthode corrigée des moindres carrés ordinaires qui souffre moins des biais liés à une certaine convexité de la relation rang-taille.

Daniel Arribas-Bel, **Fernando Sanz Gracia** et **Domingo Ximenez de Embun** étudient la validité des lois de Zipf et de Gibrat pour le système urbain australien. Ils ne confirment ni l'une ni l'autre, mais émettent l'hypothèse que la distribution rang-taille des villes australiennes reste fortement soumise à des effets de distance et aux caractéristiques d'un continent fortement sous-peuplé. Ils introduisent une analyse exploratoire des données spatiales, en s'appuyant sur certains outils d'économétrie spatiale, afin de détecter des effets de voisinage dans la taille des villes et leur croissance démographique. Ils montrent l'existence d'effets d'auto-corrélation spatiale dans les processus de croissance urbaine mais non pas dans la distribution rang-taille des villes.

Enfin, dans la dernière contribution de ce numéro spécial de *Région et Développement*, **Alexandra Schaffar** utilise un modèle rang-taille des villes sur des données de panel pour étudier la validité de la loi de Zipf. En introduisant la dimension géo-localisée des données, Alexandra Schaffar cherche à détecter les effets d'auto-corrélation spatiale dans la distribution rang-taille des villes chinoises et indiennes. Elle montre qu'en Chine, la prise en compte des effets d'auto-corrélation spatiale ne modifie pas fondamentalement les conclusions du modèle a-spatial tout en permettant de l'affiner : la distribution rang-taille des villes suit la loi de Zipf dans le long terme. En Inde, le modèle a-spatial conduit à un rejet de la loi de Zipf. L'introduction de la dimension spatiale conduit à valider la loi de Zipf sur le long terme.

L'ensemble de ces contributions permet de mettre en lumière les nouveaux défis des analyses sur la croissance et les hiérarchies urbaines. Le premier défi est d'ordre épistémologique : il concerne le croisement de disciplines autour d'un même objet d'étude, celui de l'organisation et la structuration des systèmes urbains. Le second défi est d'ordre méthodologique : il concerne la définition même de la ville et du système urbain et par la suite les méthodes utilisées pour étudier les lois de Zipf et de Gibrat pour les villes, qui restent deux faits stylisés majeurs dans la formation des hiérarchies urbaines. Le troisième défi est théorique : il faut s'interroger sur les modèles de localisation des firmes et des ménages et des mécanismes économiques sous-jacents qui expliquent l'apparition de telles régularités dans l'espace et dans le temps.

REFERENCES

Auerbach, F., 1913, Das Gesetz der Bevölkerungskonzentration, reproduit dans *Regional Science and Urban Economics*, 31, pp.601-615.

Beckmann M.J. 1958, City hierarchies and the distribution of city sizes, *Economic Development and Cultural Change*, 6, pp.243-248.

Berry B.J., 1964, Cities as systems within systems of cities, *Papers of the Regional Science Association*, 13, pp.147-163.

Christaller W., 1933, *Central Places in Southern Germany*, Englewood Cliffs, New Jersey.

Gabaix, X., Ioannides, Y., 2004, The evolution of city sizes' distribution in Henderson J.V et Thisse J-F. (eds) *Handbook of regional and urban economics*, vol.4, Elsevier Science B.B, Amsterdam, pp.2341-2376.

Gibrat, R., 1931, *Les inégalités économiques*. Librairie du Recueil Sirey, Paris.

Goodrich P., 1926, The statistical relationship between population and the city plan, in Burgess N. (eds) *The Urban Community*, University of Chicago, pp.144-156.

Henderson V., 1974, The size and types of cities, *American Economic Review*, 64, pp.640-656.

Henderson V., 1988, *Urban Development: theory fact and illusion*, Oxford University Press.

Isard W., 1956, *Location and space economy*, MIT Press, Cambridge.

Krugman P., 1996a, Confronting the Mistery of Urban Hierarchy, *Journal of the Japanese and the International Economies*, 10, pp.399-418.

Lotka A., 1926, The frequency distribution of scientific productivity, *Journal of the Washington Academy of Science*, 16, pp.317-323.

Parr J., 1976, A class of deviations from rank-size regularity: Three interpretations, *Regional Studies* 10(3), pp.285–292.

Pumain D., 1982, *La dynamique des Villes*, Economica, Paris.

Robson, B. T. 1973. *Urban Growth, an approach*. London: Methuen.

Schumpeter J., 1949, Economic Theory and Entrepreneurial History, reprinted in Schumpeter, J., 1989, *Essays on Entrepreneurs, Innovations, Business,* Transaction Publishers, N.Brunswick.

Simon, H., 1955, On a class of skew distribution functions, *Biometrika*, 44, pp.425-440.

Singer H.,1936, The "courbe des populations": a parallel to Pareto's law, *The Economic Journal*, vol.XLVI, n°182, pp.254-263.

Yule G. (1911) [1944], *The statistical study of library vocabulary*, Cambridge University Press.

Zipf G.K., 1941, *National Unity and Disunity: the Nation as a Bio-Social Organism*, Principia Press, Bloomington.

Zipf G.K., 1949, *Human Behavior and the Principle of Least Effort*, Addison-Welsey, Cambridge, MA.

LA CROISSANCE URBAINE : DÉTERMINISMES VS BRUIT

Gilles DURANTON*

Résumé - *Cet article propose une analyse comparative des modèles de croissance urbaine déterministe et des modèles de croissance aléatoire, afin d'étudier leur capacité d'interprétation des processus de changement démographique et de la distribution rang-taille des villes. Dans les modèles de croissance déterministe, la prise en considération des processus d'innovation et des activités de R&D permet d'expliciter la coexistence de villes spécialisées et de villes diversifiées. Ces dernières apparaissent comme des villes « couveuses », car elles facilitent l'expérimentation de nouvelles combinaisons productives (Duranton et Puga, 2001). Les modèles de croissance urbaine déterministe ne génèrent pas des distributions rang-taille compatibles avec la loi de Zipf, contrairement aux modèles de croissance aléatoire. Les fondements théoriques des deux séries de modèles sont également examinés ainsi que leur degré de compatibilité.*

Mots clés : CROISSANCE URBAINE, VILLES, DISTRIBUTION RANG-TAILLE

Classification JEL : R12, J11, J61

* University of Toronto ; gilles.duranton@utoronto.ca.

1. INTRODUCTION

La littérature économique récente est caractérisée par une prolifération de travaux sur le changement démographique des villes (Black et Henderson, 2003 ; Henderson, 2005). Les causes et les mécanismes de ce processus suscitent de nombreuses controverses. Selon certains chercheurs, la croissance démographique d'une ville est liée à sa structure industrielle, à la présence d'aménités locales ou même à son potentiel local de compétences et au niveau d'éducation de ses habitants. D'autres chercheurs remarquent qu'un tel processus pourrait aussi être le fruit du hasard : dans certaines villes, des événements que l'on pourrait qualifier d' « accidents historiques » sont à l'origine de processus de croissance urbaine soutenus ; c'est le cas de la Silicon Valley ou de Dalton, la capitale américaine de l'industrie du tapis en Georgie (Krugman, 1991, Saxenian, 1994).

Les travaux sur la croissance urbaine ignorent, en général, le rôle des accidents historiques. Dans la plupart des modèles, ces événements sont identifiés par le terme d'erreur. Considérés comme du « bruit », ils n'interviennent pas de façon structurelle dans la détermination du processus de croissance urbaine. En s'inscrivant aux antipodes de ces approches, cet article admet l'hypothèse que la relation entre tendance longue et accidents historiques est plus complexe. Il propose une analyse comparative entre les théories classiques de la croissance urbaine et les modèles de la croissance aléatoire qui prennent en considération les effets des chocs exogènes. En ce qui concerne les premières, plutôt que de se consommer dans une longue revue de littérature, ce papier se focalise sur un seul modèle qui pourrait être considéré comme représentatif des théories classiques de la croissance urbaine. A l'inverse, une présentation plus détaillée est réservée aux approches de la croissance aléatoire, moins nombreuses mais plus novatrices.

Les modèles classiques proposent une interprétation du changement démographique des villes en fonction d'un ensemble de facteurs explicatifs qui varient d'un modèle à l'autre. La plupart de ces modèles s'appuient sur des fondements microéconomiques solides et mettent en relation l'émergence et la croissance démographique d'une ville avec sa spécialisation productive. Malgré leur intérêt manifeste, ces modèles ne parviennent pas à expliquer comment les processus de croissance engendrent, à long terme, une régularité étonnante de la distribution rang-taille des villes, c'est-à-dire une distribution de Pareto avec un coefficient égal à -1.

Les modèles de croissance aléatoire conduisent, de leur côté, à une approche novatrice de la croissance urbaine. Les hypothèses de départ sont fondamentalement différentes de celles des modèles précédents. Ils se focalisent sur l'importance des effets aléatoires et la nature granulaire du changement démographique des villes, quand les modèles classiques privilégient un processus lisse et déterministe. Les modèles de croissance aléatoire génèrent des distributions rang-taille des villes convexes, mais sous certaines conditions, ils peuvent également reproduire des distributions de Pareto, avec un coefficient égal à -1.

Les modèles classiques et aléatoires apparaissent, au premier abord, complémentaires, du fait qu'ils se focalisent sur différentes caractéristiques de la ville pour expliquer sa croissance démographique ; néanmoins, les seconds considèrent qu'une croissance déterministe est incompatible avec une distribution de Pareto des tailles urbaines à l'état stationnaire. Bien qu'elle ne soit pas insurmontable en soi, cette hypothèse rend antinomiques les deux séries de modèles, sauf sous certaines conditions très restrictives.

2. LES MODÈLES CLASSIQUES DE CROISSANCE URBAINE : L'EXEMPLE DES VILLES COUVEUSES

Nous utilisons le modèle de Duranton et Puga (2001) comme exemple-type d'un modèle classique de croissance urbaine. Duranton et Puga (2001) établissent un lien entre les théories de la croissance endogène et le changement urbain, en calibrant un modèle qui examine les effets de l'innovation liée à la R&D sur le paysage urbain. Ils mettent en évidence un ensemble de faits stylisés permettant d'analyser la relation entre croissance économique et évolutions urbaines.

Dans le modèle de Duranton et Puga, les entrepreneurs introduisent de nouveaux produits sur le marché en payant un coût d'entrée fixe. Au début, les entrepreneurs ne maitrisent pas totalement le processus de fabrication des nouveaux produits et ne peuvent fournir que des prototypes. Le stade de la production de masse exige une innovation de procédé et reste l'objectif ultime des entrepreneurs, car elle permet d'améliorer leur productivité.

Bien que généralement complexe, l'innovation de procédé est modélisée de façon simple afin de se focaliser sur ses implications spatiales. On admet l'existence d'une série finie de facteurs de production disponibles, parmi lesquels il existe une combinaison idéale pour chaque entrepreneur qui désire se lancer dans un processus de production de masse. L'innovation de procédé exige pour chaque entrepreneur de découvrir sa propre combinaison idéale d'inputs afin de fabriquer en masse un nouveau produit. Pour atteindre son but, il doit procéder, par tâtonnement, à des échantillonnages lui permettant de tester une nouvelle combinaison d'inputs pour la fabrication d'un prototype. Lorsque l'entrepreneur trouve la combinaison idéale, il s'engage dans la production de masse.

L'utilisation d'une combinaison particulière d'inputs, soit pour la fabrication d'un prototype soit pour la production de masse (en cas de découverte de la combinaison idéale), exige une proximité physique entre les producteurs de ces inputs. Il est, certes, possible que ceux-ci soient géographiquement dispersés et que les entrepreneurs changent leur localisation à chaque fois qu'ils souhaitent tester une nouvelle combinaison. Mais cette stratégie s'avère peu opportune car ces déplacements génèrent des coûts supplémentaires ; c'est la raison pour laquelle les entrepreneurs préfèrent pouvoir assembler différents échantillons d'inputs dans une même localité.

Dans ce dernier cas, les producteurs d'inputs bénéficient eux-mêmes d'une série d'externalités d'agglomération qui accroissent davantage leur efficacité. La tendance à la concentration est limitée par l'existence de différents coûts urbains. Cette hypothèse, fondamentale pour interpréter l'émergence économique des villes, fut initiée dès 1890 par Alfred Marshall et confirmée sur le plan empirique par de nombreuses études économétriques (pour une revue de littérature assez exhaustive, voir Rosenthal et Strange, 2004).

Lorsque les coûts de déplacement sont élevés, les producteurs d'inputs cherchent à s'agglomérer afin d'améliorer leur productivité. Ceci conduit à la formation de villes spécialisées. De leur côté, des entrepreneurs dynamiques en quête d'une combinaison idéale des inputs de production souhaitent tester plusieurs échantillons d'inputs sur place. Ils préfèrent, à cet égard, se localiser dans une ville diversifiée qui offre de nombreuses possibilités d'échantillonnage d'inputs et de combinaisons productives.

Lorsque les coûts de déplacement ne sont ni trop élevés ni trop faibles, un équilibre intéressant émerge. Il réconcilie les besoins de spécialisation et de diversité dans le cycle de vie des firmes. Les entrepreneurs développent des nouveaux produits dans les villes dont la structure productive est diversifiée, car elle permet de tester plusieurs combinaisons d'inputs dans leur quête de la combinaison idéale. Une fois cette combinaison trouvée, les entrepreneurs ne sont plus intéressés par la diversité urbaine.

Comme les producteurs de différents inputs ne rentrent pas nécessairement en interaction entre eux, la diversité industrielle rend les villes plus grandes et plus coûteuses. Ceci signifie que les entrepreneurs ayant trouvé leur combinaison idéale préfèrent se localiser dans une ville spécialisée[1]. Si les coûts de migration ne sont pas très élevés, ces entrepreneurs quittent la ville diversifiée en direction d'une ville spécialisée afin de bénéficier des économies externes d'agglomération, liées à la spécialisation industrielle. Les villes diversifiées apparaissent, alors, comme des villes « couveuses » permettant aux entrepreneurs de générer des nouvelles idées et de tester des nouvelles combinaisons productives, tandis que les villes spécialisées sont des espaces de production de biens standardisés.

En résumé, le modèle de Duranton et Puga (2001) propose d'examiner les conséquences spatiales des processus de croissance et d'innovation. Les conclusions du modèle permettent de formuler une prédiction importante : dans leur stratégie de (re)-localisation, les firmes choisissent non pas des villes diversifiées mais des villes spécialisées dans leur secteur d'activité. Duranton et Puga (2001) apportent une démonstration empirique solide de la validité de cette hypothèse et parviennent, ainsi, à expliquer la coexistence de villes spécialisées et de villes diversifiées dans un contexte d'équilibre, ce qui se rapproche fortement des situations observées dans les pays industrialisés (Duranton et Puga, 2000).

---

[1] Le modèle admet qu'un pourcentage de firmes meurt durant chaque période, tandis que de nouvelles firmes sont créées, de sorte que le processus d'apprentissage soit permanent.

En s'inscrivant dans la continuité des travaux de Glaeser, Kallal, Scheinkman et Schleifer (1992) puis de Henderson, Kuncoro et Turner (1995) sur la croissance urbaine, le modèle de Duranton et Puga (2001) admet que les villes spécialisées sont avantageuses pour les firmes dont la production est standardisée tandis que les firmes high-tech préfèrent l'environnement des villes diversifiées. Ces caractéristiques d'entrée et de sortie des firmes des différentes villes sont confirmées empiriquement par de nombreuses études (Dumais, Ellison et Glaeser, 2002 ; Bernard et Jensen, 2007).

Même s'il ne produit pas un modèle de croissance endogène au sens strict, le travail de Duranton et Puga (2001) permet d'élargir les modèles de croissance en se focalisant sur leurs conséquences spatiales. Il est, de ce fait, représentatif des modèles classiques de la croissance urbaine qui associent croissance économique et démographie urbaine. Sans procéder à un exercice de revue de littérature trop long, il est intéressant de signaler un certain nombre de contributions importantes dans cette famille de modèles[2].

En prolongeant le travail de Lucas (1988), Eaton et Eckstein (1997) considèrent un modèle où l'accumulation localisée de capital humain génère des avantages d'agglomération. Ce processus dynamique est au cœur de la croissance économique et de la formation des villes. De son côté, Glaeser (1999) propose un modèle où des externalités d'agglomération dynamiques dérivent des interactions entre agents économiques. Selon Glaeser, l'apprentissage se réalise uniquement par la transmission de savoirs d'une génération de travailleurs à l'autre. Les villes apparaissent comme des lieux privilégiés pour la réalisation d'un tel processus, du fait d'une probabilité plus élevée de rencontre entre les anciennes et les nouvelles générations de travailleurs. Enfin, Black et Henderson (1999) proposent un modèle où les villes sont caractérisées par leur stock d'externalités de capital humain. Les travailleurs sont plus productifs au fur et à mesure que la taille de la ville s'accroît. Ils dépensent une partie de leur temps libre à l'apprentissage, ce qui contribue à l'augmentation du capital humain localisé. Black et Henderson (1999) décrivent par là un processus rétroactif où l'accumulation du capital humain génère des externalités d'agglomération qui rendent la ville plus attractive et conduisent à une augmentation de sa population, source d'un nouvel accroissement du capital humain localisée. Black et Henderson (1999) mettent, ainsi, en relation l'accumulation du capital humain, la croissance économique et la croissance démographique.

Ces modèles interprètent différemment les interactions entre les processus de croissance économique et le développement urbain, mais partagent un certain nombre de points communs.

En premier lieu, leur point de départ est le même, à savoir les travaux pionniers de Lucas (1988) sur le rôle des externalités de capital humain dans le processus de croissance économique. A l'inverse, le cadre théorique privilégié par Romer (1990) – selon lequel la croissance économique est liée à l'apparition d'innovations brevetées, sources d'augmentation du stock global des connaissances – paraît moins adéquat lorsque l'on cherche à intégrer les aspects spa-

---

[2] Pour une revue de littérature détaillée, voir Berliant et Wang (2005).

tiaux de la croissance économique[3], tout comme l'approche schumpétérienne de la croissance, telle qu'elle fut développée par Aghion et Howitt (1992).

En deuxième lieu, la formation et la croissance des villes apparaissent comme le résultat du jeu des économies d'agglomération, construit sur des fondements microéconomiques solides. Dans ce jeu des forces d'agglomération, la taille urbaine est synonyme d'avantages productifs élevés mais génère également des coûts urbains liés à la rareté du sol et à la congestion. Une caractéristique fondamentale de tous ces modèles est l'apparition d'une relation de courbe en cloche entre les gains nets de l'agglomération et la taille urbaine. Lorsque la population d'une ville augmente, les économies d'agglomération et les coûts urbains augmentent de façon simultanée. Pour les petites villes, les avantages de l'agglomération sont plus élevés que les coûts ; au-delà d'un certain seuil d'agglomération, le processus peut s'inverser et les coûts urbains dépassent les avantages, ce qui limite la croissance démographique d'une ville.

En troisième lieu, ces modèles admettent des processus de changement lents et progressifs initiés par le jeu des actions individuelles des agents économiques : à chaque période, soit une fraction de producteurs de prototypes découvre sa combinaison idéale des facteurs de production (Duranton et Puga, 2001), soit une partie des travailleurs acquièrent des compétences nouvelles grâce à une transmission des savoirs localisée (Glaeser, 1999), soit le capital humain des habitants d'une ville augmente d'un certain pourcentage (Eaton and Eckstein, 1997 ; Black and Henderson, 1999).

En quatrième lieu, comme il en découle des points précédents, ces modèles sont déterministes, ce qui signifie que les caractéristiques structurelles des villes permettent de prédire leur croissance démographique. Par exemple, dans le modèle de Duranton et Puga (2001), la composition sectorielle des activités d'une ville permet de prévoir les processus d'apprentissage générés par les firmes[4]. Dans le modèle de Glaeser (1999), le processus d'apprentissage dépend à la fois des caractéristiques démographiques d'une ville et de son stock de compétences et de savoirs. Dans les modèles d'Eaton et Eckstein (1997) ou de Black et Henderson (1999), le niveau initial du capital humain localisé, la taille de la ville et sa spécialisation permettent de modéliser une prévision de son processus de croissance démographique.

L'introduction d'un paramètre stochastique dans ces modèles permettrait de relativiser leur caractère déterministe[5]. Il est aisé de considérer qu'à chaque

---

[3] Il existe une littérature intéressante sur la dimension spatiale des brevets (voir Jaffe, Trajtenberg et Henderson, 1993, ou, plus récemment, Agrawal, Cockburn, et McHale, 2006). L'approche de Romer (1990) est à la base de deux modèles de croissance urbaine, présentés ultérieurement.

[4] Les processus d'apprentissage ont lieu dans les villes diversifiées, mais les innovations de processus s'appliquent dans les villes spécialisées qui enregistrent, alors, une croissance de la productivité globale des facteurs (PGF). Dans le modèle de Duranton et Puga, l'innovation conduit à une augmentation de l'emploi dans les villes diversifiées et une croissance liée à la PGF dans les villes spécialisées. Ce résultat est conforme aux prédictions du modèle de Cingano and Schivardi (2004).

[5] Il est, dans ce cas, nécessaire de modéliser les fondements microéconomiques de ces chocs.

période, des événements aléatoires puissent influencer l'accumulation du capital humain. Or, les modèles précédents dérivent résolument vers une seule et unique conclusion : les caractéristiques structurelles des villes, telles que le niveau moyen de capital humain localisé (Black et Henderson, 2003), conditionnent les processus de croissance urbaine. Selon Black et Henderson (1999), ceci signifie que les villes dont le niveau de capital humain est le plus élevé enregistrent les processus de croissance démographique les plus rapides : cette relation est au cœur du processus de croissance urbaine, tandis que la partie non-expliquée est résiduelle.

Avant d'entamer l'étude des modèles de croissance aléatoire qui adoptent une démarche différente, voire opposée, il convient de rappeler que la limite majeure des modèles déterministes est leur incapacité à générer une distribution rang-taille des villes conforme aux observations empiriques. Ainsi, le modèle de Duranton et Puga (2001) prédit qu'à l'état stationnaire toutes les villes auront la même taille. Cette conclusion peut cependant être facilement modifiée si l'on admet que l'intensité des effets d'agglomération varie selon les différents secteurs d'activité. Ceci a été démontré du point de vue empirique par Henderson (2003) ou Rosenthal et Strange (2004). Dans ce cas, les villes atteignent, à l'état stationnaire, une taille idéale selon leur spécialisation productive, à travers un jeu d'équilibre entre les économies d'agglomération et les coûts urbains. Les effets d'agglomération se réduisent au fur et à mesure qu'un secteur d'activité se développe, ce qui explique pourquoi les villes diversifiées sont plus grandes que les villes spécialisées, comme le montre une série de travaux empiriques (Duranton et Puga, 2000)[6].

Malgré ces spécifications permettant de différencier les résultats du processus de croissance urbaine, le socle de base de ces modèles reste commun : les villes sont déterminées par leur « type », c'est-à-dire par leurs caractéristiques structurelles, ce qui ne permet pas de générer les distributions des tailles urbaines observées empiriquement.

Cette inadéquation n'est pas propre au modèle de Duranton et Puga (2001) mais à tous les modèles issus du travail pionnier de Henderson (1974), à une exception près qui sera abordée ultérieurement. Les modèles d'Eaton et Eckstein (1997) ou de Black et Henderson (1999) prévoient l'existence de différents types de villes qui peuvent enregistrer une croissance parallèle, sans néanmoins que ceci contribue davantage à une interprétation de la forme des distributions rang-taille observées empiriquement.

---

[6] Sous certaines hypothèses restrictives, la taille urbaine optimale est celle qui permet d'égaliser les avantages marginaux liés aux économies d'agglomération et les désavantages marginaux liés aux coûts urbains. Si les économies marginales d'agglomération sont constantes, la spécialisation de la ville n'intervient pas dans la détermination de sa croissance démographique ; toutes les villes atteignent la même taille à l'état stationnaire, indépendamment de leur spécialisation A l'inverse si les économies d'agglomération se réduisent au fur et à mesure que la taille urbaine augmente, une ville mono-spécialisée affiche un volume d'externalités positives inférieur à celui d'une ville caractérisée par la présence de plusieurs secteurs. Ceci expliquerait pourquoi les villes diversifiées sont plus grandes que les villes spécialisées.

En résumé, cette littérature, dont les origines puisent dans le travail pionnier de Henderson (1974) et dans laquelle s'inscrivent les travaux de Duranton et Puga (2001), forge une théorie de l'émergence des villes (à travers le jeu des forces d'agglomération et de dispersion), une théorie de structuration économique des villes et une théorie de croissance démographique des villes (selon leur type). L'hypothèse d'une tension entre forces d'agglomération et de dispersion ne peut être contrecarrée. De même, les conclusions quant à la structuration productive des villes s'appuient sur des travaux empiriques conséquents et robustes. Mais dans le troisième volet, relatif à la taille urbaine, ces théories sont nettement moins convaincantes.

3. LA LOI DE ZIPF ET LES MODÈLES DE CROISSANCE ALÉATOIRE

L'intérêt scientifique pour la distribution rang-taille des villes est à l'origine des approches de croissance aléatoire. Depuis le travail pionnier d'Auerbach (1913), de nombreux chercheurs considèrent que la distribution des tailles urbaines est une distribution de Pareto. Ceci signifie que lorsqu'on classe les villes de la plus grande à la plus petite, on obtient une corrélation entre le rang et la taille urbaine telle que :

$$\log(Rang) = \text{Constante} - \xi \log(Taille) \qquad (1)$$

Le coefficient estimé ξ est le coefficient de Pareto. La loi de Zipf est validée (Zipf, 1949) lorsque $\xi = 1$. Dans ce cas, la taille de la deuxième ville est égale à la moitié de la taille de la plus grande ville, celle de la troisième ville égale à un tiers de la taille de la plus grande ville, etc.[7] La validité de la loi de Zipf est un sujet de controverses importantes entre chercheurs. L'interprétation des résultats du travail comparatif de Rosen et Resnick (1980) sur 44 pays, avec un coefficient de Pareto moyen égal à 1,14, reste ambigüe et fut utilisée à la fois par les défenseurs et les opposants à la loi de Zipf. Le travail récent de Soo (2005) confirme les résultats obtenus par Rosen et Resnick (1980) mais conduit à un rejet de la loi de Zipf pour la majorité des pays considérés. Cette conclusion doit, cependant, être relativisée du fait que les définitions statistiques d'une ville varient d'un pays à l'autre[8].

Dans la plupart des pays, la valeur du coefficient de Pareto se situe entre 0,8 et 1,2. Ceci traduit une certaine régularité dans la distribution des tailles urbaines qui ne peut être niée. La loi de Zipf apparaît, ainsi, comme un fait stylisé qu'il convient d'interpréter, à côté d'autres observations stylisées sur la nature de la croissance urbaine.

Il y a deux processus statistiques qui peuvent générer une loi de Zipf : le premier est un processus multiplicatif, le second est un processus additif. Néanmoins, l'un ou l'autre n'apportent pas beaucoup d'explications quant aux

---

[7] La loi de Zipf est connue sous l'appellation plus déterministe de loi rang-taille.
[8] Sur ce point, voir le *survey* remarquable de Gabaix et Ioannides (2004).

forces économiques qui génèrent une croissance urbaine adéquate avec une distribution des tailles urbaines qui obéit à la loi de Zipf. C'est l'objectif d'une série de travaux scientifiques développés récemment.

Dans un premier temps, il convient de parcourir les explications mécaniques de la loi de Zipf, avant d'entamer une analyse des tentatives d'interprétation économique. Selon Gabaix (1999a et 1999b), la plus grande partie des travaux sur la loi de Zipf adoptent une explication qui s'appuie sur des processus multiplicatifs, connus souvent sous le terme de processus de Kesten (Kesten, 1973). Nous suivons, ici, la présentation formalisée de Gabaix et Ioannides (2004), en considérant une économie avec une population fixe. Entre t et $t+1$, la population d'une ville i évolue de la façon suivante : $S_{it+1} = (1+\widetilde{\gamma}_{it+1})S_{it}$. Admettons la validité de la loi de Gibrat, à savoir que les $\widetilde{\gamma}$ sont indépendants et identiquement distribués avec une fonction densité $f(\gamma)$. Après T périodes, la taille de la ville i est égale à :

$$\begin{aligned} \log S_{it} &= \log S_{i0} + \sum_{t=1}^{t=T} \log(1+\gamma_{it}) \\ &\approx \log S_{i0} + \sum_{t=1}^{t=T} \gamma_{it} \end{aligned} \qquad (2)$$

Il convient de noter que cette approximation n'est valable que lorsque les chocs γ sont suffisamment petits. En appliquant le théorème central limite, les $\log S_{it}$ sont normalement distribués, ce qui induit que les tailles S_{it} suivent une distribution log-normale. Or, une telle distribution des tailles urbaines n'admet pas d'état stationnaire puisque sa variance augmente indéfiniment. Afin d'obtenir un état stationnaire, il est nécessaire d'imposer un seuil minimal de taille urbaine (Gabaix, 1999a), sinon l'on obtient une distribution uni-modale avec des queues fines des deux côtés. A l'inverse lorsque l'on impose une taille urbaine minimale, la forme de la distribution change. La queue basse disparaît, la fonction densité atteint son maximum au niveau de la taille urbaine minimale considérée, tandis que la queue haute de la distribution s'épaissit. Un seuil minimal de population urbaine conduit à une distribution rang-taille des villes susceptible d'épouser, à l'état stationnaire, la forme d'une distribution de Pareto. En l'absence d'un tel seuil, on obtient, par contre, une distribution de plus en plus écartée des tailles urbaines[9].

L'alternative principale au processus multiplicatif décrit ci-dessus est le modèle élaboré par Simon (1955). Selon Simon, la population ne croît pas de façon régulière mais augmente à travers la superposition de blocs discrets, avec une probabilité donnée qu'un bloc forme une nouvelle ville ou s'attache, à l'inverse, à une ville déjà existante. La probabilité qu'une ville reçoive un nouveau bloc est proportionnelle à sa taille. Ce mécanisme génère une distribution de Pareto des tailles urbaines. Le coefficient de Pareto tend vers la valeur unitaire lorsque la probabilité d'apparition de nouvelles villes tend vers 0.

---

[9] Voir Gabaix (1999) pour une démonstration complète.

Malgré quelques différences importantes, les processus multiplicatif et additif de croissance urbaine intègrent, chacun, la loi de Gibrat, soit directement à travers des chocs multiplicatifs soit à travers une augmentation de la population d'une ville par blocs discrets, survenus proportionnellement à sa taille.

Parmi les modèles de croissance aléatoire qui intègrent un mécanisme explicatif économique, celui d'Eeckhout (2004) est le plus abordable. Selon Eeckhout (2004), il y a un continuum de villes classées selon leur taille. Le travail est le seul facteur de production et chaque ville *i* affiche une productivité de travail A_{it} durant la période *t*. Les externalités d'agglomération multiplient la productivité du travail par S_{it}^{θ} et les effets de congestion la réduisent de $S_{it}^{-\sigma}$, avec S_{it} la population de la ville *i* en *t*. Le produit final par travailleur dans la ville *i* est donné par $S_{it}^{\theta-\sigma}$. La condition pour éviter une concentration absolue de tous les travailleurs dans une seule ville est que $\theta < \sigma$, tandis que la libre mobilité des travailleurs permet l'égalisation du produit per capita dans toutes les villes.

Malgré le fait que chaque ville subisse des chocs exogènes distribués de façon aléatoire, la loi des grands nombres conduit, à long terme, à une formation déterministe du produit final par travailleur. Après normalisation, la taille d'équilibre de la ville *i* est donnée par :

$$S_{it} = A_{it}^{\frac{1}{\sigma-\theta}} \tag{3}$$

Sous l'effet de petits chocs indépendants et identiquement distribués (i.d.d.), la productivité évolue de la façon suivante : $A_{it+1} = (1+\gamma_{it+1})A_{it}$. Après *T* périodes, ce processus conduit à :

$$\log S_{iT} = \log S_{i0} + \frac{1}{\sigma-\theta}\sum_{t=1}^{t=T}\gamma_{it} \tag{4}$$

L'équation (4) aboutit au même résultat que l'équation (2) sauf qu'au lieu d'admettre l'existence de chocs démographiques distribués de façon arbitraire, elle considère l'hypothèse de chocs de productivité cumulatifs. Sous le régime d'une libre mobilité des travailleurs, la taille de la population urbaine apparaît alors comme une fonction puissance de la productivité (équation 3) et, dans ce cas, la distribution log-normale de la productivité des villes se confond avec la distribution log-normale des tailles urbaines. Lorsque l'on introduit un seuil minimal de tailles urbaines, la distribution des villes épouse, par contre, la forme d'une distribution de Pareto[10].

[10] Eeckhout (2004) ne cherche pas à reproduire la loi de Zipf. Dans son application empirique, il conclut à une distribution log-normale de la taille des villes.

Le modèle de Rossi-Hansberg et Wright (2007) admet également les chocs de productivité cumulatifs comme moteurs de la croissance urbaine[11]. Sa différence vis-à-vis du modèle d'Eeckhout (2004) réside sur le fait qu'il considère que la taille des villes est déterminée par le jeu d'équilibre entre forces d'agglomération et forces de dispersion, conformément aux modèles classiques de croissance urbaine.

Il est indispensable de signaler que les modèles de croissance aléatoire peuvent, en statique, être compatibles avec les modèles classiques de la croissance urbaine mais que leur principale différence réside essentiellement dans les processus dynamiques générés en matière de démographie urbaine.

Gabaix (1999a) considère un modèle où les travailleurs sont mobiles une seule fois, uniquement au démarrage de leur vie professionnelle, lorsqu'ils doivent choisir leur installation. Leur fonction d'utilité dépend de la consommation d'un bien générique et des aménités locales. Le niveau des aménités locales dans chaque ville est indépendant et identiquement distribué (i.i.d.) et varie en fonction de l'apparition de chocs exogènes. Le choix de localisation des jeunes travailleurs dérive de la maximisation du produit des aménités locales multipliées par le niveau du salaire local. A l'état stationnaire, ce produit est le même pour les jeunes travailleurs dans toutes les villes.

La fonction de production est homogène, de degré 1, entre jeunes travailleurs migrants et population résidente (exprimée en pourcentage de la population résidente dans la période précédente, donc en soustrayant le taux de mortalité). Il est intéressant de noter que dans le modèle de Gabaix, les chocs temporaires ont un effet permanent sur la taille urbaine. Ceci est lié au fait que, d'une part, les travailleurs ne sont plus mobiles une fois leur choix de localisation initiale effectué et que, d'autre part, la fonction de production utilisée dans ce modèle est homogène et de degré 1, ce qui signifie que le salaire des jeunes travailleurs dépend uniquement du ratio entre le nombre de jeunes travailleurs migrants et la population permanente d'une ville. Sous cette hypothèse, les chocs d'aménité, qui génèrent un effet multiplicateur du salaire local pour les ménages, conduisent à la loi de Gibrat pour les villes. En suivant l'argumentation développée précédemment, la distribution rang-taille des villes obéit à la loi de Zipf, lorsque l'on impose un seuil minimal de taille urbaine. Notons, cependant, deux différences par rapport aux deux modèles précédents : d'une part, le modèle de Gabaix considère des chocs exogènes créateurs d'aménités et non pas des chocs technologiques ; d'autre part, les chocs sont temporaires et non pas permanents.

Les travaux de Gabaix (1999a), d'Eeckhout (2004) et de Rossi-Hansberg et Wright (2007) résument les trois principaux modèles multiplicatifs de croissance aléatoire. A côté de ces travaux, Duranton (2006, 2007) construit deux

---

[11] Selon Rossi-Hansberg et Wright (2007), la loi de Zipf n'émerge que dans deux configurations précises : dans la première, décrite dans cet article, la taille des villes est déterminée par les effets permanents des chocs exogènes. Dans la seconde, les effets des chocs sont temporaires et influencent l'accumulation des facteurs de production. Cordoba (2008) propose des modèles alternatifs permettant de générer une distribution rang-taille des villes qui suit la loi de Zipf.

autres modèles dont les mécanismes économiques génèrent également une croissance urbaine aléatoire.

Dans le premier, Duranton (2006) s'appuie sur le modèle de croissance endogène de Romer (1990). La recherche-développement (R&D) est fortement liée à la production d'un bien, sous l'influence des économies externes de localisation. Ceci signifie que l'activité de R&D dans une ville est proportionnelle au nombre de biens fabriqués localement. Sous un régime de libre mobilité de travailleurs et en éliminant les autres effets positifs ou négatifs de l'agglomération, la taille d'une ville apparaît comme proportionnelle au nombre de produits fabriqués localement. A l'équilibre, chaque ville est caractérisée par des petites innovations discrètes dont le nombre est proportionnel à sa taille démographique. Le caractère discret des innovations est une condition nécessaire, sans laquelle la loi des grands nombres conduirait à une croissance parallèle des villes. Les nouveaux produits sont fabriqués soit dans la ville où ils ont été conçus, soit dans une nouvelle localisation si leur production nécessite l'utilisation d'une ressource naturelle spécifique, ce qui conduit à la formation d'une nouvelle ville.

Dans une ville, chaque innovation conduit à une augmentation de la demande de travail afin de mettre en place une nouvelle combinaison productive, ce qui génère, somme toute, une croissance démographique. Concrètement, ce modèle ajoute une dimension géographique à la version discrète du modèle de Romer (1990). Selon Duranton (2006) ce modèle reproduit le processus probabiliste de Simon (1955) et génère une distribution rang-taille des villes qui obéit à la loi de Zipf, lorsque la probabilité de création de nouvelles villes tend vers 0[12].

Dans un second travail relativement proche du premier, Duranton (2007) s'inspire davantage du modèle schumpétérien de croissance de Grossman et Helpman (1991). Dans ce modèle, le secteur de R&D cherche à développer une nouvelle version d'un produit donné afin de le positionner au sommet de l'échelle de qualité des biens et profiter d'un avantage monopolistique jusqu'à ce qu'une autre innovation sur ce produit survienne. Les produits sont identifiés de façon discrète et localisés afin de conforter l'hypothèse de granularité des chocs exogènes qui influencent la démographie urbaine. Dans le modèle de Duranton (2007), la fabrication d'un produit est localisée et génère des externalités d'agglomération qui déterminent également la localisation de l'activité de R&D correspondante. Le mécanisme fondamental du modèle repose sur le fait que l'activité de R&D peut améliorer la qualité de son produit de référence (innovation intra-sectorielle), mais peut aussi, par hasard, générer une innovation sur un autre produit (innovation intersectorielle).

---

[12] Ce modèle évite certains dysfonctionnements du modèle de Simon (1955), caractérisé par un processus très lent de convergence de la distribution vers la loi de Zipf. Le processus de croissance chez Romer (1990), de nature cumulative et exponentielle, est caractérisé par des chocs exogènes additifs de plus en plus fréquents, ce qui induit une accélération du processus de convergence.

Dans le cas d'innovation intra-sectorielle, la localisation de l'activité économique n'est pas modifiée et conduit simplement à une substitution des producteurs existants par les producteurs innovants dans la même ville. Lorsqu'à l'inverse, survient une innovation intersectorielle, la fabrication du produit concerné se déplace vers la localisation où l'innovation se réalise. Ceci implique une relocalisation de l'activité productive, synonyme de gains démographiques pour la ville innovante et d'une perte de population pour la ville spécialisée auparavant dans cette production.

La découverte de la xérographie représente un exemple typique d'un tel processus. A la fin des années 1950, à Rochester (dans l'Etat de New York), la firme Haloid Company cherchait à améliorer la technologie dominante de l'industrie photographique mise en place et utilisée par Eastman Kodak. Son activité a néanmoins conduit à une innovation majeure dans l'industrie de la reprographie qui a abandonné son berceau, la ville de New York, pour s'installer à Rochester où Haloid Company et l'industrie de la photographie étaient localisées.

Afin d'éviter la disparition irréversible des villes, Duranton (2007) admet l'hypothèse que chaque ville est caractérisée par un produit qui dépend des attributs de première nature et dont la fabrication n'est pas transposable vers une autre localité. Les effets de symétrie et l'absence d'autres avantages ou coûts d'agglomération permettent de conclure que la population d'une ville est proportionnelle au nombre de produits fabriqués localement.

A l'état stationnaire, ce modèle ne conduit pas à une distribution rang-taille des villes qui reproduit strictement la loi de Zipf, parce que l'apparition de nouvelles innovations n'est pas tout à fat proportionnelle à la taille des villes. Comme une grande ville est caractérisée par la présence de nombreux secteurs de production, la probabilité qu'elle attire la fabrication d'un nouveau bien est relativement faible. De l'autre côté, les villes mono-spécialisées dans un bien immuable ne peuvent que croître sur un plan démographique. De ce fait, la croissance urbaine n'est pas proportionnelle à la taille des villes, mais décroit légèrement au fur et à mesure que la taille urbaine augmente, ce qui conduit à une distribution des villes plus concave que celle préconisée par la loi de Zipf. Une telle distribution est conforme à la distribution des villes américaines. Contrairement aux autres modèles de croissance aléatoire, le modèle de Duranton (2007) ne cherche pas seulement à expliquer la distribution rang-taille des villes, mais permet également d'interpréter le changement de la localisation industrielle entre les villes, un processus qui fait l'objet de nombreuses études empiriques récentes (Simon, 2004 ; Duranton, 2007 ; Findeisen and Südekum, 2008).

4. DEUX APPROCHES DE LA CROISSANCE URBAINE MUTUELLEMENT EXCLUSIVES

Tant les modèles classiques de la croissance urbaine que les modèles de la croissance aléatoire fournissent une interprétation plausible de la formation des systèmes urbains et permettent de reproduire un ensemble de faits stylisés empiriquement observés. Ils apparaissent donc comme complémentaires ; il reste maintenant à savoir s'ils sont compatibles.

Il y a deux différences essentielles entre ces deux séries de modèles : en premier lieu, les modèles classiques génèrent un processus lisse de croissance urbaine, contrairement aux modèles de croissance aléatoire caractérisés par un processus granulaire du changement démographique, sous l'effet de chocs exogènes discrets[13]. Si ces chocs sont infiniment petits, la loi des grands nombres s'applique dans chaque ville et l'intérêt des modèles de croissance aléatoire s'estompe. Il est difficile de lisser les modèles de croissance aléatoire ; il est, par contre, plus facile de limiter l'aplanissement des processus de croissance urbaine décrits par les modèles classiques. Dans ces derniers, le processus de changement démographique des villes est lisse essentiellement pour des raisons d'esthétisme et de conformité. La prise en considération de chocs exogènes (et/ou d'une forme plus ou moins prononcée de granularité dans le processus de croissance) n'est pas problématique du point de vue conceptuel, mais rendrait la solvabilité de ces modèles nettement plus compliquée. Ceci signifie que la granularité n'est pas un problème en soi sur le plan théorique et n'est pas une source d'opposition entre les deux familles de modèles.

En second lieu, le rôle des chocs exogènes n'est pas le même dans les deux séries de modèles. Les modèles classiques s'inscrivent dans une démarche canonique traditionnelle selon laquelle les caractéristiques structurelles de chaque ville déterminent la croissance de sa population, tandis que la partie du changement démographique qui reste inexpliquée est traitée comme résiduelle. Dans les modèles aléatoires, cette partie résiduelle représente le cœur du processus de croissance urbaine.

Afin de mieux expliciter cette différence, considérons une simple régression d'un processus de croissance urbaine :

$$\log S_{it+1} - \log S_{it} = a_1 \log S_{it} + a_2 \log X_{it} + \varepsilon_{it+1} \qquad (5)$$

où la croissance démographique d'une ville *i* entre *t* et *t+1* dépend de la taille de la ville en *t*, d'un ensemble de caractéristiques *X* et d'un terme aléatoire. Le point de départ de notre réflexion est que les modèles classiques de la croissance urbaine se focalisent sur *S* et *X*, tandis que les modèles aléatoires sur ε. La question en suspens est celle de savoir si la loi de Zipf est compatible avec $a_1 \neq 0$ ou $a_2 \neq 0$.

Bien qu'il y ait quelques controverses quant au caractère stationnaire des séries des tailles d'une ville (avec un effet de convergence vers une taille moyenne donnée pour chaque ville, voir à ce sujet Black et Henderson, 2003 vs Eeckhout, 2004), il semble évident que la taille d'une ville est souvent déterminante pour sa croissance démographique future. Dans la plupart des cas, il y a

[13] Bien que les modèles de croissance aléatoire puissent générer une croissance continue (voir Gabaix, 1999a), une certaine granularité reste tout de même nécessaire.

une relation opposée entre les deux agrégats (avec un coefficient négatif dans les équations de croissance), ce qui ne doit pas être interprété comme un rejet de facto des modèles de croissance aléatoire. Comme le signalent Gabaix et Ioannides (2004), plutôt que de tester un effet de convergence vers une taille urbaine moyenne pour chaque ville, ce qui importe est de détecter la présence ou pas d'une racine unitaire dans les processus de croissance urbaine, permettant de déterminer si les modèles aléatoires valident une version molle ou une version dure de la loi de Gibrat pour les villes.

Suivons, sur ce point, la démonstration développée par Gabaix et Ioannides (2004) et admettons une structure des erreurs telle que : $\varepsilon_{it} = \gamma_{it} + \mu_{it} - \mu_{it-1}$ où γ_{it} est i.i.d. et μ_{it} est stationnaire. Dans ce cas, les tailles urbaines sont stationnaires, puisque la croissance urbaine est négativement corrélée avec la taille urbaine entre *t* et *t+1*. En l'absence d'autres déterminants de la croissance urbaine, il est aisé de montrer qu'une telle structure des erreurs conduit à :

$$\log S_{iT} = \log S_{i0} + \sum_{t=1}^{t=T} \gamma_{it} + \mu_{iT} - \mu_{i0} \quad (6)$$

Cette équation est très proche de l'équation (2) où la somme des chocs exogènes γ conduit à une distribution rang-taille des villes qui valide la loi de Zipf, sous réserve d'un seuil minimal des tailles urbaines considérées dans l'échantillon. La seule différence entre les deux équations réside sur le rôle du terme d'erreur μ_T. Selon Gabaix et Ioannides (2004), si la queue de la distribution des termes γ est plus épaisse que celle des termes μ, la loi de Zipf reste valide à l'état stationnaire. Dans ce cas, le caractère stationnaire n'est pas gênant tant qu'il reste surpassé par les effets des chocs exogènes cumulatifs qui valident la loi de Gibrat. Cette condition s'avère importante et nécessite davantage d'investigations dans des recherches futures : elle permettrait de déterminer dans quelle mesure une version molle de la loi de Gibrat pour les villes est compatible avec la loi de Zipf.

Revenons à présent à l'équation 5, afin d'examiner le rôle des autres déterminants de la croissance urbaine. On admet, dans un premier temps, que $a_1 = 0$, que a_2 varie en fonction du temps et on considère que $\varepsilon_{it} = \gamma_{it}$, avec γ_{it} i.i.d. Après simplification, on obtient :

$$\log S_{iT} = \log S_{i0} + \sum_{t=1}^{t=T} \gamma_{it} + \sum_{t=1}^{t=T} a_{2t} X_{it} \quad (7)$$

Si le terme $a_2 X$ est constant dans le temps mais varie d'une ville à l'autre, la distribution rang-taille des villes dévie vis-à-vis de la loi de Zipf. Ceci signifie que si la croissance urbaine est déterminée par les caractéristiques structurelles propres à chaque ville, on arrive à une divergence urbaine croissante des tailles urbaines dans le long terme, sans possibilité d'atteindre un état stationnaire.

Les remarques précédentes ne devraient pas conduire à exagérer le caractère incompatible des deux familles de modèles de croissance urbaine, classiques et aléatoires, mais à déterminer les possibilités de leur combinaison.

En premier lieu, la partie haute de la distribution peut toujours épouser la forme d'une distribution de Pareto, sous différents régimes de croissance urbaine. Examinons, à cet égard, deux types de villes : les premières enregistrent des processus de croissance démographique accélérée, contrairement aux secondes qui enregistrent des processus de changement plus lents (dans l'équation (5), la variable *X* est un vecteur de variables structurelles permettant de caractériser les différentes villes). Imaginons que le seuil minimal de taille urbaine admis pour chaque groupe de villes augmente en fonction de la vitesse du changement démographique de chaque groupe. On atteint, dans ce cas, une distribution de Pareto pour les villes de chaque groupe mais une divergence entre les deux groupes, c'est-à-dire lorsque l'on considère la totalité des villes[14].

Si la vitesse de divergence est lente, malgré un seuil minimal de tailles urbaines différent entre les deux groupes, la distribution rang-taille des villes épouse quasi-systématiquement la forme d'une double distribution de Pareto, dont le coefficient de hiérarchisation est égal à -1. Au dessus du seuil minimal le plus élevé, la distribution de toutes les villes est une distribution de Pareto. Sur un siècle, une différence de l'ordre de 1% dans le processus de changement démographique entre les deux groupes de villes conduit à une différenciation de 2,7% des tailles moyennes. Si la taille urbaine minimale considérée pour le groupe de villes qui enregistrent une croissance démographique lente est de 10 000 habitants, un siècle plus tard, la taille urbaine minimale pour le groupe de villes dont le changement démographique est rapide sera de 27 000 habitants. Au delà du seuil de 27 000 habitants, la distribution rang-taille des villes est une distribution de Pareto. Lorsque le processus de divergence entre les deux groupes de villes est lent, il est difficile de détecter ses effets sur les tailles des villes, sauf dans le très long terme.

Lorsque le processus de divergence est rapide, à l'inverse, le groupe qui enregistre des faibles taux de croissance urbaine aura tendance à s'amenuiser. On peut, par exemple, considérer que les distributions contemporaines des villes, de tailles systématiquement bornées entre 10 000 et 100 000 habitants, ne peuvent contenir que des localisations favorables au processus de croissance. Les localisations défavorables n'ayant pas permis le développement de larges villes, se sont résumées à un habitat isolé et n'apparaissent pas dans l'échantillon. La partie basse de la distribution des villes et/ou des localisations habitées ne valide pas de façon systématique une distribution de Pareto

---

[14] La taille urbaine minimale dans chaque groupe de villes doit évoluer au même rythme que la croissance urbaine moyenne de chaque groupe, sinon l'entrée permanente de villes de taille inférieure dans l'échantillon conduirait à une déviation artificielle vis-à-vis d'une distribution de Pareto. Dans l'hypothèse où la taille minimale considérée diminue, la distribution tendrait vers une distribution log-normale.

(Eeckhout, 2004 ; Michaels, Rauch et Redding, 2008 ; Rozenfeld, Rybski, Gabaix, et Maske, 2009). Ceci induit que des processus de divergence rapides sont également difficilement observables en matière de tailles urbaines. On peut, donc, conclure que seuls des processus de divergence intermédiaires peuvent être facilement appréhendés.

En second lieu, les modèles classiques et aléatoires de croissance urbaine sont compatibles lorsque les effets de $a_{2t}X_{it}$ restent temporaires, c'est-à-dire lorsque a_2 ou X sont stationnaires. Lorsque a_2 est stationnaire, les caractéristiques structurelles d'une ville ont un effet positif sur sa croissance tout au long d'une période donnée et un effet négatif durant une période suivante. Aux Etats-Unis, par exemple, il est possible que des étés chauds soient bénéfiques à l'augmentation de la population dans certaines villes, après l'invention de la climatisation mais pas avant. La proximité aux mines de charbon et de fer était, indéniablement, un facteur de croissance pour certaines villes durant le 19ème et début du 20ème siècle, tandis que par la suite, une telle proximité fut sans conséquences sur le changement démographique urbain.

Lorsque X est stationnaire, cela signifie que les effets des déterminants de la croissance démographique des villes sont temporaires. Par exemple, Duranton et Turner (2008) considèrent que le développement de nouvelles infrastructures routières est un facteur de croissance urbaine. Dans leur modèle, le développement de telles infrastructures est proportionnel à la taille de la population urbaine[15]. Ce que les modèles classiques de croissance urbaine considèrent comme variable structurelle explicative est, ainsi, appréhendé comme un choc exogène par les modèles de croissance aléatoire. Dans ce cas, il ne peut y avoir correspondance entre les chocs exogènes pris en considération par les modèles de croissance aléatoire et les résidus des modèles classiques de croissance urbaine. Cette appréciation différenciée des chocs exogènes souligne le besoin de construire de façon plus solide les fondements microéconomiques des modèles de croissance aléatoire.

Les remarques précédentes permettent de supposer qu'une prétendue incompatibilité des deux familles de modèles est liée au fait qu'ils s'inscrivent dans des durées temporelles différentes. Les modèles classiques, qui représentent le socle théorique des équations traditionnelles de croissance urbaine, se focalisent sur une période temporelle déterminée plus ou moins longue, tandis que les modèles de croissance aléatoire s'étirent sur un plus long terme. Les premiers permettent d'intégrer le rôle des facteurs économiques dans la détermination de la croissance urbaine dans le court et moyen terme, tandis que les seconds s'attachent à l'analyse des mécanismes fondamentaux du changement démographique urbain dans le long terme.

[15] Duranton et Turner (2008) rejettent la validité de cette hypothèse pour le dernier quart du 20ème siècle mais pas pour le troisième quart qui fur caractérisé par une expansion conséquente des infrastructures routières aux Etats-Unis.

5. CONCLUSION

Les modèles classiques de croissance urbaine prennent en compte certains aspects importants du changement démographique des villes, tout en permettant d'étudier un certain nombre de sujets connexes tels que le rôle de la spécialisation ou de la diversification industrielle sur le développement urbain. Ces modèles permettent également de saisir certaines conséquences sur la taille relative des villes, mais ne génèrent pas une distribution rang-taille des villes conforme à la loi de Zipf, qui représente un fait stylisé conforté par une multitude de travaux empiriques.

Les modèles de croissance aléatoire cherchent, de leur côté, à interpréter cette loi. Ils représentent une alternative intéressante aux modèles précédents car leurs fondements puisent dans des hypothèses fondamentalement différentes.

En résumé, les premiers traitent les tendances, tandis que les seconds les chocs. Sous certaines conditions très restrictives, ces modèles peuvent coexister ; ces conditions méritent, cependant, à être davantage explicitées, tout comme l'application empirique des modèles de croissance urbaine aléatoire. Or, ceci exige l'utilisation d'outils qui dépassent les techniques courantes utilisées par les économistes urbains contemporains.

REFERENCES

Aghion P., Howitt P. 1992. « A model of growth through creative destruction. » *Econometrica,* 60(2), 323–351.

Agrawal A., Cockburn I., McHale J. 2006. « Gone but not forgotten: Knowledge flows, labor mobility and enduring social relationships ». *Journal of Economic Geography*, 6(5), 571–591.

Auerbach F. 1913. « Das Gesetz der Bevölkerungskonzentration. » *Petermanns Geographische Mitteilungen,* 59, 73–76.

Berliant M., Wang P. 2005. « Dynamic urban models: Agglomeration and growth. » In Capello R., Nijkamp P. (eds.) *Advances in Urban Economics*. Amsterdam, Elsevier.

Bernard A.B., Bradford Jensen J. 2007. « Firm structure, multinationals and manufacturing plant death. « *Review of Economics and Statistics* 89(2), 193–204.

Black D., Henderson J.V. 1999. « A theory of urban growth. » *Journal of Political Economy.* 107(2), 252–284.

Black D., Henderson J.V. 2003. « Urban evolution in the United States. » *Journal of Economic Geography*, 3(4), 343–372.

Cingano F. Schivardi F. 2004. « Identifying the sources of local productivity growth. » *Journal of the European Economic Association*, 2(4), 720–742.

Córdoba J-C. 2008. « On the distribution of city sizes. » *Journal of Urban Economics,* 63(1), 177–197.

Dumais G., Ellison G., Glaeser E.L. 2002. « Geographic concentration as a dynamic process. » *Review of Economics and Statistics*, 84(2), 193–204.

Duranton G. 2006. « Some foundations for Zipf's law: Product proliferation and local spillovers. » *Regional Science and Urban Economics*, 36(4), 542–563.

Duranton, G. 2007. « Urban evolutions: The fast, the slow, and the still. » *American Economic Review*, 97(1), 197–221.

Duranton G., Puga D. 2000. « Diversity and specialisation in cities: Why, where and when does it matter? » *Urban Studies*, 37(3), 533–555.

Duranton G., Puga D. 2001. « Nursery cities: Urban diversity, process innovation, and the life cycle of products. » *American Economic Review*, 91(5), 1454–1477.

Duranton G., Turner M. 2008. « Urban growth and transportation. » Article en révision. University of Toronto.

Eaton J., Eckstein Z. 1997. « Cities and growth: Theory and evidence from France and Japan. » *Regional Science and Urban Economics*, 27(4–5), 443–474.

Eeckhout J. 2004. « Zipf's law for (all) cities. » *American Economic Review*, 94(5), 1429–1451.

Findeisen S., Südekum J. 2008. « Industry churning and the evolution of cities: Evidence for Germany. » *Journal of Urban Economics*, 64(2), 326–339.

Gabaix X. 1999*a*. « Zipf's law for cities: an explanation. » *Quarterly Journal of Economics*, 114(3), 739–767.

Gabaix X., 1999*b*. « Zipf's law and the growth of cities. » *American Economic Review (Papers and Proceedings* , 89(2), 129–132.

Gabaix X., Ioannides Y. 2004. « The evolution of city size distributions. » In Henderson V. & Thisse J-F. (eds.) *Handbook of Regional and Urban Economics*, vol. 4, Amsterdam: NorthHolland, 2341–2378.

Glaeser E. 1999. « Learning in cities. » *Journal of Urban Economics*, 46(2), 254–277.

Glaeser E., Kallal H., Scheinkman J.A., Schleifer A. 1992. « Growth in cities. » *Journal of Political Economy*, 100(6), 1126–1152.

Grossman G. M., Helpman E. 1991. « Quality ladders in the theory of growth. » *Review of Economic Studies*, 58(1), 43–61.

Henderson, J. V. 1974. « The sizes and types of cities. » *American Economic Review*, 64(4), 640–656.

Henderson, J. V. 2003. « Marshall's economies ». *Journal of Urban Economics*, 53(1), 1-28.

Henderson, J. V. 2005. « Urbanization and growth. » In Aghion P. & Durlauf S. N. (eds.) *Handbook of Economic Growth*, volume 1B. Amsterdam: NorthHolland, 1543–1591.

Henderson, J. V., Kuncoro A., Turner M. 1995. « Industrial development in cities. » *Journal of Political Economy*, 103(5), 1067–1090.

Jaffe A. B., Trajtenberg M., Henderson R. 1993. « Geographic localization of knowledge spillovers as evidenced by patent citations. » *Quarterly Journal of Economics*, 108(3), 577–598.

Kesten H. 1973. « Random difference equations and renewal theory for products of random matrices. » *Acta Mathematica,* 131(1), 207–248.

Krugman P. 1991. *Geography and Trade*. Cambridge (MA), MIT Press.

Lucas R. E. Jr. 1988. « On the mechanics of economic development. » *Journal of Monetary Economics,* 22(1), 3–42.

Marshall A. 1890. *Principles of Economics*. London: Macmillan.

Michaels G., Rauch F., Redding S.J. 2008. « Urbanization and structuraltransformation ». Article en révision, London School of Economics.

Romer P. M. 1990. « Endogenous technical change. » *Journal of Political Economy,* 98(5(2)), S71–S102.

Rosen K., Resnick M. 1980. « The size distribution of cities: An examination of the Pareto law and primacy. » *Journal of Urban Economics* 8(2), 165–186.

Rosenthal S., Strange W. 2004. « Evidence on the nature and sources of agglomeration economies. » In Henderson J.V. & Thisse J-F. (eds.) *Handbook of Regional and Urban Economics*, volume 4. Amsterdam: NorthHolland, 2119–2171.

Rossi-Hansberg E., Wright M.. 2007. « Urban structure and growth. » *Review of Economic Studies* 74(2), 597–624.

Rozenfeld H., Rybski D., Gabaix X., Maske H. 2009. « Zipf's law for the bulk of the distribution of city sizes. » Article en révision. New York University.

Saxenian A. 1994. « Regional Advantage: Culture and Competition in Silicon Valley and Route 128. » *Cambridge (MA), Harvard University Press.*

Simon C. J. 2004. « Industrial reallocation across US cities, 1977-1997. » *Journal of Urban Economics*, 56(1):119–143.

Simon H. 1955. « On a class of skew distribution functions. » *Biometrika,* 42(2):425–440.

Soo K. T. 2005. « Zipf's law for cities: A cross country investigation. » *Regional Science and Urban Economics*, 35(3), 239–263.

Zipf G. K. 1949. « Human behavior and the principle of least effort: an introduction to human ecology. » *Cambridge, Mass. Addison Wesley.*

URBAN GROWTH: TREND VS NOISE

Abstract - *This paper carries out a comparative analysis of two series of urban growth models: the determinist models and the random urban growth models. The first ones consider that innovation and R&D activities explain the coexistence between diversified and specialized cities. The latter play a role of "nursery cities" by facilitating experimentation for new productive combinations (Duranton and Puga, 2001). Classical urban growth models do not generate the rank-size rule for cities), whereas random growth models are much more adequate in order to explain this stylized fact. This paper also examines the theoretical foundations of both series of models.*

Key-words: URBAN GROWTH, CITIES, RANK-SIZE DISTRIBUTION

UNE THÉORIE GÉOGRAPHIQUE POUR LA LOI DE ZIPF

Denise PUMAIN*

Résumé - *Les très nombreux travaux consacrés à l'application aux villes de la loi « rang-taille » de Zipf ne donnent pas un bilan très satisfaisant en termes de cumulativité des connaissances. Sont en partie responsables les erreurs, oublis ou méconnaissance des recherches conduites dans les différentes disciplines, ou la trop grande généralité des modèles physiques ou mathématiques, mais surtout la trop faible attention accordée à la qualité des informations sur la taille et la croissance des villes. Nous rappelons les éléments d'une théorie géographique appuyée sur l'analyse comparative de grandes bases de données empiriques dans l'évolution des systèmes de villes dans différentes parties du monde, incluant l'interaction spatiale et les grands cycles d'innovations. Nous proposons une méthode d'analyse et de comparaison des trajectoires de développement des villes qui illustre la pertinence de cette approche.*

Mots clés : SYSTÈME DE VILLES, LOI DE ZIPF, CROISSANCE URBAINE, MODÈLE DE GIBRAT, TRAJECTOIRES URBAINES.

Classification JEL : B29, C23, C38, C80, 018, 033, R12, Y80

*UMR Géographie-cités ; pumain@parisgeo.cnrs.fr

1. INTRODUCTION

La loi de Zipf est importante pour la géographie, parce qu'elle apparaît comme un descripteur universel et un outil de comparaison commode des inégalités de taille entre des entités géographiques, par exemple des villes ou des territoires. Les inégalités de dimension observées entre des lieux sont souvent extrêmement fortes, avec des variables parcourant plusieurs ordres de grandeur, comme dans le cas de la population des agglomérations de peuplement, ou des superficies et des produits intérieurs bruts des Etats du monde. L'importance de cette loi tient aussi à ce qu'elle décrit une forme de différenciation très fréquente dans les systèmes complexes, que l'on retrouve dans un très grand nombre de systèmes, physiques comme les galaxies, biologiques comme les espèces vivantes, ou sociaux comme les langues (Zipf, 1941 ; Winiwarter, 1985 ; Batty, 2010).

La question n'est pas tant d'imaginer une explication unique, de ou par cette loi, qui rendrait compte de tous ces exemples, mais de comprendre quels types de processus contribuent à engendrer cette forme de distribution, à partir de dynamiques similaires, mais qui mettent en jeu des rapports entre des forces et des formes d'évolution de nature très différente. Il devient alors possible de partager des formalismes communs entre disciplines, tout en fondant sur des principes spécifiques l'analyse des processus générateurs. Cette démarche a l'avantage de faire bénéficier les sciences sociales des concepts et des instruments mis au point pour l'étude d'autres types de systèmes complexes, sans pour autant céder à la facilité d'une quelconque « soumission à la loi », ni au fatalisme « naturalisant » d'une explication unificatrice et réductrice.

Cet article est d'abord une critique des conditions d'application de la loi de Zipf pour l'analyse des villes, en géographie et en économie surtout. D'innombrables incompréhensions, omissions ou erreurs d'interprétation persistent, qui sont autant d'obstacles à une construction collective des connaissances, nécessairement appuyée sur des approches interdisciplinaires intégrées. Nous proposons ensuite quelques éléments d'une théorie géographique évolutive, déduite de la comparaison d'un grand nombre de systèmes urbains et englobant la loi de Zipf dans ses applications aux villes. Cette théorie regroupe des faits stylisés incluant une forme de *dynamique* partagée avec d'autres systèmes complexes, une forme d'*évolution générale* propre au processus d'urbanisation et des *histoires locales* spécifiant certains paramètres de la loi de Zipf ou des écarts à ce modèle (Pumain, 2010). Nous présentons une méthode d'analyse et de comparaison des trajectoires urbaines issue de cette théorie.

2. LES PARADOXES D'UNE EXPLICATION

Comment une distribution statistique « aléatoire », pouvant être engendrée par un processus mathématique, mais qui décrit des phénomènes d'une incroyable variété dans des domaines de connaissance extrêmement divers, peut-elle servir de point de départ à la recherche d'explications, et contribuer à l'interprétation dans un domaine donné ? Ce paradoxe, qui conduit à proposer des explications particulières pour une forme commune, ne résiste pas lorsque l'on considère la loi comme une description d'un état du système observé à macro-échelle, alors qu'une explication utile pour une construction théorique disciplinaire doit pouvoir relier cette forme macroscopique à des processus qui font sens à toutes les échelles, dont l'échelle individuelle des éléments du système.

La loi de Zipf est en effet un résumé d'échelle « macroscopique » décrivant dans un domaine de la connaissance donné des inégalités de poids, de taille, d'importance, de masse...entre des éléments, qu'on a donc catégorisés préalablement comme des entités comparables, appartenant toutes à un système donné. La forme de distribution qu'elle décrit est le résultat de processus qui concourent à engendrer des inégalités entre ces entités. Des classes de processus (naissance et mort, migrations, fragmentations...) sont de bons candidats à l'explication (Roehner, Wiese, 1982), mais on peut en imaginer des quantités d'autres. Dès 1973, Robson mentionnait la possibilité que, dans ses applications aux villes, la loi de Zipf soit un modèle « sur-identifié ». Pour produire une bonne explication il ne suffit pas d'imaginer un processus qui ne reproduise que le résultat final de la forme de la distribution au niveau macro-géographique, encore faut-il que les modalités de cette morphogénèse aient aussi été testées et validées à d'autres niveaux, empiriquement et théoriquement. En géographie, l'explication sera donc à rechercher parmi des processus qui engendrent, à micro ou méso échelle, de fortes inégalités territoriales ou spatiales, en termes de dimension (superficie des îles), de valeurs de concentration, d'accumulation de population ou de richesse (cas des villes), ou d'autres.

Le sens commun semble admettre bien plus facilement des inégalités lorsqu'elles se distribuent de manière symétrique autour d'une valeur centrale. Il est en effet rare que l'on recherche une explication sophistiquée au sujet d'un processus aboutissant par exemple à une distribution normale. On se contente généralement de l'« explication » statistique, selon laquelle cette « loi » représente une tendance assortie de variations « aléatoires », c'est-à-dire produites par des facteurs concourant à la formation de la valeur mais non spécifiés dans la description, ou non mesurables, ou correspondant à des erreurs... C'est que, dans une distribution « normale » ou gaussienne, les variations aléatoires ont des effets additifs. Pour produire une distribution lognormale, très dissymétrique, qui décrit des inégalités selon une forme et des amplitudes analogues à celles que traduit la loi de Zipf, il suffit d'imaginer un processus gouverné de la même façon par une tendance, mais dont cette fois les effets sont multiplicatifs : c'est ce que le statisticien Gibrat (1931) appelle « la loi de l'effet proportionnel ». Appliquée aux systèmes de peuplement, cette distribution exprime avant tout une tendance au regroupement, à la concentration spatiale, assortie de fluctuations aléatoires (Pumain, 1982). Cependant, alors que personne n'éprouve le besoin de construire une théorie afin d'expliquer pourquoi une distribution est gaussienne, « normale » – on se contente généralement d'invoquer la « loi des grands nombres » –, les inégalités révélées par la loi de Zipf ou les distributions lognormales soulèvent davantage d'interrogations. Peut-on se réjouir de cette intéressante remarque anthropologique, qui semble opposer à l'implacable raison du plus fort ou à l'appel cumulatif de la richesse, si souvent constatés, un réflexe sociétal égalitaire, une mise en examen des processus qui conduisent à cette forme de répartition ?

C'est peut-être là où il faut s'interroger sur la portée épistémologique de la loi de Zipf. A son propos, on passe souvent, et parfois très insensiblement chez un même auteur, de la simple description à la norme, du besoin d'explication à celui d'une justification. A côté des invocations, à l'époque sans démonstration, d'un état « d'équilibre » (pour Zipf (1941) entre des forces de concentration et de dispersion), vite considéré par beaucoup comme souhaitable, on trouve encore cette dérive dans la littérature récente (par exemple, et en dépit d'observations empiriques prouvant le contraire (Nitsch, 2005 ; Portnov, 2011), un géographe expert comme Berry (2012) reste convaincu que la « vraie » loi de Zipf décrivant les systèmes urbains doit avoir un exposant égal à 1, que les Etats-Unis en sont un excellent exemple, et que les autres systèmes de villes doivent tous converger avec le temps vers cette valeur. Berry fait ainsi des Etats-Unis le territoire où le système des villes est « mature », aboutissement nécessaire, donc modèle anticipateur de l'état de tous les autres de par le monde, au mépris de la géodiversité – il me pardonnera sans doute ce joli soupçon de projection impérialiste, sans doute inconsciente.

Personnellement, j'utilise la loi de Zipf pour des descriptions empiriques comme une référence, un point de comparaison auquel confronter les séries d'observations qui nous permettent de mieux comprendre la géodiversité des systèmes de peuplement. En revanche, lorsque l'on construit une théorie de l'évolution des systèmes de villes, il faut nécessairement qu'elle englobe la loi de Zipf, mais aussi qu'elle spécifie comment elle est produite dans le cas des villes, par quels types de processus de croissance et d'accumulation, comprenant à la fois des accroissements sur place et des migrations, il faut donc faire appel nécessairement aux théories géographiques de l'interaction, de la différenciation et de la diffusion spatiales.

3. DIFFICULTÉS D'APPLICATION ET MALENTENDUS FRÉQUENTS

En dépit de très nombreux articles consacrés à la loi de Zipf, qu'elle soit appliquée aux villes (Nitsch, 2005) ou aux entreprises (Duranton, 2006), les connaissances tirées de ces applications sont peu cumulables, pour toutes sortes de raisons : mauvaise compréhension de ce que représente la loi, difficultés de lecture et d'interprétation de ses représentations graphiques, mais surtout négligence des publications effectuées dans d'autres disciplines, et plus encore manque de soin dans la production des données d'observation.

Back to (too) basic ?

Pour des spécialistes de sciences humaines et sociales, le formalisme des lois de distribution statistique peut être un obstacle à la compréhension, qui engendre parfois des malentendus ou des erreurs. Les formulations et les représentations graphiques, équivalentes mais différentes dans leur expression mathématique ou visuelle, prêtent à confusion et entraînent également des malentendus d'interprétation. La critique au modèle de Zipf considère qu'il ne révèle qu'une tautologie, dans la mesure où, lors de son ajustement à des données empiriques, on est amené à estimer une relation statistique entre deux « variables » qui seraient corrélées par construction, la population d'une part et le rang des villes d'autre part – alors que bien évidemment le rang est déterminé par la population. La forme choisie par Zipf pour présenter sa loi est en partie responsable de cette confusion : en écrivant

$$P_i = K / R_i^{\alpha}$$

où P_i est la population de la ville i classée au rang R_i selon un ordre décroissant de taille, K et α des constantes, le modèle est souvent ajusté sous forme log-linéaire :

$$\log P_i = \log K - \alpha \log R_i$$

L'ajustement permet d'estimer la valeur des paramètres K et α, K étant une valeur proche de la population de la plus grande ville, et α un paramètre (la pente de la droite d'ajustement) qui mesure le degré d'inégalité de la taille des villes dans le système considéré : plus la valeur de α est grande, plus les inégalités entre les tailles des villes sont fortes. En fait, si l'on se souvient que le rang de la ville i est aussi le nombre de villes dont la population est supérieure ou égale à P_i, on voit bien que l'ajustement ne matérialise pas la « relation » entre ces deux « variables », mais permet d'estimer ces paramètres et mesurer la qualité de la représentation des données observées par cette forme de distribution statistique. Celle-ci décrit comment varie une fréquence, c'est-à-dire le nombre des observations qui tombent dans une certaine plage de valeurs. Pour compliquer encore le jeu, il s'agit ici d'une fréquence cumulée, soit le nombre des observations qui ont une valeur plus grande qu'une certaine taille. L'économiste statisticien Pareto avait déjà utilisé cette forme d'écriture, notamment à propos des distributions de revenus, mais en respectant l'ordre classique des équations décrivant la fréquence cumulée en fonction de la valeur. Ainsi, le modèle de Pareto s'écrit :

$$F(x) = A / x^{q}$$

où $F(x)$ représente le nombre des personnes ayant un revenu supérieur ou égal à à x, A et q étant des constantes.

Cette forme est parfois utilisée, pour caractériser des distributions de tailles de villes ou d'entreprises, avec la difficulté, pour des lecteurs peu informés ou trop rapides, que les valeurs obtenues pour l'exposant q sont à interpréter *à l'inverse* de celles de l'exposant α de la loi de Zipf : plus la valeur de q est grande, moins les inégalités de la distribution sont fortes. Les physiciens qui entrent dans le champ des études urbaines indiquent appliquer la loi de Zipf, mais en produisant des coefficients qui ne sont pas directement dérivés de son équation. Par exemple, Basu et Bandyapadhyay (2009) trouvent des exposants de 2.15 ± 0.01 pour 1981, 2.11 ± 0.01 pour 1991 et 2.05 ± 0.02 en 2001 pour les villes indiennes, ce qui montre une tendance à l'accroissement des inégalités hiérarchiques au cours de la période (Swerts, 2012).

En construisant des courbes cumulatives, les physiciens prennent aussi des représentations graphiques inversées par rapport à celle de Zipf. Contrairement aux statisticiens qui l'avaient précédé dans cette investigation (Pumain, 1982 et 2004), mais qui étaient à la recherche d'une mesure de la concentration et n'utilisaient les courbes qu'accessoirement, Zipf a repris l'idée d'abord explorée par Lotka (1924) d'une représentation bi-logarithmique de ses graphiques « rang-taille ». Il propose des analyses qualitatives de la forme des courbes, qu'il met en relation avec les vicissitudes politiques de la construction des Etats, ouvrant ainsi le modèle à une plus large interprétation (Zipf, 1941 et 1949) : ses courbes ont le mérite de bien identifier les éléments remarquables à la partie supérieure de la distribution, en permettant de discuter par exemple les théories de Jefferson (1939) sur les villes primatiales.

On peut regretter pourtant que sa représentation graphique, certes commode, s'éloigne des formes canoniques de présentation des distributions statistiques, puisque la population est en ordonnée et le rang (fréquence cumulée) en abscisse, ce qui a aussi pu donner lieu par la suite à des incompréhensions de la part de certains de ses utilisateurs. En outre, depuis que les physiciens s'intéressent à ces formes de distributions, toutes sortes d'autres représentations viennent encore troubler le lecteur passionné de ce modèle. Comme la pente de la droite d'ajustement α selon la représentation de Zipf, est égale à $1/q$, q étant la pente de la droite ajustée par les modèles issus des sciences physiques, des théories de la complexité ou des grands réseaux, fortes et faibles valeurs de la pente prennent alors des significations opposées et ne facilitent pas la cumulativité des résultats, si l'on n'y prend garde.

Des raffinements scholastiques ?

A l'autre extrême de l'expertise en formalismes, certains auteurs sont tentés d'introduire des instruments mathématiques ou statistiques bien plus savants pour tirer un meilleur parti de la très grande généralité des domaines d'application de la loi de Zipf. Le raisonnement porte d'abord sur le choix d'un modèle de distribution. Plusieurs auteurs font l'hypothèse que ce choix est important, parce qu'il déterminerait la classe des processus générateurs parmi lesquels il convient de chercher l'explication de cette généralisation. Cette hypothèse a une cohérence théorique, mais se heurte en pratique bien souvent à une illusion quant à la qualité des données ayant permis l'ajustement.

Dès 1964, Quandt avait établi un inventaire des lois candidates à la description des distributions très dissymétriques, en indiquant qu'il était sans doute illusoire de chercher le « meilleur modèle » à partir d'un ajustement à des données empiriques. Barbut (2006) a d'ailleurs montré la parenté entre toute une famille de distributions aléatoires, de la loi normale à la lognormale en passant par les lois de Levy et les parétiennes, et en démontrant qu'il est possible de passer facilement de l'une à l'autre en modifiant très légèrement les valeurs des paramètres de leurs processus générateurs.

Au contraire, d'autres scientifiques entendent raffiner « l'explication » de la généralité de la loi de Zipf en la déduisant de processus de fragmentation (un processus qui peut être observé dans la vie des étoiles ou des galaxies), de modèles statistiques comme la formation aléatoire de groupes (Baek et al., 2011), ou inspirés de la théorie de l'information algorithmique (Corominas et Solé, 2010) ou encore de constructions fractales en cascades (Chen et Hu, 2010). Mais aucun de ces processus capables d'engendrer la fameuse distribution ne ressemble de près ou de loin à ceux qui seraient à formaliser pour décrire la croissance des villes.

Certes, le diable est réputé nicher dans les détails, mais on peut penser aussi que les discussions de maints économètres sur les soucis de queue, longue ou épaisse, de convexité ou concavité des distributions, sont parfois bien oiseuses. On peut se refuser à discuter longuement des amendements à la loi, dont on devine qu'ils peuvent se prolonger indéfiniment sans conclusion, sur les méthodes d'analyse – transversale ou longitudinale (« données de panel » pour les économistes) – et sur les tests qu'il convient d'appliquer, paramétriques ou non, comme si quelque chose de décisif pour l'explication en sciences humaines et sociales pouvait émerger de ces raffinements statistiques. Cela, j'insiste, alors que les auteurs les plus prolixes en la matière ne prennent souvent pas même la peine d'indiquer quelle définition ils ont adoptée pour mesurer l'importance d'une « ville », et ne se soucient ni de l'effet du nombre des villes de l'échantillon, ni de la période étudiée sur les résultats du test, comme si n'importe quelles données ramassées n'importe où faisaient l'affaire pour justifier leur investissement méthodologique.

Or, quiconque a travaillé avec des bases de données sur les villes en connaît les approximations et les incertitudes, sait à quel point la qualité des ajustements en dépend, et connaît les effets dévastateurs d'une sélection d'un nombre de villes, ou d'un seuil de taille minimale, sur la qualité d'ajustement de tel ou tel modèle, et sur les estimations de la valeur de la pente de la droite, du coefficient (Guerin-Pace, 1995 ; Bretagnolle, 2011). On peut donc hésiter à produire encore cet effort d'amélioration de la méthode d'ajustement, qui a déjà coûté de trop nombreuses heures de lectures infructueuses, tant que les bases de données sur lesquelles s'appuient les estimations n'auront pas été davantage harmonisées et contrôlées. Je suis prête à participer aux tentatives de raffinement du modèle, quand la preuve aura été apportée que les gains de précision liés aux méthodes d'estimation sont supérieurs à la marge d'erreur contenue dans les données utilisées.

Des cloisons disciplinaires

Les communautés qui s'intéressent le plus aux applications de la loi de Zipf sont sans aucun doute celle des géographes et celle des économistes. En dépit de cet intérêt commun, tout se passe comme si chacune raisonnait dans son monde, sans trop regarder ce qu'avaient produit les autres. Sans entretenir de vieilles querelles ou rancoeurs, notons par exemple que dans une remarquable et bienvenue « revue » des travaux ayant apporté des résultats, qui se veut exhaustive, Nitsch (2005) a oublié quelques géographes ayant beaucoup travaillé la question. Que Pumain (1982) lui ait échappé tient peut-être à la langue de publication, mais l'ouvrage pionnier de Robson (1973) non cité est pourtant bien rédigé en anglais !

L'ignorance, la négligence ou l'oubli de références ne sont d'ailleurs pas restreintes aux niches disciplinaires. Berry (2012) refait très injustement l'histoire en attribuant à Gabaix (1999) le soin d'avoir déduit la forme de la hiérarchie urbaine d'un processus de croissance à la Gibrat, alors que Robson (1973) l'avait démontré théoriquement et testé empiriquement plus de 25 ans auparavant, puis en attribuant à Axtell et Florida (2001) le premier modèle multi-agents qui engendre une distribution de Zipf pour la taille des villes, alors que des géographes peuvent revendiquer cette innovation cinq ans plus tôt (Bura et al., 1996). Inversement, il est plus que probable que des géographes soient passés à côté de travaux majeurs d'économistes distingués !

Il reste tout aussi paradoxal que, alors que le processus de croissance suggéré par Gibrat est conçu pour converger vers loi lognormale au bout d'une très longue durée (processus asymptotique), ce processus ait été testé empiriquement et sans sourciller sur des durées souvent beaucoup trop courtes, quarante ans, quand ce n'est pas 10 ans ! (par exemple Eeckhout, 2004 ; Rozenfeld et al., 2008).

Tableau 1. Résultats contradictoires des tests empiriques du modèle de Gibrat appliqué à la croissance des villes

Case Studies	Country/date (Number of period) /Number of Cities	Method	Gibrat's hypothesis (accepted/rejected)
Dobkins and Ioannides (2000, 2004)	USA / 1900-1990 (10) / 200 SMAs	Non parametric test	Accepted
Black and Henderson (2003)	USA 150 SMAs	Panel unit root tests	Rejected
Sharma (2003)	India / 1901-1991 (10) / 100	IPF test	Accepted
Resende (2004)	Brazil / 1980-2000 (3) / 500	IPS test	Accepted
Bosker et al. (2008)	West Germany / 1925-1999 (8) / 62	Panel unit root tests / Non parametric tests	Rejected
Pumain (1982), Guerin-Pace (1992)	France / 1836-1999 / (27)/630-1000	Linear correlation test	Rejected : Positive relationships growth/size, temporal autocorrelation
Rozenfeld et al. (2008)	Settlement clusters in US, UK and Africa /2007 (1)>/20 000		Rejected
Garmestani et al. (2008)	South Eastern US region / 1860-1990 (12)/50-310	Size Distribution tests	Rejected : Negative relationship growth/size

Source: Repris de Favaro et Pumain (2011) et complété.

Les tests empiriques, tant pour l'ajustement de la loi de Zipf que pour son explication statistique par un modèle du type Gibrat, ont d'ailleurs produit des résultats très largement contradictoires, dans la mesure où la plupart des auteurs n'ont guère veillé à la qualité des données ni remis dans leur contexte géographique et historique les lieux et les périodes qu'ils ont analysés (Schaffar et Dimou, 2012). Le tableau 1, extrait d'un article récent (Favaro, Pumain, 2011), illustre ces contradictions qui nous ont conduits à proposer une explication théorique plus englobante, en géographie, et un modèle adapté de celui de Gibrat pour rendre compte des observations relatives à la loi de Zipf et aux modalités de la croissance urbaine dans les systèmes de villesvilles.

4. UNE THÉORIE GÉOGRAPHIQUE POUR LES SYSTÈMES DES VILLES

Nous voulons prendre en compte dans une théorie géographique les trois observations suivantes :

1- De façon générale générale, que l'échelle d'observation soit nationale, régionale ou mondiale (Figure 1), la distribution des tailles de villes est proche d'une loi de Zipf, mais présente des « anomalies » fréquentes par rapport à ce modèle : les plus grandes villes du système sont en effet plus grandes que ce que l'on attendrait par comparaison avec le reste de la distribution (Moriconi-Ebrard, 1993), ce qui n'est pas le cas pour le système des villes mondiales, peut-être parce qu'il est incomplètement intégré ;

2- le modèle de Gibrat rend assez bien compte du processus de croissance urbaine, mais on relève bien souvent une très légère tendance à une élévation des taux de croissance avec la taille des villes, et parfois des périodes d'autocorrélation temporelle de ces taux de croissance (Pumain, Moriconi-Ebrard, 1997 ; Paulus, 2004) ;

3- depuis au moins deux siècles, la croissance des villes est étroitement liée à l'innovation et à des processus de développement économique, ce qui implique qu'une théorie urbaine doit inclure cette « explication » dans son raisonnement.

La théorie évolutive des villes (Pumain, 1997) considère que les villes ne sont jamais isolées, mais se développent en relation avec de multiples réseaux, qui les ont progressivement rendues mutuellement interdépendantes. C'est en raison de la force de ces interdépendances que j'ai proposé l'expression de « système de villes » (Pumain, 1992). Dans la longue durée de l'histoire des sociétés humaines, les systèmes de villes sont une invention extrêmement durable, un instrument adaptatif de gestion des ressources et de contrôle des territoires et des réseaux. Cette fonction d'adaptateur pour le changement social est multiple, elle agit à différentes échelles, dans l'espace et dans le temps. Il ne s'agit pas tellement d'une « institution », d'une organisation aux objectifs clairement définis, qui résulterait d'une convention sociale conçue à cette fin, même si le rôle « civilisateur » des ensembles de villes a été souvent bien aperçu par des pouvoirs politiques ou religieux, qu'ils aient été fondateurs de réseaux de villes, colonisateurs ou aménageurs (voir par exemple les planifications d'une hiérarchie de centres administratifs dans la Chine ancienne (Deluz, 1989 ; Reynaud, 2000 ; Skinner, 1977), ou les chapelets de comptoirs commerciaux établis sur les rives de la Méditerranée, depuis les Phéniciens jusqu'à Venise, ou encore les systèmes de villes fortes construites aux limites des royaumes, par exemple par Vauban). La fonction d'adaptateur social est cependant surtout une propriété émergente, qui résulte de processus auto-organisés constitués d'interactions entre de multiples acteurs, dans et entre les villes. Ces processus activent ensemble tous les domaines de la vie sociale, même si les interprétations les plus fréquentes insistent sur les considérations politiques ou économiques.

Figure 1. La loi de Zipf pour les villes mondiales

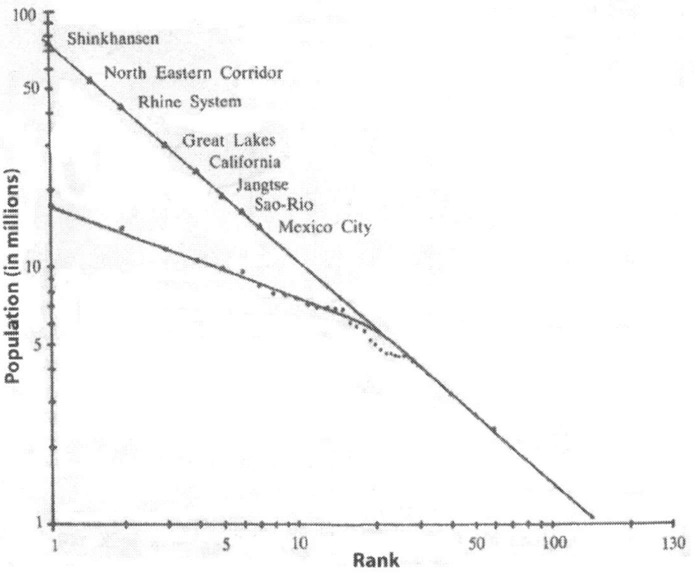

Source : selon C. Marchetti, International Institute for Applied Systems Analysis.

4.1. Une dynamique d'adaptation pro-active

C'est sans doute dans le domaine de la production économique liée à la maîtrise technique que la fonction d'adaptateur des villes apparaît le plus clairement. Si on les compare aux autres formes de l'habitat humain que sont les villages, exploitant dans un rapport écologique des ressources locales, soumis aux limitations de ce milieu et à des aléas climatiques locaux, les villes assurent une multiplication des richesses (Reymond, 1971), par des processus internes, à l'échelle de chaque ville, et surtout par des processus externes, impliquant des relations avec d'autres lieux, parfois selon des portées très larges.

A l'échelle de la ville, sont bien identifiés des processus d'organisation sociale du travail qui améliorent la productivité, et qui rendent possible une accélération de l'innovation[1] grâce à une fréquence accrue des interactions. Les villes ont émergé, « spontanément », dans toutes les régions du monde où était apparue l'agriculture, environ 3000 ans après l'émergence de celle-ci (Bairoch, 1985 ; Diamond, 1997). L'organisation urbaine se caractérise par la multiplication des rôles sociaux, induisant une division sociale du travail, qui à terme, lorsqu'elle est jointe à des formes non exclusivement prédatrices de l'accumulation, permet d'augmenter la productivité. Les interprétations économistes de « la » ville mettent ainsi l'accent sur des économies d'échelle ou des économies d'agglomération ou d'urbanisation (Fujita et Thisse, 2002 ; Eeckhout, 2004 ; Glaeser, 2008), qui sont en fait des interprétations « instantanées » de ces processus qui se déroulent dans le temps et impliquent très souvent des évolutions de durées assez longues dans les interactions en réseau (Rozenblat, 2010). Les tenants d'une économie évolutionniste rappellent les effets de « *path dependence* » et d'historicité des processus (Martin, 1999). Mais les théories de l'économie géographique omettent aussi de prendre en considération, les processus externes par lesquels les acteurs présents dans les villes s'assurent de la durabilité de la valorisation de leurs acquis. Ils retiennent par exemple la suggestion de Henderson, selon laquelle le succès d'une ville dépend du choix judicieux de son portefeuille d'activité ! (Fujita et al., 2001).

La richesse des villes dépend en effet aussi de la mise en relation de ressources complémentaires apportées par la prédation, le commerce, l'imposition de nouveaux produits ou services et l'échange, souvent inégal avec les campagnes (Camagni, 1996), ou plus compétitif avec les autres villes. La mise en réseau des villes permet d'échapper aux limitations des ressources locales et dans le même temps oblige par émulation à continuer l'innovation, dans la rivalité et la concurrence avec les autres villes. Par les échanges d'information qui s'opèrent entre les villes connectées en réseau, l'innovation circule et devient motrice du développement urbain auquel elle s'identifie. En ce sens, les villes en systèmes remplissent la fonction d'adaptateur des territoires au changement social, technologique, économique ou culturel, qu'elles alimentent en permanence par les innovations qui se développent dans leurs réseaux.

La persistance des hiérarchies urbaines sur la longue durée, loin de manifester comme on le dit trop souvent une « inertie » des réseaux urbains, un poids mort géographique qui s'opposerait à la marche de l'histoire, s'explique en fait par une co-évolution des villes extrêmement proactive, par un processus concurrentiel fait d'imitation et d'anticipation pour la valorisation des richesses localisées, dans lequel tous les acteurs urbains sont très généralement engagés.

Des travaux menés en géographie ont en effet permis d'établir, théoriquement et empiriquement, une relation causale, renforcée par rétroaction, entre la forme statistique des hiérarchies urbaines et le processus de croissance qui les construit (Robson, 1973 ; Pumain, 1982 ; Guérin-pace, 1993). Le modèle statis-

[1] Dans la théorie, nous donnons à ce terme un sens très large et abstrait, qui recouvre l'ensemble des changements sociaux, technologiques et culturels. Dans les réseaux urbains contemporains c'est souvent l'innovation économique qui détermine les plus grands changements sociaux entre les villes.

tique de Gibrat (1931) indique qu'une croissance proportionnelle à la taille des villes, indépendante de la taille des villes et redistribuée aléatoirement sur de courts intervalles de temps, produit à terme une distribution lognormale, proche de la « loi rang-taille » de Zipf. Mais ce modèle purement statistique suppose paradoxalement l'indépendance des villes, tout en assurant une moyenne et une variance communes à leurs taux de croissance.

Sur le plan théorique, le modèle de Gibrat contredit le concept même de villes en système, et sur le plan empirique, il n'explique qu'imparfaitement les taux de croissance observés, en sous-estimant la tendance historique à la concentration des hiérarchies urbaines et en n'offrant pas la possibilité de simuler l'émergence pourtant fréquente des macrocéphalies urbaines. Nous avons donc complété le modèle de Gibrat pour tenir compte des interactions entre les villes (Favaro, 2007 ; Favaro, Pumain, 2011), selon des cycles de diffusion hiérarchique des innovations, qui induisent une croissance des inégalités de taille entre les villes légèrement plus forte que celle prévue par ce modèle stochastique – ce qui est plus conforme aux observations.

4.2. Le moteur de cette dynamique est l'innovation sociale

Au cours du temps, ce que j'ai appelé une « croissance distribuée », multiplicative, est ainsi répartie entre toutes les villes qui, dans un système très connecté, se développent à peu près au même rythme, grâce au captage ou à l'adoption des innovations du moment, lesquelles sont véhiculées par les multiples réseaux connectant les villes entre elles. Les innovations sont en général captées ou impulsées dans un premier temps par les plus grandes villes, qui possèdent par accumulation antérieure une diversité d'activités et une complexité sociale favorisant la probabilité d'émergence des innovations ou augmentant les capacités de l'adopter.

Les activités innovantes sont amenées à sélectionner ces localisations, bien qu'elles soient en général plus coûteuses (en loyers, en rémunérations) parce qu'elles y trouvent les moyens (financiers, intellectuels) de se développer dans la période à hauts risques où leur utilité sociale est incertaine. Leur succès éventuel engendre des profits élevés et donc une probabilité de croissance supérieure pour les grandes villes, bien que les coûts élevés associés et l'imitation par les autres villes entraîne assez vite une propagation, une « délocalisation » vers des villes plus petites et moins coûteuses – assurant celles-ci de participer à la croissance et à la modernisation de leurs structures, sans toutefois en retirer tout à fait autant de bénéfices.

Lorsque l'activité vieillit, il est probable qu'elle doive encore réduire ses coûts en se relocalisant dans de plus petites villes – voire dans d'autres pays où les coûts sont moindres lorsque les conditions de circulation et de taxation au passage des frontières le permettent. Des études empiriques longitudinales de l'évolution des localisations d'établissement ont confirmé ce processus (Duranton et Puga, 2001 ; Paulus, 2004 ; Gilli, 2005), tout comme les théories de la « division internationale du travail » (Aydalot, 1976).

4.3. Des lois d'échelle pour les activités urbaines

Nous avons ainsi pu identifier, dans plusieurs régions du monde, des « lois invariantes d'échelle »[2] pour les activités économiques urbaines, qui traduisent l'effet des cycles de l'innovation et leur propagation hiérarchique dans les réseaux de villes. Des expériences ont été conduites avec Paulus et Vacchiani-Marcuzzo sur les villes de France, d'Europe, d'Afrique du Sud et des États-Unis (Pumain et al., 2006(b) et 2009). Le résultat le plus important de ces recherches est que, *contrairement à la biologie où les lois invariantes d'échelle relatives aux dépenses d'énergie ou au métabolisme ont toujours des exposants inférieurs à 1, on trouve dans les systèmes de villes des variables d'activité, de production ou de consommation qui ont des exposants égaux ou supérieurs à 1.*

En fait, trois types de lois d'échelle sont identifiés dans les villes. Certaines quantités sont réparties dans les villes proportionnellement à la population (exposant égal à 1), d'autres au contraire ont des exposants inférieurs à 1, et d'autres des exposants plus grands que 1. Cette dernière forme de relation, dite supra-linéaire, est une nouveauté pour les physiciens et les biologistes. Une contribution importante des physiciens à l'interprétation est de relier par un modèle mathématique la valeur des exposants des lois d'échelle à des processus de croissance. En effet, un exposant inférieur à 1 révèle des contraintes sur le développement, qui se traduisent par une limite à la croissance, laquelle prend la forme d'une fonction logistique : au-delà d'une certaine taille, la part des ressources que le système consacre à son entretien ne lui permet plus de croître encore.

L'évolution a sélectionné des systèmes biologiques dont l'organisation suit un principe d'efficacité, dans les propriétés génériques des réseaux qui distribuent l'énergie et répartissent les ressources : ces réseaux organisés hiérarchiquement selon une structure fractale occupent l'espace de façon optimale, en minimisant l'énergie nécessaire pour atteindre tous les constituants élémentaires d'un organisme et en dissipant le moins possible d'énergie. L'analogie est immédiate en milieu urbain avec le cas des infrastructures, qui ont aussi des lois d'échelle d'exposant inférieur à 1 (Kuhnert et al., 2006), et dont le dessin s'est souvent auto-organisé hiérarchiquement selon une géométrie fractale (Frankhauser, 1994 ; Genre-Grandpierre, 2000), ce qui à la fois constitue une optimisation destinée à permettre la croissance des villes, mais aussi tendrait à limiter la taille qu'elles peuvent atteindre, si les ressources dont elles disposent étaient fixes.

Dans le cas des lois d'échelle dont les exposants sont égaux à 1, une croissance exponentielle, sans limite, est possible. Ce modèle dynamique, selon un processus de *croissance distribuée*, semble soutenir le développement des réseaux urbains depuis la première révolution industrielle (Robson, 1973 ; Pumain, 1982 ; Guérin-Pace, 1993). La transition urbaine qui a touché depuis plus de deux siècles les pays industrialisés puis les actuels pays en développement se

[2] Obtenues en ajustant une fonction puissance entre la taille des villes et un de leurs attributs, comme par exemple le nombre des emplois dans une activité donnée.

traduit par une croissance quasi homothétique des villes selon leur taille, certes avec de nombreuses fluctuations entre les villes d'un même territoire et d'une période à la suivante, et selon des intensités et des temporalités variables selon les pays et les continents (Bretagnolle et al., 2007).

Lorsque l'exposant est plus grand que 1, alors la contrainte au contraire incite à un développement d'autant plus important que le système est déjà grand : ce sont les fameux rendements croissants permettant de rendre compte des économies d'agglomération ! Les physiciens déduisent dans ce cas une « singularité en temps fini » de la courbe de croissance des villes, explosion quantitative qui se traduirait ensuite par une décroissance brutale, en l'absence d'innovation apportant des ressources nouvelles et modifiant l'énergie du système (Kuhnert et al., 2006). Ce résultat prédit par le modèle mathématique n'a cependant jamais été observé dans la réalité ! Le calcul reste une « expérience de pensée », incitant à entreprendre de nouvelles enquêtes quant à la croissance des villes.

Ces trois types d'observations sont réunis par les physiciens dans une interprétation fonctionnelle et universaliste (Bettencourt et al., 2009). Elles expliquent sans doute la difficulté d'établir des bilans coût-avantage en termes d'économie urbaine (Pumain, 2006a) et les controverses récurrentes quant à l'existence d'une taille optimale des villes (Bairoch, 1988). L'interprétation des physiciens qui conclut à une élévation du « rythme de vie » (*pace of life*) avec la taille des villes, très largement médiatisée (*Nature, New York Times*), nous semble cependant passer à côté de toute l'organisation sociale construite au cours de l'histoire du développement des villes. Par ailleurs, rien n'est dit quant au déclencheur, au moteur de cette activation, alors que la théorie urbaine offre d'autres pistes pour une explication moins « instantanée » des effets de la taille des villes sur la répartition des activités.

Nous avons donc proposé une seconde interprétation, qui historicise l'explication de ces trois types de lois d'échelle, en les reliant à la théorie de la division sociale du travail, aux cycles d'innovation économique urbains et au processus de diffusion hiérarchique de ces innovations. En effet, les secteurs d'activité dont les exposants sont supérieurs à 1 sont toujours ceux qui sont les plus innovants lors d'une période donnée, ils sont captés d'abord par les plus grandes villes, avant de se diffuser dans le reste du système ; les activités alors banalisées, correspondant à un deuxième stade dans l'histoire des produits ou des pratiques, se répartissent proportionnellement à la population des villes, ce sont pour ces secteurs que les exposants sont proches de la valeur 1. Quant aux activités dont les exposants sont inférieurs à 1 (ce qui représente une concentration relative dans les plus petites villes), ce sont celles qui concernent des secteurs en fin de cycle.

Cette interprétation, qui tient compte de l'évolution historique des villes, s'appuie sur la théorie de la diffusion hiérarchique des innovations (Hägerstrand, 1952 et 1967). Cette théorie est confirmée par l'observation de l'évolution des exposants (Paulus, 2004). Au cours des cinquante dernières années, on voit les valeurs des exposants diminuer, tout en restant supérieurs à 1, pour les industries du cycle de l'automobile et de l'électricité par exemple, alors qu'elles augmentent encore pour les activités de recherche et développement ainsi que pour les technologies de l'information et de la communication.

Notre interprétation est aussi renforcée par l'observation des lois de répartition des catégories sociales, qui dans la nomenclature française ou dans celle des Etats-Unis sont à peu près classées selon le statut, le niveau d'instruction et la qualification des personnes. L'ordre des exposants reflète bien la hiérarchie sociale : les catégories qui ont des lois d'échelle supra linéaires sont celles du haut de la hiérarchie, tandis que des catégories moyennes comme les instituteurs ou les personnels de santé se répartissent proportionnellement à la population, et les ouvriers, avec ou sans qualification, ont au contraire des répartitions qui varient sub-linéairement avec la taille des villes (Pumain et al., 2006 et 2009).

Tous ces résultats nous amènent à proposer une interprétation des lois d'invariance d'échelle qui situe le processus dynamique, non pas à l'échelle de la trajectoire d'une seule ville au cours du temps, mais dans un système de villes. Le processus consiste en la captation des activités innovantes, exigeantes en travail très qualifié, par les plus grandes villes, suivie à des intervalles de quelques décennies de la substitution de ces activités par d'autres encore plus récentes, alors que les activités du cycle précédent se relocalisent dans des villes de moindre importance où leur développement est moins coûteux et le travail moins qualifié, avant qu'elles ne finissent par se replier sur de toutes petites villes, voire se *délocaliser* dans des territoires où le marché du travail pèse encore moins sur les coûts de fonctionnement des activités. Ce processus devrait certes pouvoir être testé à partir de statistiques urbaines économiques et non seulement démographiques, lorsqu'il s'agit de raisonner en termes de « division internationale du travail ».

5. UNE MÉTHODE SIMPLE POUR COMPARER LES TRAJECTOIRES DES VILLES

Afin de compléter la batterie des tests habituellement utilisés concernant le modèle de croissance de Gibrat, nous avons mis au point une méthode d'analyse de la croissance des villes qui permet de caractériser la diversité des trajectoires des villes dans un système de villes, en référence à ce modèle. Les écarts observés aux trajectoires que prédirait ce modèle permettent aussi bien de comparer des évolutions observées pour des systèmes de villes différents, à différentes périodes, que des évolutions simulées sous diverses hypothèses.

Rappelons que Gibrat (1931), en reprenant un raisonnement de Kapteyn, a établi à quelles conditions la croissance des villes aboutissait à une distribution lognormale de leur taille, en proposant un modèle de croissance stochastique simple :

1- A chaque court intervalle de temps (par exemple entre deux recensements de population successifs) les villes s'accroissent d'une quantité de population dP qui est proportionnelle à leur taille : le taux de croissance, ou variation relative de la taille $r = dP/P$, est donc en moyenne le même pour l'ensemble des villes considérées au cours d'une période donnée, mais avec des fluctuations résumées par un écart-type ρr ;

2- ces taux de variation $r_1, r_2, \dots r_t$ ne sont pas corrélés à la taille des villes ;

3- ces taux de variation ne sont pas corrélés entre eux d'une période à l'autre.

$$P_t = P_0\,(1 + r_1)\,(1 + r_2)\,(1 + r_3)\dots(1 + r_t)$$

C'est en vertu de la « loi des grands nombres » (la somme de variables aléatoires indépendantes est une distribution normale) que la distribution des tailles de villes obtenue à l'issue d'un tel processus de croissance est une distribution lognormale (dont le logarithme suit la loi normale).

$$\log P_t = \log P_0 + \log(1 + r_1) + \log(1 + r_2) + \dots + \log(1 + r_t)$$

Le modèle de trajectoire pour une ville est donc une courbe de type exponentiel. Mais la courbe exponentielle proprement dite est définie par un taux de variation qui resterait constant au cours du temps, ce qui n'est pas le cas pour des villes qui sont en moyenne soumises à des variations fortes de leur croissance au cours de leur histoire, avec des croissances lentes entrecoupées de récessions pendant toute la période pré-industrielle, des croissances rapides pendant toute la durée de la transition urbaine (transition démographique et révolution industrielle puis révolution tertiaire) et enfin retour à des croissances beaucoup plus lentes, voire à un certain déclin démographique après l'achèvement de ces transitions. Il faut retenir que c'est le modèle statistique de croissance qui est de type exponentiel et pas les trajectoires des villes – dont l'expansion ou le déclin au cours du temps sont cependant toujours plus rapide que ne le produirait une évolution de type linéaire.

Dans l'hypothèse où le modèle de croissance de Gibrat correspondrait aux observations, on peut s'attendre à une diversité de trajectoires de villes, selon que le « hasard » intervenant dans la distribution des taux de croissance successifs les a favorisées ou non. On emploie une méthode de classification ascendante hiérarchique avec distance du Chi2 pour les classer. En effet cette méthode regroupe les profils d'évolution de la population des villes en fonction des variations relatives de cette population, d'un recensement à l'autre et d'une ville à l'autre indépendamment de leur taille. On compare ensuite les trajectoires moyennes de chaque classe en représentant l'évolution de la population moyenne de la classe en fonction du temps sur un graphique semi-logarithmique, qui donne la même pente aux sections de courbe ayant les même taux de variation.[3]

Les grandes fluctuations de croissance qui ont affecté les villes dans leur ensemble, ou une classe de villes particulière, se traduisent sur ces courbes par des inflexions, ralentissements ou accélérations. Mais pour les systèmes de

---

[3] Le logiciel TrajPop a été mis au point par Robin Cura dans le cadre du programme ERC GeoDiverCity.

villes en expansion, ces courbes sont souvent toutes ascendantes et plus ou moins parallèles. On met alors en évidence leurs différences en calculant à chaque date le poids de ce type de villes dans le système des villes (on rapporte la population moyenne de la classe à la population urbaine totale, ce qui donne une expression de la taille relative des villes). On obtient alors des courbes divergentes, ascendantes et descendantes.

Nous donnons ici deux exemples de l'efficacité de cette représentation, dans le cas des villes russes analysé par Cottineau (2012), et celui des villes indiennes qu'a traité Swerts (2012) (Figures 2 et 3).

Figure 2. Trajectoires des villes russes (317 agglomérations) entre 1840 et 2010

a) Evolution de la population moyenne b) Evolution relative

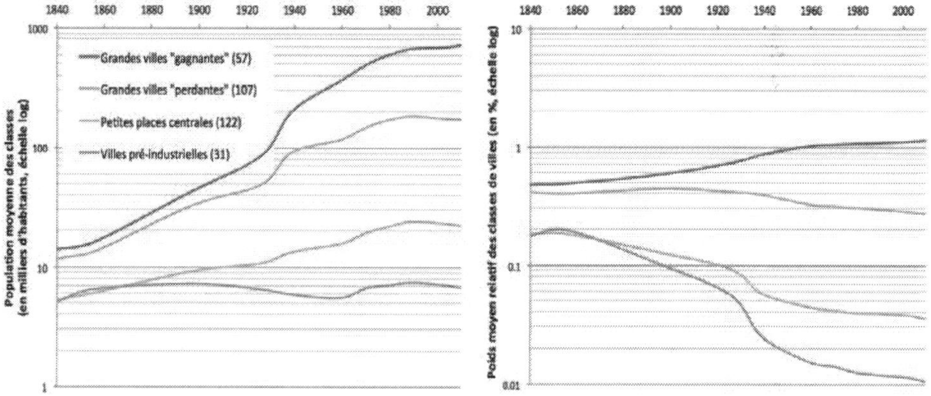

Source : Cottineau (2012).

Figure 3. Trajectoires des villes indiennes 1901-2011

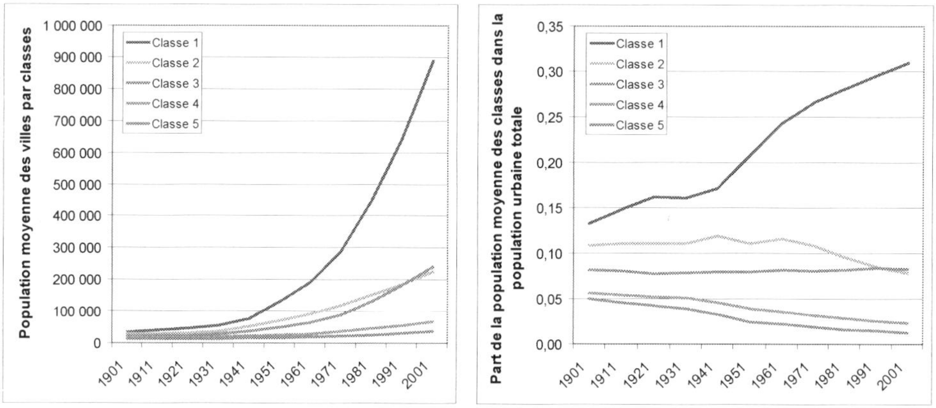

Source : Swerts (2012).

CONCLUSION

Nous regrettons de n'avoir pas su éviter un ton peut-être un peu trop polémique dans cet article, en relevant des contradictions ou des désaccords entre de nombreuses publications. Beaucoup a déjà été écrit sur la loi de Zipf, en particulier appliquée aux villes, sans que l'on dispose toujours d'un appareil critique suffisant pour opérer cette transposition, et sans qu'ait toujours été présent le nécessaire souci de la qualité des données empiriques utilisées pour des tests. Or il nous semble que le principal enjeu de ces travaux devrait être de développer notre capacité à produire des connaissances cumulables, qui fassent avancer la construction théorique en géographie et en économie urbaine.

Nous avons suivi une méthode d'exposition résolument didactique dans cet article, que les spécialistes veulent bien nous en excuser, mais certains rappels, même élémentaires, semblent utiles dans un domaine scientifique où le progrès des connaissances ne peut se construire que dans l'explicitation des méthodes et par une attention accrue portée à la qualité des observations. S'agissant de l'application aux villes de la loi de Zipf, il importe de moins s'appesantir désormais sur les ajustements à ce modèle que sur les processus dynamiques qui conduisent à cette forme de distribution. Il nous semble aussi que les efforts théoriques doivent prendre mieux en compte la spécificité de ces objets complexes que sont les villes, et notamment certains traits de leur historicité, en dépit des très grandes régularités statistiques qui favorisent la modélisation mais ne doivent pas conduire à une « naturalisation » des processus explicatifs.

Nous continuons à développer une théorie évolutive des villes qui considère les villes comme un produit social et donc intègre les apports de nombreuses autres disciplines, de l'archéologie à l'histoire et à l'économie, de la science politique à l'anthropologie. Il reste que le référentiel épistémologique des modèles que nous construisons est celui de la géographie, car notre objectif disciplinaire est de rendre compte de la géodiversité des villes et des systèmes de villes. En ce sens, une simple distribution statistique, de plus aussi universelle dans ses applications que la loi de Zipf, ne saurait être ni l'unique point de départ ni l'aboutissement de notre recherche. Mais sa prégnance dans l'univers urbain est telle que les théories et les modèles que nous produisons doivent en rendre compte, avec rigueur et parcimonie.

REFERENCES

Anderson C., Hellervick A., Lingren C. 2005. A spatial network explanation for a hierarchy of urban power laws. *Physica A*: Statistical mechanics and its applications, 345,1-2, 1, 227-244.

Anderson G., Ge Y. 2005. The size distribution of Chinese cities. *Regional Science and Urban Economics,* 356, 756-776.

Aydalot P. 1976. *Dynamique spatiale et développement inégal.* Economica, Paris.

Auerbach F. 1913. Das Gesetz der Belvolkerungskoncentration. *Petermanns Geographische Mitteilungen,* 59,74-76.

Baek S.K., Bernharsson S., Minnhagen P. 2011, Zipf's lax unzipped. *New Journal of Physics*, 13, n° 0430043.

Barbut M. 2004. Une famille de distributions : des parétiennes aux contra-parétiennes. Applications à l'étude de la concentration urbaine et de son évolution. *Cybergeo*, 266.

Basu B., Bandyapadhyay S. 2000, Zipf's law and distribution of population in Indian cities, *Indian Journal of Physics*, 83, 11, 1575-1582.

Batty M. 2006. Hierarchy in Cities and City Systems, in Pumain D. (ed.), *Hierarchy in Natural and Social Sciences*, Dordrecht: Springer, 143-169.

Batty M. 2010, Visualizing space-time dynamics in scaling systems. *Complexity*, 16, 2, 51-63.

Bairoch P. 1985. *De Jéricho à Mexico*. Paris, Gallimard.

Bairoch P. 1988. *Taille des villes, conditions de vie et développement économique*. Paris, EHESS.

Beckmann M. 1958. City Hierarchies and the Distribution of City Size. *Economic Development and Cultural Change,* 6, 243-248.

Berry B. J. L. 1961. City Size Distributions and Economic Development. *Economic Development and Cultural Change,* 94, 573-588.

Berry B.J. L., Oculicz-Kozaryn A. 2012. The city size distribution debate. Resolution for US urban regionas and megalopolitan areas. *Cities*, 29, 517-523.

Bettencourt L., Lobo J., West G. 2009. The self similarity of human social organization and dynamics in cities, in Lane D., Pumain D., Van der Leeuw S., West G. (eds.), 2009, *Complexity perspectives on innovation and social change*, ISCOM, Springer, Methodos Series 7, chap. 7.

Bosker M., Brakman S., Garretsen H., Schramm M. 2008. A century of shocks: The evolution of the German city size distribution 1925-1999. *Regional Science and Urban Economics,* 38, 330-347.

Breitung J., Meyer W. 1994. Testing for Unit Roots in Panel Data: Are Wages on Different Bargaining Levels Cointegrated? *Applied Economics,* 264, 353-61.

Bretagnolle A., Paulus F., Pumain D. 2002. Time and space scales for measuring urban growth. *Cybergeo,* 219, 12 p.

Bretagnolle A., Giraud T., Mathian H. 2008. L'urbanisation des Etats-Unis, des premiers comptoirs coloniaux aux Metropolitan Areas 1790-2000. *Cybergeo*, 427.

Bretagnolle A. (coord.), 2011, *Harmonie-cités : bases de données harmonisées sur la dynamique et les compétences des villes en réseau selon les régions du monde*, Rapport final de l'ANR Corpus et Outils de la Recherche en SHS, Edition 2007, 54 p. http://hal-univ-diderot.archives-ouvertes.fr/ docs/00/68/84/91.

Bura S., Guérin-Pace F., Mathian H., Pumain D., Sanders L. 1996, Multi-agent systems and the dynamics of a settlement system. *Geographical Analysis*, 2, 161-178.

Camagni R. 1996, *Economie urbaine*. Paris, Economica.

Chen Y., Hu Y. 2010, Derivation of the 2n rule from the rank-size rule of city-size distribution. *Beijing Daxue Xuebao, Ziran Kexue Ban/ Acta Scientiarum Naturaium Universitatis Pekinensis,* 46, 1, 115-120.

Chesher A. 1979. Testing the Law of Proportionate Effect. *The Journal of Industrial Economics,* 274, 403-411.

Cordoba J. C. 2008. "A generalised Gibrat law." *International Economic Review,* 49, 4, 1463-1468.

Corominas-Murtra B., Solé R.V. 2010, Universality for Zip's law. *Physical Review,* E, 82, 1, n° 011102.

Christaller W. 1933. *Central Places in Southern Germany.* Jena: Fischer.

Cottineau C. 2012, Un système intermédiaire. Trajectoires des villes russes entre dynamiques générales et histoires spécifiques. *L'Espace Géographique,* 3.

Deluz C., 1989, Villes et organisation de l'espace : la Chine de Marco Polo, p. 167-168, in : *Villes, bonnes villes, cités et capitales. Mélanges offerts à Bernard Chevalier*, Tours.

Diamond J. 1997, *De l'inégalité parmi les sociétés - Essai sur l'homme et l'environnement dans l'histoire.* Paris, Gallimard, trad. française, 2000.

Dobkins L. H., Ioannides Y. M. 2000. "Dynamic evolution of the city size distribution of U.S. cities." in J.-M. Huriot and J. F. Thisse (ed.), *Economics of cities: Theoritical perspectives,* Cambridge: UK, Cambridge University Press, 217-263.

Duranton G. 2006, Some foundations for Zip's law: product proliferation and local spillovers. *Regional Science and Urban Economics*, 36, 4, 542-563.

Duranton G., Puga D. 2001, Nursery Cities: Urban diversity, process innovation, and the life-cycle of products. *American Economic Review*, 915, 1454-1477.

Eeckhout J. 2004. Gibrat's Law for All Cities. *The American Economic Review,* 945, 1429-1451.

Eeckhout J. 2009. "Gibrat's Law for All Cities: A Reply. *The American Economic Review,* 994, 1676-1683.

Favaro J.M. 2007 *Croissance urbaine et cycles d'innovation dans les systèmes de villes: une modélisation par les interactions spatiales*. Thèse de doctorat, Université Paris I.

Favaro J.-M., Pumain D. 2011, Gibrat Revisited: An Urban Growth Model including Spatial Interaction and Innovation Cycles. *Geographical Analysis*, 43, 3, 261-286.

Feldman M.P. 1994, *The geography of innovation*. Berlin, Springer.

Frankhauser P. 1994, *La fractalité des structures urbaines.* Economica, Paris.

Freeman C., Louçã F. 2001. *As time goes by: from the industrial revolutions to the information revolution*. Oxford, New York: Oxford University Press.

Fujita M., Thisse J.F. 2002. *Economics of agglomeration. Cities, industrial location and regional growth*, Cambridge university Press.

Fujita M., Krugman P., Venables A. J. 2001. *The spatial economy. Cities, regions and international trade*. Cambridge, MA: MIT Press.

Gabaix X. 1999. Zipf's Law for Cities: An Explanation. *Quarterly Journal of Economics,* 1143, 739-767.

Gabaix X., Ioannides Y. M. 2003. The evolution of city size distributions. In J. V.Henderson, J. F. Thisse Eds.. *Handbook of regional and urban economics* Vol.4. Amsterdam: North-Holland Publishing Company.

Garmestani A. S., Allen C.R., Gallagher C. M., Mittelstaedt J.D.7. 2007. "Departures from Gibrat's law, discontinuities and city size distributions." *Urban Studies*, 44, 10, 1997-2007.

Genre-Grandpierre C. 2000, *Forme et fonctionnement des réseaux de transport : approche fractale et réflexions sur l'aménagement des villes.* Thèse de doctorat, Université de Franche-Comté.

Gibrat R. 1931. *Les inégalités économiques : applications aux inégalités des richesses, à la concentration des entreprises, aux populations des villes, aux statistiques des familles, etc., d'une loi nouvelle, la loi de l'effet proportionnel.* Paris, Sirey.

Gilli F. 2005, Le Bassin parisien, une région métropolitaine. *Cybergeo.*

Glaeser E. 2008, The economic approach to cities. Harvard Institute of Economic Research Discussion Paper n°2149.

Guérin-Pace F., Pumain D. 1990. 150 ans de croissance urbaine. *Economie et Statistique*, 230, 5-16.

Guerin-Pace F. 1993. *Deux siècles de croissance urbaine : la population des villes françaises de 1831 à 1990.* Paris: Anthropos-Economica.

Guerin-Pace F. 1995. Rank-Size Distribution and the Process of Urban Growth. *Urban Studies,* 323, 551-562.

Hägerstrand T. 1952. On the propagation of innovation waves. *Lund Studies in Geography* B 44.

Hägerstrand T. 1967. *Innovation Diffusion as a Spatial Process.* Chicago: University of Chicago Press.

Hart P. E., Oulton N. 2001. Variance of Growth and Size of Firm. *University of Reading Discussion Papers in Economics and Management* 13429.

Hart P. E., Prais S. J. 1956. The Analysis of Business Concentration: A Statistical Approach. *Journal of the Royal Statistical Society.* Series A General 1192, 150-191.

Im K.S., Pesaran M.H. and Shin, Y. 2003. Testing for unit roots in heterogeneous panels. *Journal of Econometrics,* 115, 53-74.

Ioannides Y. M., Overman H. G. 2004. Spatial Evolution of the US Urban System. *Journal of Economic Geography* 42, 131-156.

Kuhnert C.D., Helbing D., West G.B. 2006, Scaling laws in Urban Supply Networks. *Physics A, Statistical Mechanics and applications,* 263 1, 96-103.

Levin A., Lin C. 1992. *Unit root tests in panel data: asymptotic and finite-sample properties.* San Diego: University of California.

Levy M. 2009. Gibrat's Law for All Cities: Comment. *American Economic Review,* 994, 1672-1675.

Lotka A.J. 1924, *Elements of physical biology*. Baltimore.

McCloughan P. 1995. Simulation of Concentration Development from Modified Gibrat Growth-Entry-Exit Processes. *The Journal of Industrial Economics,* 434, 405-433.

Martin R. 2008, Path Dependence and Path Creation in the Economic Landscape, in Boschma, R. and Martin, R. (Eds), *Handbook of Evolutionary Economic Geography*, Cheltenham: Edward Elgar.

Mitzenmacher M. 2004. A Brief History of Generative Models for Power Law and Lognormal Distributions, *Internet Mathematics*, 12, 226-251

Nitsch V. 2005, Zipf zipped. *Journal of Urban Economics*, 57, 86-100.

Parr J.B., Suzuki K. 1973. Settlement Populations and the Lognormal Distribution. *Urban Studies,* 103, 335-352.

Paulus F. 2004. *Coevolution dans les systèmes de villes: croissance et spécialisation des aires urbaines françaises de 1950 à 2000.* Unpublished Doctoral Dissertation. University of Paris I.

Petruszewycz M. 1972. Loi de Pareto ou loi log-normale : un choix difficile, *Mathématiques et sciences humaines,* 39: 37-52.

Polèse M., Shearmur R. 2005, *Economie urbaine et régionale* Economica, Paris.

Portnov B.A., 2011, Does Zipf's law hold for primate cities ? Some evidence from a discriminant analysis of world countries. *Jahrbuch für Regionalwissenschaft*, 31, 2, 113-124.

Pred A.R. 1966. *The Spatial dynamics of U.S. urban-industrial growth, 1800-1914.* Cambridge Mass.: MIT Press.

Pred A.R. 1973. *Urban growth and the circulation of information: the United States system of cities, 1790-1840.* Cambridge Mass: Harvard Press.

Pumain D. 1982. *La Dynamique des Villes*. Paris, Economica.

Pumain D. 1992, Les systèmes de villes, in Bailly A. Ferras R. Pumain D. (eds), *Encyclopédie de géographie*, Paris, Economica, chap. 34, 645-664.

Pumain D. 1997, Vers une théorie évolutive des villes. *L'Espace Géographique*, 2, 119-134.

Pumain D. 2004, Scaling laws and urban systems, *Santa Fe Institute, Working Paper n°04-02-002*, 26 p.

Pumain D. 2006a, Villes et systèmes de villes dans l'économie. *Revue d'économie financière*, 86, 29-46.

Pumain D. 2006b, Lois d'échelle et mesure des inégalités en géographie. *Revue Européenne des Sciences Sociales,* tome XLV, 138, 55-65.

Pumain D., Moriconi-Ebrard, F. 1997, City Size distributions and metropolisation. *Geojournal*, 43, 4, 307-314.

Pumain D., Paulus F., Vacchiani-Marcuzzo C., Lobo J., 2006. An evolutionary theory for interpreting urban scaling laws, *Cybergeo*, 343, 20 p.

Pumain D., Paulus F., Vacchiani-Marcuzzo C. 2009, Innovation Cycles and Urban Dynamics, in : D.Lane, D. Pumain, S. Van der Leeuw, G. West eds., *Complexity perspectives on innovation and social change*, ISCOM, Springer, Methodos Series, Berlin, 237-260.

Pumain D. 2010, Une théorie géographique des villes. *Bulletin de la Société géographique de Liège*, 55, 5-15.

Quah D. 1993. Galton's fallacy and tests of the convergence hypothesis. *Scandinavian Journal of Economics* 95, 427-443.

Quandt R. E. 1964. Statistical discrimination among alternate hypothesis and some economic regularities. *Journal of Regional Science,* 52, 1-23.

Reed W.J. 2002. On the rank-size distribution for human settlements, *Journal of Regional Science,* 421, 1-17.

Resende M. 2004. Gibrat's Law and the Growth of Cities in Brazil: A Panel Data Investigation. *Urban Studies,* 418, 1537-1549.

Reymond H. 1981. Une problématique théorique, in Isnard Hildebert, Racine Jean-Bernard, Reymond Henri *Problématiques de la géographie*, Paris PUF.

Reynaud A. 2000. *Une Géohistoire, la Chine des Printemps et des Automnes*. Paris, Belin.

Skinner G.W. 1978, Cities and the hierarchy of local systems, in Wolf A.P. ed *Studies in Chinese Society*. Stanford CA, Stanford University Press.

Robson B. T. 1973. *Urban Growth, an approach*. London: Methuen.

Roehner B., Wiese K. 1982. A dynamic generalisation of Zipf's rank-size rule. *Environment and Planning A,* 14, 1449-1467.

Rozenblat C. 2010. Opening the Black Box of Agglomeration Economies for Measuring Cities' Competitiveness through International Firm Networks. *Urban Studies*, 47, 2841-2865.

Rozenfeld H.D., Rybski D., Andrade J.S., Batty M., Stanley H.E., Makse H.A. 2008. Laws of population growth. *PNAS*, 105, 48, 18702-18707.

Santarelli E., Klomp L. 2006. Gibrat's Law: An Overview of the Empirical Literature Entrepreneurship. In 7 Santarelli E. (ed.), *Growth, and Innovation: the Dynamics of Firms and Industries*, New-York: Springer, 41-73.

Schumpeter J. A. 1939. *Business cycles: a theoretical, historical, and statistical analysis of the capitalist process*. New York: McGraw-Hill.

Schaffar A. 2009, La loi de Zipf dans la science régionale : anciennes controverses et nouvelles perspectives. *Cybergeo*, 450.

Schaffar A., Dimou M. 2012, Rank-Size city dynamics in China and India, 1984-2001. *Regional Studies*, 466, 707-721.

Sharma S. 2003. Persistence and stability in city growth. *Journal of Urban Economics,* 53, 300-320.

Sheppard E. 1985. Urban system population dynamics: Incorporating nonlinearities. *Geographical analysis,* 171, 47-73.

Simon H. 1955. On a class of skew distribution functions. *Biometrika,* 42, 425-440.

Swerts E. 2012, Approche statistique de la cohésion territoriale: le système de villes en Inde. *L'Espace Géographique,* soumis.

Wilson A. G. 1967. Statistical theory of spatial trip distribution models. *Transportation Research,* 1, 253-269.

Wilson A. G. 1970. *Entropy in urban and regional modelling.* London, Pion.

Wilson A. G. 1974. *Urban and regional models in geography and planning.* London, New York: Wiley.

Winiwarter P. 1985, Iso-dynamics of population size distributions in hierarchical systems. Reprod. in http://www.bordalierinstitute.com/.

Wong D. W. S., Fotheringham A. S. 1990. Urban systems as examples of bounded chaos: exploring the relationship between fractal dimension, rank-size and rural-to-urban migration. *Geografiska Annaler,* B 722/3, 89-99.

Zipf G. 1949. *Human Behavior and the Principle of Least Effort.* Cambridge MA: Addison-Wesley Press.

INTERDISCIPLINARY REGARDS ON HUMAN SETTLEMENTS HIERARCHICAL DISTRIBUTION: FROM EMPIRICAL EVIDENCE TO COMPLEX SYSTEMS

Abstract - *An important literature has focused on then rank size rule and the Zipf's law without delivering significant results. Among the reasons for this low scientific productivity, one can find ommisions and misunderstandings between different scientific fields, the generalization of physical and mathematical models abusively applied to social science fields and the pure quality of data concerning city size and city growth. In this paper, we use empirical studies throughout the world in order to build a geographical theory on urban systems'evolution. We use a comparative method to examine cities dynamics.*

Key-words: SYSTEMS OF CITIES, ZIPF'S LAW, URBAN GROWTH, GIBRATS LAW,CITIES' DYNAMICS.

CROSS-SCALE DYNAMICS OF A REGIONAL URBAN SYSTEM THROUGH TIME

Tarsha EASON* and Ahjond S. GARMESTANI*

Abstract - *Urban systems have been the subject of investigation for over a century. From central place and hierarchy theory to Gibrat's and Zipf's law, urban systems have been subjected to intense scrutiny. More recently, in a series of papers analyzing urban systems from the perspective of resilience and panarchy theory, urban systems have been characterized as scale-dependent. In this work, we examined the relationships between city size, growth rates, and the key factors that impact resilience and population dynamics in a regional urban system over time. Results of this work indicate that while there are similarities between cities, certain factors appear to be more important in one place than another, and that city growth is not random, but rather, correlated with key factors. In particular, we found that city growth was driven by mean household income and the percentage of the population of a city with a college degree.*

Key-words: URBAN SYSTEMS; CROSS-SCALE RESILIENCE; GROWTH RATES; CITY SIZE DISTRIBUTIONS; INFORMATION THEORY

Classification JEL: R00, C02, J11

Acknowledgements - *This line of research on resilience (cross-scale dynamics and structure) in urban systems is dedicated to the memory of K.M. Bessey.*

---

* U.S. Environmental Protection Agency, Office of Research and Development, National Risk Management Research Laboratory, Cincinnati, OH, USA.

INTRODUCTION

Urban systems have been the subject of investigation for over a century. From central place and hierarchy theory to Gibrat's and Zipf's law, urban systems have been subjected to intense scrutiny. More recently, in a series of papers analyzing urban systems from the perspective of resilience and panarchy theory, urban systems have been characterized as scale-dependent. We review this series of papers in the following section in order to preface the research presented in this manuscript.

Bessey (2002) theorized that the spacing of cities on a national scale is driven by a slow dynamic. In essence, functional processes act as corollaries of the "slaving principle" in which large, slow processes (e.g., national economies) enslave smaller, faster processes (e.g., regional and city economies) (Bessey, 2002). The landscape provides locations, such as valleys or natural harbors, which favor agglomeration (Brakman et al., 2001), and social-ecological systems (such as cities) self-organize, with the manifestation of size (population) reflecting the limitations of the landscape (Berkes and Folke, 1998). For example, the rise of a city like Phoenix, Arizona, may have been the result of a vacuum of urbanization in the southwestern region of the United States, combined with access to a critical resource (e.g., water) for city growth and development. At a regional scale, a fast variable driven by the minimum population and income needed for city survival also influences city size (Bessey, 2002). The results reported in Garmestani et al. (2007) confirm Bessey's speculation, and furthermore demonstrate that panarchy manifests in urban systems, at least at a regional scale.

With respect to panarchy, ecological dynamics can be explained in a simplified manner by three sets of variables operating at different speeds (Holling et al., 2008). In forests, for example, insects and conifer needles are "fast" variable (one-year generation time), tree crowns are intermediate speed variables (12-15 year generation time), and trees are "slow" variables (100+ years generation time) (Holling et al., 2008). The distinctness of the speed of these variables in ecosystems manifests in reinforcing, scale-dependent structure, similar to the structure that manifests in urban systems (Garmestani et al., 2009). For urban systems, city growth rates are the "fast" process, governance is an intermediate speed process, and infrastructure is a "slow" process (Holling et al., 2008).

Garmestani et al. (2005) analyzed data from the southwestern region of the United States and found that the distributions were discontinuous, as theorized by Bessey (2002). Bessey (2002) identified departures from a rank-size characterization (Zipf's Law; Zipf, 1949) of the city size data in the southeastern region of the United States. Using Bessey's data, Garmestani et al. (2007) performed a statistical hypothesis test upon rank-size city data from the southeastern region of the United States under the assumptions of Gibrat's Law (Gibrat, 1957). Zipf's Law manifests when all central places in an urban hierarchy have size-invariant growth rates. Thus, if Gibrat's Law is not satisified, Zipf's law cannot be satisfied. Garmestani et al. (2007) found that growth rates differed by city size, in contrast to the distribution expected if Gibrat's Law held for this data set. On a regional level, the results indicated that city growth was not driven by small, random growth forces. Rather, growth was correlated with size, with smaller cities exhibiting higher growth rates than average and larger cities exhibiting lower growth rates than average (Garmestani et al., 2007). The results reported in Garmestani et al. (2007) indicated that discrete size classes in city size distributions emerged as a result of size-dependent growth at the available scales of opportunity within urban systems.

Garmestani et al. (2008a) tested the overall city size distributions for the southeastern and southwestern United States (1990), as well as the individual size classes previously identified in Garmestani et al. (2008b) for power-law behavior. Power laws provided fits for overall city size distribution in the southeastern and southwestern regions of the United States. However, the overall city size distribution in the southeastern region of the United States exhibited a departure from power-law behavior in the upper tail. In addition, cities in the southeastern region self-organized into three discrete size classes, and the southwestern region was self-organized into six size classes. Each of these size classes was well described by power laws with differing slopes and intercepts. In the southeastern region of the United States, there was greater variability in the sizes of small cities when compared to the size class for large cities. With respect to the different power law fits for the individual size classes, the overall power law for the distribution did not capture evidence of the processes affecting city size at a finer scale of analysis, i.e., the individual size classes. Different power law fits for individual size classes support the proposition that different processes, e.g., growth rates, act upon cities at different scales. Garmestani et al. (2008a) interpreted the differences in the power law fits in the city size distributions as the manifestation of variable growth dynamics dependent upon city size. Complex systems can manifest multiple regimes (Gunderson et al., 2002), and size classes are evidence of multiple regimes within a system, whereas the power law fits for each size class are indicative of discrete ranges of scale at which cities are governed by similar processes. Garcia et al. (2011), also studying this dataset from the southeastern region of the United States, calculated transition probabilities for cities across all size classes. They found that short-term transition was chaotic in the small and medium size classes, but long-term transition across all size-classes revealed hierarchical system structure over time (i.e., cross-scale resilience) (Garcia et al., 2011).

In this work, we conducted an analysis of a regional urban system (southeastern United States) that has been the subject of research in the series of papers reviewed in the preceding sections. We used a U.S. census dataset incorporating the urbanized area (UA) definition. A UA comprises a central place and the urban fringe, which includes other "places" (Bessey, 2000). The Bureau of the Census officially defines a "place" as a concentration of population, which must have a name and be locally recognized, although it may or may not be legally incorporated under the laws of its state (Bessey, 2002). We analyzed a Bureau of Economic Analysis (BEA) dataset of cities in the southeastern region (Alabama, Arkansas, Florida, Georgia, Kentucky, Louisiana, Mississippi, North Carolina, South Carolina, Tennessee, Virginia and West Virginia) of the U.S.

for this research. The analysis of variables in this study that potentially influence dynamics in urban systems is based upon Information theory, in particular, a variation of Fisher information.

1. METHODS

Fisher information was developed by statistician Ronald Fisher (Fisher, 1922) as a measure of the information content in data and is focused on assessing patterns of behavior. Given that the existence of pattern signifies order, Fisher information has since been adapted to assess organizational complexity in the presence of imperfect observations, affording the ability to capture dynamic order (i.e., self-organization) in systems (Eason and Cabezas, 2012). In the context of resilience, dynamic order relates to the ability of a system to withstand perturbations and still maintain a steady state. This steady state may also be termed a regime and is characterized by a particular pattern of system behavior.

The form of Fisher information used in this work provides a means of monitoring system variables and collapsing them into a composite indicator that can be tracked over time to assess the dynamic behavior of systems to include its regimes and regime shifts. The theoretical foundation of Fisher information (described in detail by Fath et al., 2003 and Mayer et al., 2007) is denoted as :

$$I = \int \frac{1}{p(s)} \left[\frac{dp(s)}{ds} \right]^2 ds \qquad (1)$$

where, p(s) is the likelihood of observing a particular state (s) of the system. From Equation (1), Fisher information (henceforth denoted as FI) is proportional to the change in the probability of a system being in a particular state divided by the change in state (i.e., $dp(s)/ds$). To understand this concept, take a system characterized by completely random data. Such a system has no particular pattern, is unbiased toward any given state and consequently, has an equal probability of being in any state of the system resulting in a uniform probability density function (PDF) and an FI approaching zero (Fath et al., 2003) (Figure 1A).

On the other hand, a system defined by observable, consistent patterns (i.e., repeated measurements of the system over time results in the same state or condition) is highly orderly and biased toward a particular state or finite number of states; hence, it has a PDF with a steep slope and FI approaching infinity (Figure 1B). However, real systems exist between these two idealized extremes (Figure 1C). Further details of the analytical and numerical derivation of FI can be found in Mayer et al. (2007) and Karunanithi et al. (2008), respectively. US EPA (2010) also describes the computational aspects of using FI to assess system behavior. In the papers by Karunanithi et al. (2008), Eason and Cabezas (2012) and Gonzalez-Mejia et al. (2011), the authors invoke concepts pertinent to understanding resilient systems. They articulate the inherent nature of robust systems to adapt to change (i.e., self-organize) and describe the conditions of critical transitions to other dynamic regimes. Further, they apply FI and demonstrate the ability to use it to identify stable, resilient regimes and regime shifts as a function of dynamic order. Hence, here we formally propose FI as a measure of resilience in complex systems. Drawing from the sustainable regimes hypothesis which provides basic ideals for interpreting FI (Karunanithi et al., 2008), the statements are adapted to provide guidance for assessing system resilience. The modified statements are as follows: a) well functioning systems exist in ordered regimes in which the overall condition of the system is stable and results in a non-zero FI that does not change with time (i.e., $\frac{d\langle FI\rangle}{dt} \approx 0$, where <FI> indicates a mean FI value); b) steadily decreasing FI signifies progressive loss of dynamic order and denotes a system that is changing at a slower rate, losing functionality and thereby, losing resilience; and 3) a steadily increasing FI signifies a system that is changing more rapidly, yet still maintaining function; and 4) a steep decrease in FI between two stable dynamic regimes indicates a regime shift (Karunanithi et al., 2008). However, there is no guarantee that the latter regime is more humanly desirable than the former and requires further evaluation of the underlying variables characterizing the condition of the system (Eason and Cabezas, 2012). In other words, while the condition of the system state may be stable, the system may have organized into a less desirable state. Hence, FI allows us to assess the resilience of the system not the quality of its condition. In practice, FI has been applied to deriving fundamental equations of physics, thermodynamics, and population genetics (Frieden 1998, 2001). It was proposed by Cabezas and Fath (2002) as a sustainability metric and used to assess dynamic order and stability in complex model systems (Fath et al., 2003; Fath and Cabezas, 2004; Cabezas et al., 2005a, 2005b, Mayer et al., 2006). Further, FI was employed to optimize control of dynamic model systems for sustainable environmental management (Shastri et al., 2008a, 2008b), cancer immunotherapy and continuous isothermal crystallization (Rico-Ramirez et al., 2008). Recently, it has been used to detect and assess dynamic order, sustainability and regime shifts in real systems (Mayer et al., 2006; Karunanithi et al., 2008; Karunanithi et al., 2011; Gonzalez-Mejia et al., 2011; Eason and Cabezas, 2012).

2. DATA

This study involves the assessment of thirty one cities (Table 1) within the southeastern region of the United States from 1970 to 2010. In order to examine each city (system), pertinent variables were used to capture the condition (i.e., state) of the system over time. These variables were drawn from various studies (Glaeser, 2001; Glaeser and Saiz, 2003; Erickcek and McKinney, 2006 and Garmestani et al., 2007) and describe climatological, economic and demographic components of each system (Table 2). Data for the variables were compiled from multiple sources including the US Census Bureau and the National Climate Data Center, yet often were not available annually (Table 3). Hence, yearly time series were developed for each variable by interpolating where necessary.

Figure 1. Fisher information is proportional to dp/ds (adapted from Pawlowski and Cabezas, 2008)

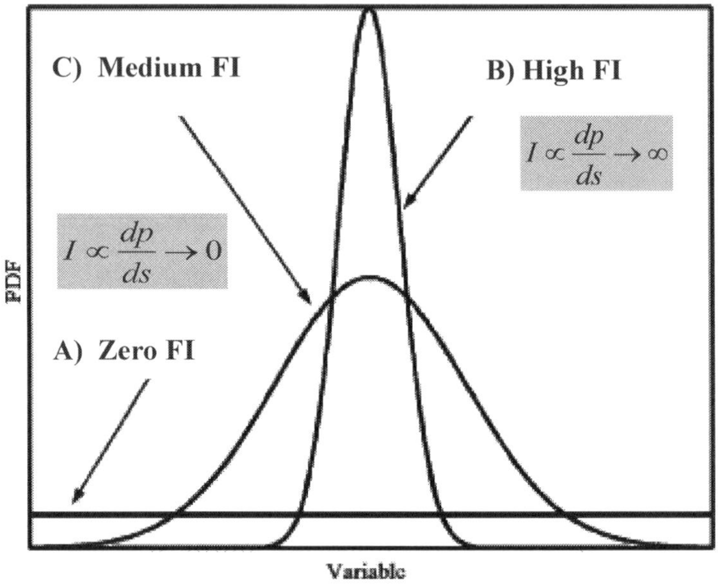

Note :

A) A system that has an equal probability of being in any state lacks order; accordingly, $I \rightarrow 0$ and represents the perfect disorder case.

B) The perfect order case occurs when a system is biased towards a state (or finite number of states). Since this system is more orderly, $I \rightarrow \infty$.

C) However, most systems exist between these two extremes.

3. POPULATION GROWTH TRENDS FROM STUDY TO STUDY

Garmestani et al. (2007) identified the clustering of cities into size classes from 1860 to 1990 in the southeastern United States. However, the study also focused on the growth rates of cities. Hence, as a preliminary analysis, we compared the growth rate classes of the current data set to the classes in work done by Garmestani et al. (2007). The population growth rates were computed for each city over certain periods: EP (Garmestani et al. 2007 for the entire period, 1860 to 1990); RP (Garmestani et al., 2007 for the last two decades of the study, 1970 to 1990) and; CS (Current study from 1970 to 2010) and compared in Figure 2. Results indicate that the patterns of growth in the cities have changed over time resulting in a dramatic shift from a bias towards moderate to high population growth (EP) to a growth rate distribution skewed toward more cities experiencing growth of 10% or less per decade (CP). Moreover, note that in the overlapping period denoted by RP, the distribution has a near Gaussian shape. Such growth shifting is true in such cities as Atlanta, GA which experienced more shrinkage from 1970 to 1990 with modest growth since. Now that the growth patterns are clear and discernable, the question now becomes: what is driving changes in the patterns of growth. This work is focused on exploring the conditions of these cities to uncover their unique drivers of dynamic change.

Table 1. Matrix of Cities Assessed in Study

State	City					
Virginia	Alexandria: C1	Lynchburg: C13	Norfolk: C21	Petersburg: C24	Richmond: C26	
Georgia	Athens: C2	Atlanta: C3	Augusta: C4	Columbus: C8	Macon: C14	Savannah: C27
Louisiana	Baton Rouge: C5	New Orleans: C20				
South Carolina	Charleston: C6	Columbia: C7				
Florida	Key West: C9	Pensacola: C23				
Kentucky	Lexington: C10	Louisville: C12	Paducah: C22			
Arkansas	Little Rock: C11					
Tennessee	Memphis: C15	Nashville: C18				
Alabama	Mobile: C16	Montgomery: C17	Selma: C28			
Mississipi	Natchez: C19	Vicksburg: C29				
North Carolina	Raleigh: C25	Wilmington: C31				
West Virginia	Wheeling: C30					

Table 2. Variables used in the Study

Component	Variable
Climate	Avg. Annual Precip. Avg Annual Temp
Economic	Median Annual HH Income Percent Mfg. Worker Poverty Rate
Demographic	Percent College Percent HS Population

4. APPROACH

The dynamic changes in the cities understudy were assessed by computing FI from the variables characterizing each system. In accordance with the procedure implemented by Cabezas and Eason to use FI to assess the dynamic behavior of a regional ecosystem (USEPA, 2010), FI was calculated by setting up an eight year time bracket and moving the computation bracket forward one year at a time creating overlapping time windows. One FI value is produced per window and when calculated over the period of the study provides information necessary to evaluate the dynamic behavior of the system.

Table 3. Data Sources

#	Proxy/Surrogate	Component	Pillar	Details	2010 info
1	Average annual	Climate	ENV	http://www.ncdc.noaa.gov/ (TCTP and MNTM)	
2	Average annual	Climate	ENV	http://www.ncdc.noaa.gov/	
3	Median annual	Income	SOC-ECO	http://socds.huduser.org/Census/screen1.odb?metro=cbsa	2010 data: **http://quickfacts.cen**
4	Poverty rate	Income	SOC-ECO	http://socds.huduser.org/Census/screen1.odb?metro=cbsa	2010 data: **http://quickfacts.cen**
5	Share of persons 25	Educational	SOC	http://socds.huduser.org/Census/screen1.odb?metro=cbsa	2010 data: **http://quickfacts.cen**
6	Share of persons 25	Educational	SOC	http://socds.huduser.org/Census/screen1.odb?metro=cbsa	2010 data: **http://quickfacts.cen**
7	% Civilians employed in	Workforce	SOC-ECO	http://socds.huduser.org/Census/screen1.odb?metro=cbsa	2010 data: **http://quickfacts.cen**
8	Population	Population	SOC	http://socds.huduser.org/Census/screen1.odb?metro=cbsa	2010 data: **http://quickfacts.cen**

Legend: Variables used in Glaeser (2001)
Suggested variables from other sources

Figure 2. Population Growth Trends from Study to Study

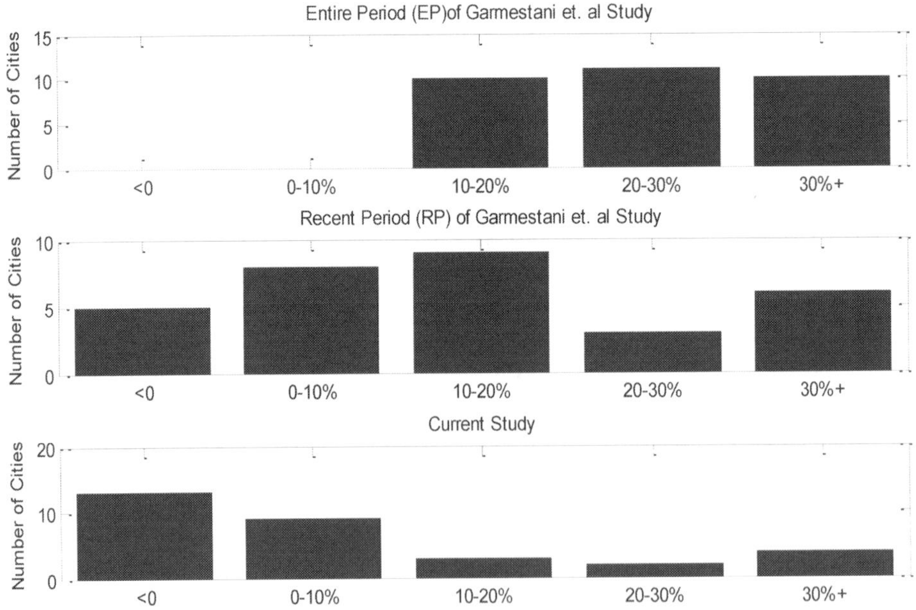

Note that EP: Entire Period of Garmestani & al. (2007) Study from 1860 to 1990; RP: Recent Period of Garmestani & al. (2007) from 1970 to 1990; CS: Current Study from 1970 to 2010.

5. RESULTS

There are two key concepts highlighted in the modified sustainable regimes hypothesis that are critically important for discussing the results of this study: mean and standard deviation of FI values over time. The FI results reported in Figure 4 illustrate the significance of the mean and variability in FI computations. Although higher FI is typically equated with higher order, in the context of resilience and stability, the level of order is not as important as the ability of the system to remain within a desirable regime. With this in mind, note that while the FI for Memphis, TN varied overtime, the values tended to settle around the mean thereby reflecting a level of stability. On the contrary, Wheeling, WV had a much larger range of deviation indicating loss of stability in the current regime and possibly, a regime shift to regime 1 from about 1977 to 1987, followed by a drop in FI, a transition period and then, regime 2 after 2005. Overall, when evaluating the mean of the FI computed for each city, we noted that the majority of the cities seemed to behave similarly with a mean FI within two standard deviations of the entire sample (Figure 5). However, Vicksburg, MS (C28) and Selma, AL (C29) deviated from this trend. Figure 6 provides a plot of the standard deviation of the FI for all of the cities. Aside from Memphis, TN (C15: lower) and Wheeling, WV (C30: higher), all of the cities were within 2σ of mean variation with Wheeling appearing to be the least stable of the cities under study.

Figure 3. Diagram of Approach to Analyzing Each City

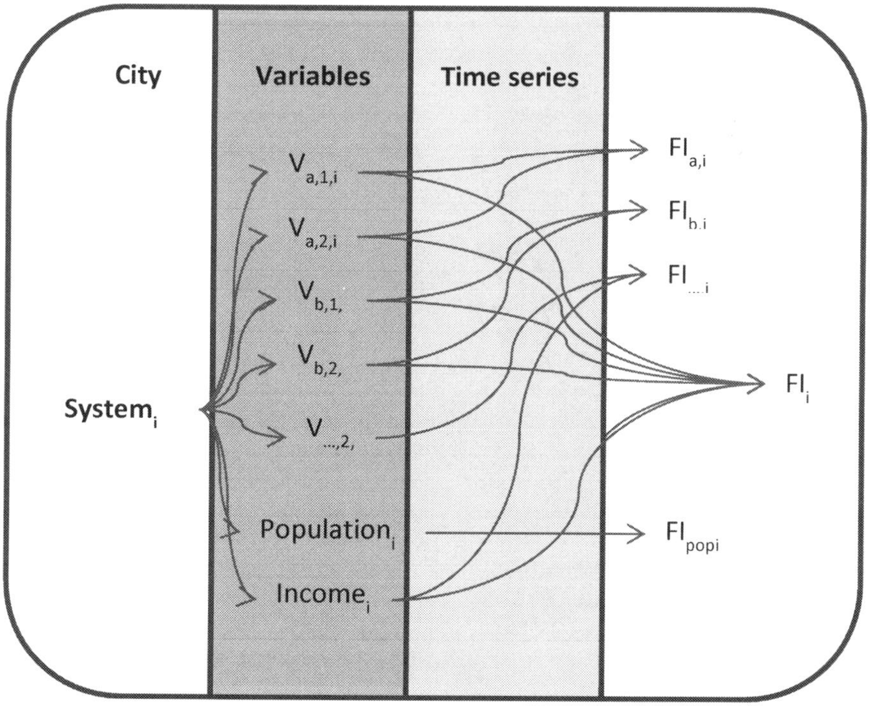

The following approach was employed to examine the potential factors driving (a) the resilience of the city and (b) population changes (Figure 3):

1. Compute FI for: (a) the overall system (i.e., each city), (b) each component (e.g., climate) and (c) population.

2. Use Spearman Rank Order Correlation (SROC) to compare: (a) FI of the system to the FI of the components to determine aspects impacting resilience; (b) FI of population to the FI of the components; and (c) the population to the remaining variables for each city to assess which variables are correlated with population changes.

3. Compute standard statistics to include the mean, standard deviation and coefficient of variation for the FI of each system.

Figure 4. Increased variation signifies loss of resilience

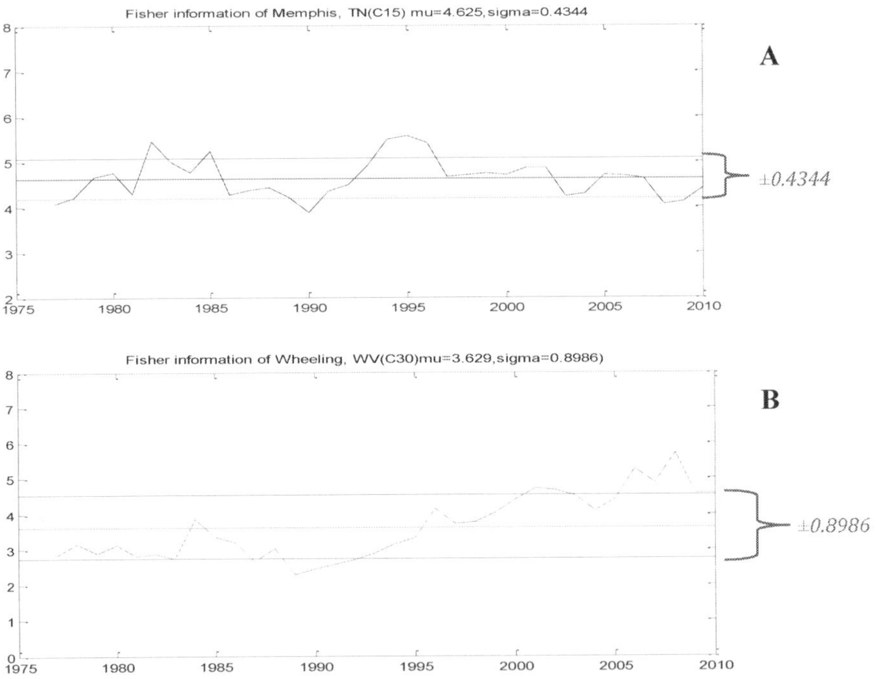

(A) Memphis, TN (μ=4.625, σ=0.4344)
(B) Wheeling, WV (μ=3.629, σ=0.8986).

To bring both of these concepts together, we designate the most resilient cities as those with a relatively high mean and low standard deviation in the FI result over time. This theory is explored in two ways: by calculating the coefficient of variation (CV: σ/μ) and plotting μFI vs. σFI. As a statistical measure of dispersion, the CV provides insight on the relative deviation in the FI values for each city. The CV of sixteen of the cities lies below the mean CV of all the cities with the highest ratio in Wheeling, WV (C30) and the lowest in Memphis, TN. The mean and standard deviation plots afford the ability to view both statistics which capture aspects of resilience simultaneously. The lower right quadrant of Figure 7 distinguishes twelve cities with a mean FI above the mean, and below the mean standard deviation (σ) of FI for all cities. Using the criteria established, the cities which are common for both measures include: Alexandria, VA, Athens, GA, Atlanta, GA, Augusta, GA-SC, Baton Rouge, LA, Charleston, SC, Columbia, SC, Columbus, GA-AL, Key West, FL, Lexington-Fayette KY, Little Rock, AR, Louisville, KY-IN, Lynchburg, VA, Macon, GA, Memphis, TN, Mobile, AL, Montgomery, AL, Nashville,TN, Natchez, MS, New Orleans, LA, Norfolk, VA, Paducah, KY, Pensacola, FL, Petersburg, VA. These cities are identified as the most resilient in the dataset.

Figure 5. Mean FI for all cities

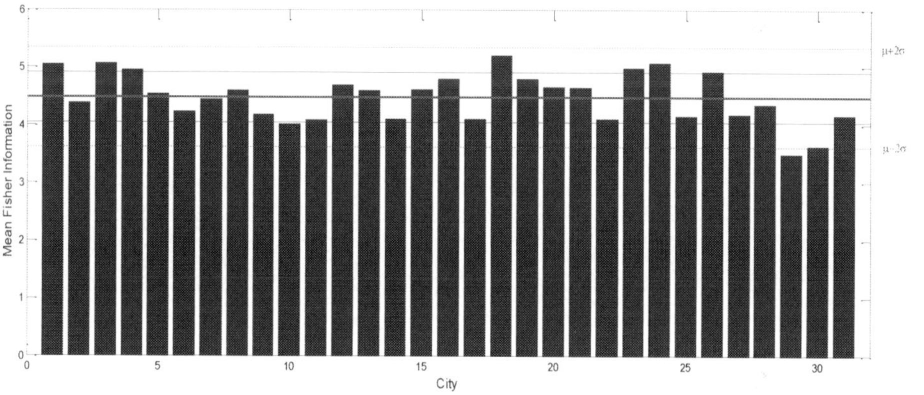

Figure 6. Standard Deviation of FI for all cities

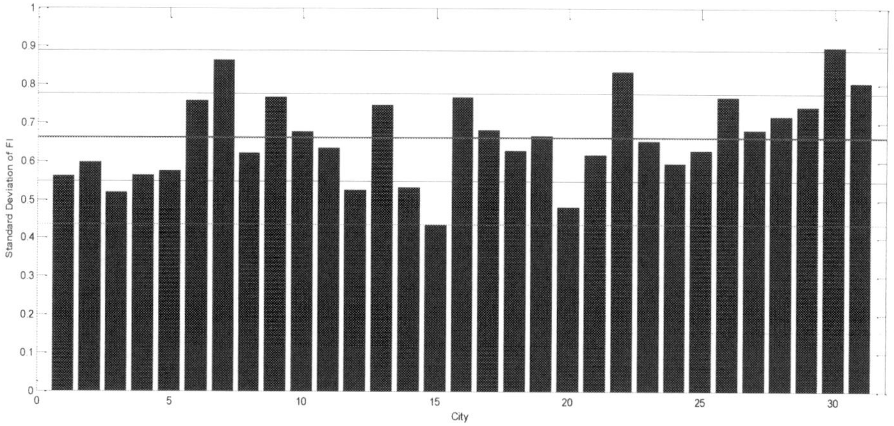

5.1. Identifying Drivers

In order to identify the drivers of the dynamic changes in the system, the FI of the overall system (i.e., using all of the time series for each city) was compared to the FI computed from the different groupings or categories of variables. Figure 8 provides a sample plot of the FI results as computed for Alexandria, VA for the overall system and the variables separated by component (i.e., economic, climate and demographic). The Spearman Rank Order Correlation (SROC) results indicate that the economic component (rho = 0.7391) is highly correlated with the overall system. In addition, note that changes in the FI of the economic component began trending up before those changes occur in the overall system implying that economic component is a driver of the dynamic behavior of the overall system. Table 4 provides a compilation of the SROC results of the overall FI versus the FI of the components for each city. Note that the level of correlation varies from city to city. The FI of twenty-five cities had statistically significant correlations with the economic component, followed by twenty-two cities with a strong correlation with the demographic component.

Figure 7. Identifying the most resilient cities

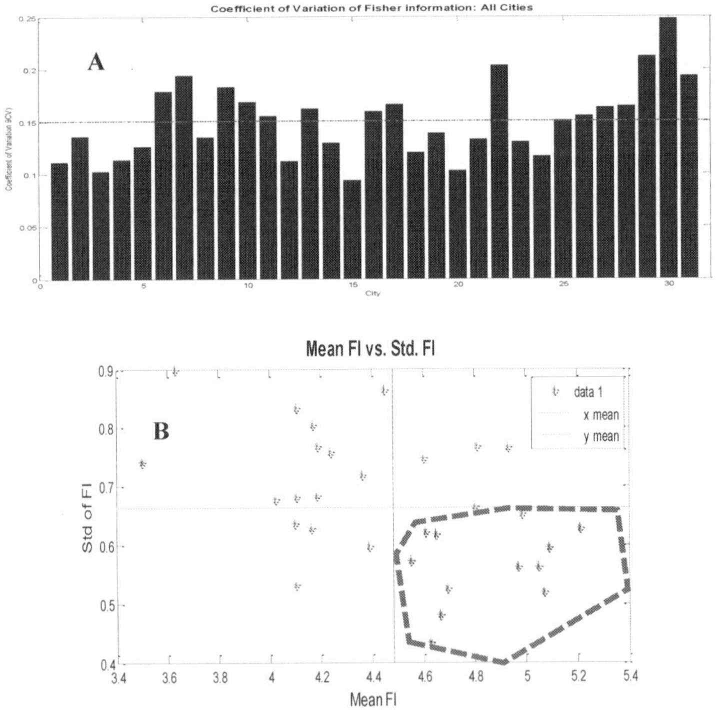

(A) While, the coefficient of variation indicates that there are sixteen cities whose CV ratio rests below the mean CV for all cities,
(B) the μFI vs. σFI plot designates a region containing twelve cities at the intersection of both relatively high FI and low deviation.

A weighted average was used to produce an average correlation for each component within each state. From the compiled statistic, note that while the dynamic changes in Virginia, Georgia, Kentucky, and North Carolina cities are strongly related to the economic component, the behavior of the cities in South Carolina, Florida, Tennessee, Alabama and Mississippi are driven by the demographic component. In summary, the cities had a moderate correlation with both the demographic component (Educational Attainment variables: HS and College) and the economic component (HH income, poverty rate and % mfg worker). Although climate appears to be relatively unrelated to the resilience of the cities, this study focused on the southeastern United States which has a notably moderate climate. Hence, it is possible that this category plays a more important role when studying and comparing multiple geographic regions.

Table 4. Spearman Rank Order Correlation (SROC): Overall vs. Components

OVERALL SYSTEM							Weighted average		
State	City						ECO	CLI	DEM
Virginia	ECO (0.7391**), DEM(0.5079*)	ECO (0.6511**), DEM (0.6312**)	ECO(0.7881**), DEM(0.7915)	ECO(0.6188**), CLI(0.6477**), DEM(0.5728**)	ECO (0.8367**), CLI(0.6227**), DEM(0.8972**)		0,72676	0,25408	0,68012
Georgia	DEM(0.7912**)	ECO (0.6293**), DEM (0.6214**)	ECO(0.8202**), CLI(0.5340*)	ECO(0.6032**)	ECO(0.7366 **)	ECO (7008**), DEM (0.8129**)	0,540545	0,089	0,370917
Louisiana	ECO(0.5056*)	ECO (0.5618**), CLI (0.5273*)					0,5337	0,26365	
South Carolina	ECO(0.5096*), CLI(0.5267*), DEM(0.6359**)	ECO (0.8296**), DEM (0. 8433**)					0,6696	0,26335	0,7396
Florida	ECO(0.8551**), DEM(0.7812**)	CLI (0.6854 **), DEM (0.7940**)					0,42755	0,3427	0,7876
Kentucky	ECO(0.7709**)	DEM (0.6070**)	ECO(0.7060**), DEM(0.7886**)				0,4923		0,4652
Arkansas	CLI(0.5141*)							0,5141	
Tennessee	DEM(0.5541**)	ECO (0.4871 *)					0,24355		0,27705
Alabama	ECO(0.5790 **), DEM(0.9077**)	ECO (0.5655**), DEM (0.5582**)	DEM(0.5408**)				0,3815		0,6689
Mississipi	ECO(0.6076 **), DEM(0.8232**)	ECO (0.6222**), DEM (0.7181**)					0,6149		0,77065
North Carolina	ECO(0.7009**)	ECO (0.5066*), DEM (0.7613**)					0,60375		0,38065
West Virginia	ECO(0.7169**), DEM(0.7887**)						0,7169		0,7887
						mean	0,541005	0,287813	0,592939
						# cities	25	7	22
						%	80,65%	22,58%	70,97%

*Note: * = p-value < 0.05 and ** = p-value << 0.05.*
Each cell relates to the city denoted in the Table 1 matrix.

A similar analysis was performed to compare the FI of population to the FI of the components of the system (Table 5). From the state summary statistics of the SROC results, population is positively correlated with the demographic component (Educational Attainment variables: HS and College) and negatively correlated with the economic component (HH income, poverty rate and % mfg worker). However, note that for all of the summary SROC analysis, the direction (positive or negative) of the correlation varied by city. Such a result implies that although there are some similar patterns, the drivers of the dynamic behavior in the cities are distinct.

Figure 8. FI results for Alexandria, VA (Overall and Components)

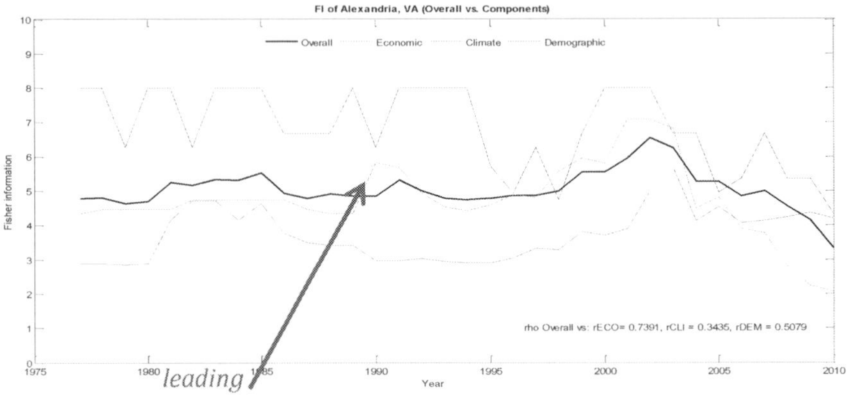

5.2. Linking population size, growth and stability

Pumain and Moriconi-Ebrard (1997) found that major cities in some countries have grown faster than the rest of the cities in their country, a result which lends strong support to the proposition that the relationship between city size and growth is more complex than that suggested by Gibrat's law (Portnov et al., 2012). Research on metropolitan areas in the United States, further supports this position, as Gibrat's law was rejected in a time series analysis of major U.S. metropolitan areas (Black and Henderson, 2003), as does research on municipalities and contiguous urban areas in Europe (Portnov et al., 2012), cities in India (Sharma, 2003) and China (Anderson and Ge, 2005), as well as urban growth in the Balkans (Dimou and Schaffar, 2009). Additionally, a recent study found that firm growth is related to firm size and the majority of regions in Portugal (Barbosa and Eiriz, 2011).

Results of this analysis revealed that firms experience correlation of growth patterns at the regional scale as a result of differences in industrial diversity, entrepreneurship and workforce quality (Barbosa and Eiriz, 2011). In short, the results in this analysis demonstrate that geographic location matters for firm size and growth (Barbosa and Eiriz, 2011). Xu and Harriss (2010) documented a similar pattern of spatial and temporal autocorrelation in city growth rates in Texas from 1850 to 2000. Gonzalez-Val (2011) documented deviations from Zipf's law in American cities (2000), and found that most cities were larger than predicted by Zipf's, while small cities were smaller than predicted by Zipf's. Factors affecting whether the city was larger or smaller than predicted by Zipf's were per capita income, human capital and the percentage of the population employed in certain sectors (Gonzalez-Val, 2011). Further, in an analysis of the U.S. city size distribution in the 20th century, Zipf's law only held at the top of the distribution, and not for the entire city size distribution (Gonzalez-Val, 2010). Schaffar and Dimou (2012) rejected Zipf's law for the Indian city size distribution.

Table 5. Spearman Rank Order Correlation (SROC): Population vs. Components

POPULATION							Weighted average			
State	City						ECO	CLI	DEM	NA
Virginia	ECO(-0.3734*), DEM(-0.4006*)	DEM (0.5607**)	DEM (-0.4414*)	DEM (0.5650*)	NA		-0,07468		0,21698	
Georgia	ECO(0.5683**), DEM(-0.7773**)	NA	DEM (-0.5890**)	ECO (-0.4609*), CLI (-0.4766*)	DEM (-0.7507**)	DEM (0.3438*)	0,0179	-0,07943	-0,197367	
Louisiana	ECO(-0.4339 *)	DEM (0.5011*)					-0,21695		0,25055	
South Carolina	ECO(-0.3455*), DEM(0.3574*)	NA					-0,17275		0,1787	
Florida	NA	DEM (-0.7497**)							-0,37485	
Kentucky	NA	ECO (-0.4136*)	NA				-0,13787			
Arkansas	NA									
Tennessee	NA	ECO (-0.6914**)					-0,3457			
Alabama	CLI(0.4038*), DEM(0.5616**)	ECO (0.4887*)	ECO (-0.3503*)				-0,04613	0,1346	0,1872	
Mississipi	NA	ECO (0.7887**), DEM (-0.3763*)					0,39435		-0,18815	
North Carolina	ECO(-0.4039*), CLI(0.3484*)	ECO (0.4129*)					0,0045	0,1742		
West Virginia	ECO(0.5372*), DEM(0.6400**)						0,5372		0,64	
						mean	-0,0040	0,0765	0,0891	
						# cities	12	3	14	9
						%	38,71%	9,68%	45,16%	29,03%
						+	5	2	7	
						-	7	1	7	

*Note: * = p-value < 0.05 and ** = p-value << 0.05.*
Each cell relates to the city denoted in the Table 1 matrix.

The results of this study provided insight on the drivers of growth for cities in the southeastern United States and highlighted the fact that the drivers of stability and population growth are distinct. In an effort to further connect the key principles in this area, we compiled results to explore the relationship between population size, growth and stability. Some additional key findings are provided: (1) as city size increases, growth rates decrease (Figure 9); (2) from Figures 10 and 11, note that the majority of cities contain less than 300,000 people and there is a clear demarcation in behavior underscoring the point that as city size increases the mean FI increases. The correlation between mean FI and population size coupled with the link between increasing population size and decreasing standard deviation is an indication of increasing dynamic order and therefore, resilience for larger cities; and (3) we tested the "predictable city" theory as proposed by Bettencourt and West (2010).

Using four variables for one year and 360 cities, they found a linear relationship between increasing population size and the variables under study (crime, GDP, income, and patents) and concluded that cities of different sizes are basically scaled versions of each other and that size is the most important characteristic of a city. Using the same approach with the variables used in our study, our cities did not show this same scaling effect (Figure 12). Hence, the scaling of key variables with population growth does not appear to be a homogeneous phenomenon.

Figure 9. Mean Population vs. Growth rate from 1970 to 2010

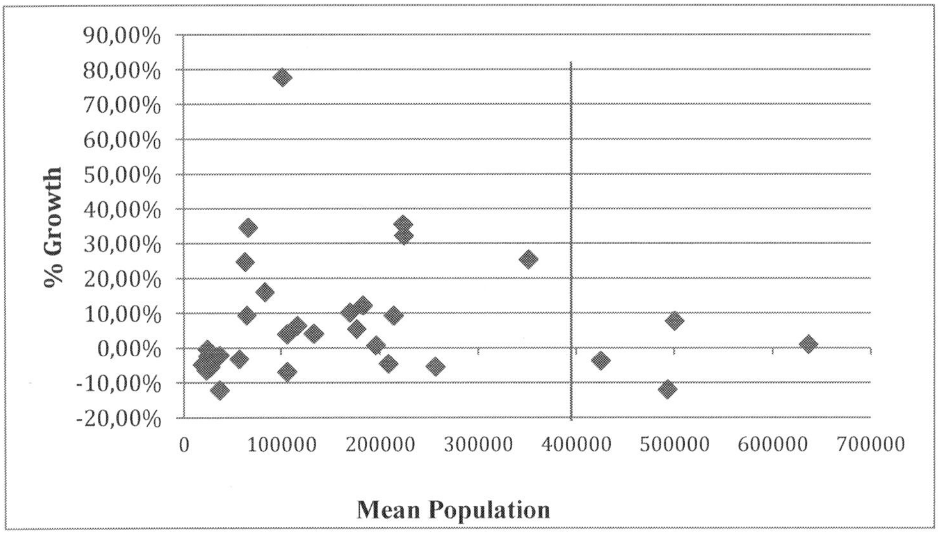

Figure 10. Mean population vs. mean FI

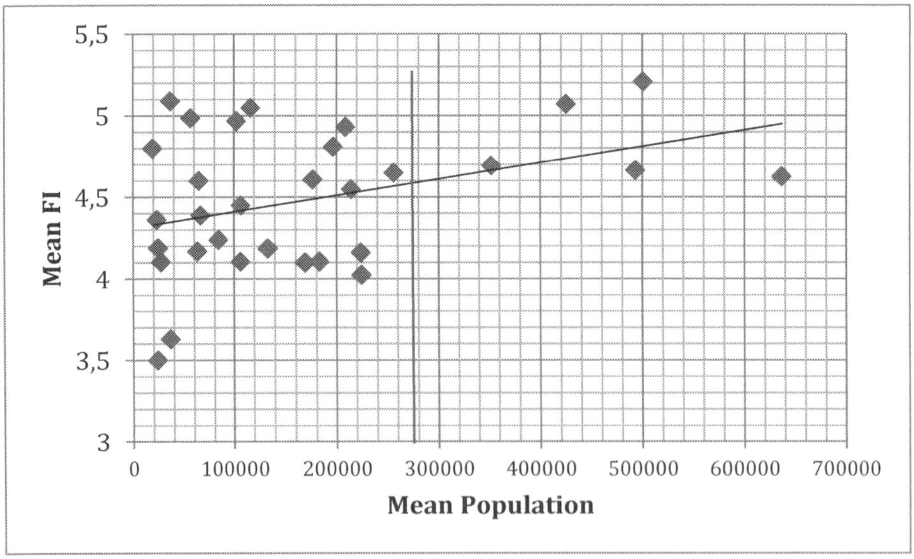

Figure 11. Mean population vs. Standard deviation of FI: Variability in the dynamic behavior of the cities tended to decrease as city size increased suggesting that the larger cities exhibited more stability

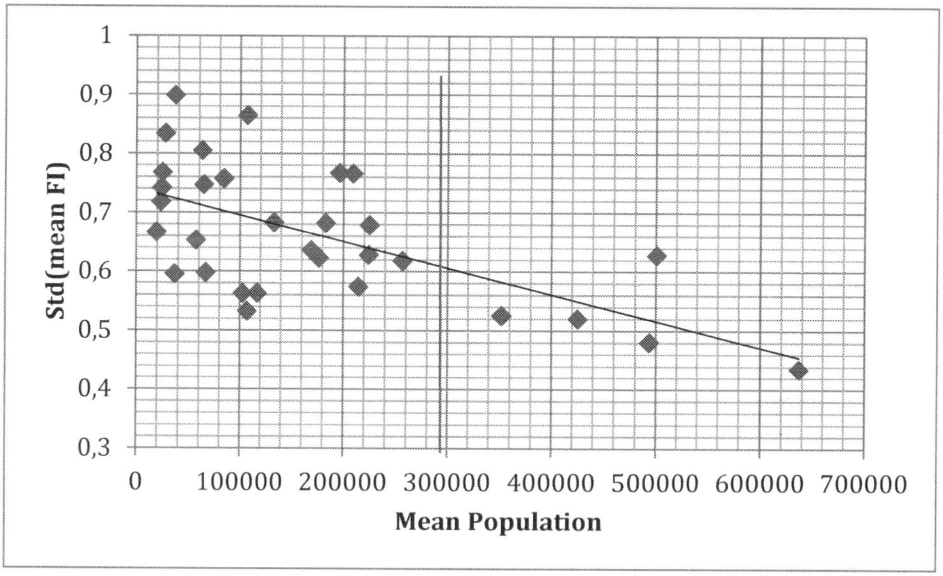

Figure 12. Scaling effect not present for study on southeastern US cities

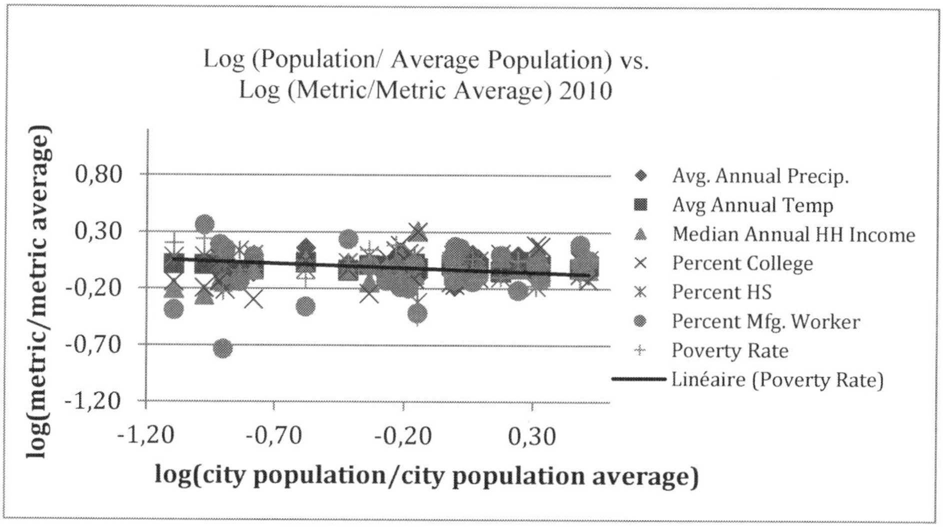

This is possibly due to the fact that our study involved variables that although they are "peer-reviewed" and used in other studies, they are indeed different than those used by Bettencourt and West (2010). In addition, the number of cities or time period of the analysis may be important. Perhaps their assessment covers a year where the scaling effect was unambiguous prior to the many economic and social changes in the US. There truly are a number of reasons why their contention does not hold for our analysis; however, the "unified theory" is an interesting concept to investigate.

Figure 13. Summary of Positive Correlations by State

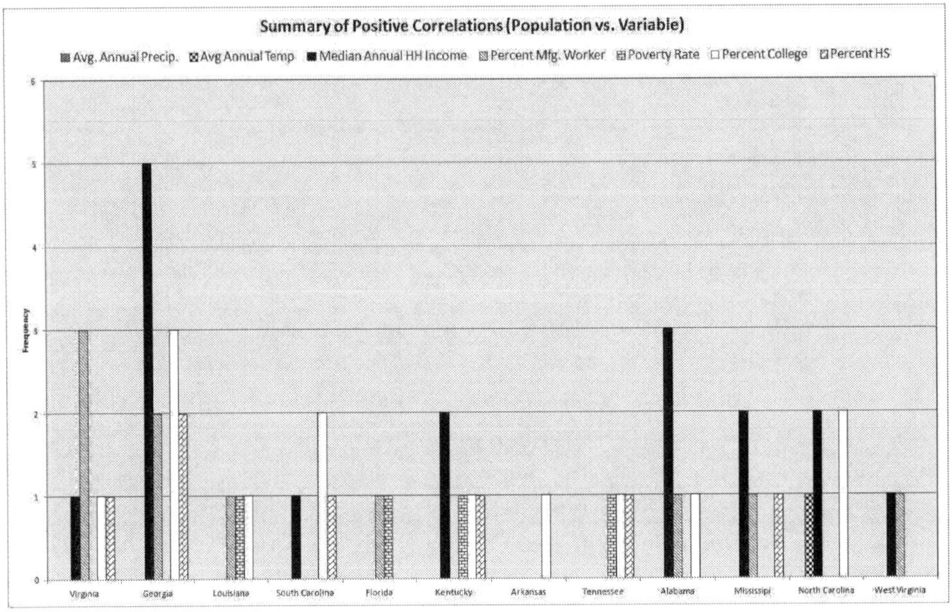

Figure 14. Summary of Negative Correlations by State

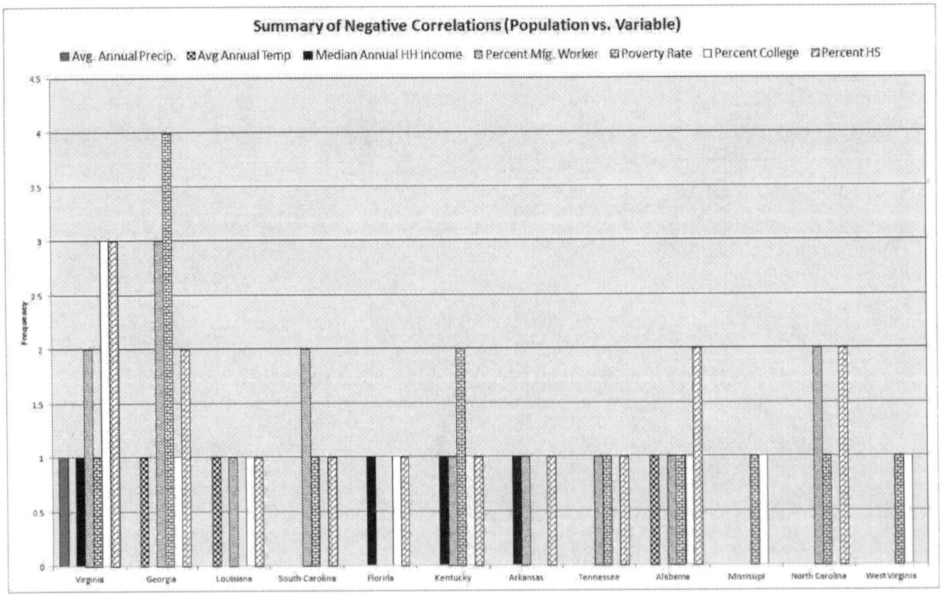

Glaeser and Shapiro (2003) found that city growth was driven by three factors: skilled labor, a warm dry climate, and reliance upon automobile-based transportation instead of public transportation. Further, skilled labor has a greater effect on growth rates in cold weather, rather than warm weather metropolitan areas in the U.S. (Glaeser, 2005). Cities with a greater proportion of skilled labor, are more resilient, and therefore have greater adaptive capacity than less skilled cities (Glaeser and Saiz, 2003). What this suggests is that specialized cities may enjoy initial success, but simply do not have as great a capacity for reinvention as cities with a more diverse economic base (Glaeser and Saiz, 2003). Importantly, size likely plays a role in this reduced adaptive capacity, in addition to the lack of skilled labor and a diverse economy (Erickcek and McKinney, 2006).

In 2001, Glaeser assessed growth and decline for nearly 200 U.S. cities from 1990 to 2000 and noted heterogeneous population growth patterns. Further, he compared the cities aggregated by percentage of growth to key variables including average daily temperature, median household income, percent of civilians involved in manufacturing employment, percent of persons who drive to work alone and percent of foreign born population. He found that higher daily temperature, high median household income, and moderate immigrant population were all characteristic of cities that grew. He also alluded to the importance of skilled labor and poverty rate in the growth and shrinkage of city populations. For our cities, we attempted to drill down into the data for each city to compile the key variables which correspond to population change by using SROC to assess the relationship between population and the variables used to characterize each city over time. Plots for each state were developed to compile the correlation results reported as the frequency in which a particular variable was noted as positively (Figure 13) or negatively (Figure 14) correlated with population. Results indicate that while median household income and percent of population with a college degree are the most frequently correlated with population growth, percent of population with a HS degree or less, percent of manufacturing workers and poverty rate are often negatively linked with population growth.

CONCLUSION

Viewing cities as a system allows for the characterization of urban systems as complex adaptive systems, which have scale-dependent structure and cross-scale dynamics, as the system of cities and their environment evolve over time (Xu and Harriss, 2010; Garmestani et al., 2009; Bessey, 2002). Favaro and Pumain (2011) suggested a model of spatially and temporally interdependent geographic entities, as an improvement upon Gibrat's model based upon independent entities. The model is based upon the idea that urban systems are the manifestation of interactions between cities and their environment. One of the key aspects of this model is that deviations from the models are not treated as anomalies or outliers, but as critical information that influences the future trajectory of the system (Favaro and Pumain, 2011). Further, the conceptual underpinnings of the model are based upon a set of innovation cycles that are partially superimposed, as cities in the system compete, adapt to change and grow.

This is remarkably similar to systems concepts from ecology, in particular Holling's adaptive cycle (Gunderson and Holling, 2002), and Odum's pulsing cycle of change (Odum, 1983; Campbell and Garmestani, 2012).

In this work, we examined the relationships between city size, growth rates, and the key factors that impact resilience and population dynamics in urban systems over time. Results of this work indicate that while there are similarities between cities, certain factors appear to be more important in one place than another, and that city growth is not random, but rather, correlated with key factors (Schaffar and Dimou, 2012). In this study, we proposed an Information theory-based approach to assessing resilience in urban systems and identified the most resilient cities. In the southeastern United States, the most resilient cities were the largest cities in the analysis, which lends further strength to the proposition that urban systems partition into levels in a dynamic hierarchy (i.e., a panarchy) (Garcia et al., 2011). We also used statistical tests to determine potential drivers of dynamic behavior in the cities and found significant correlations with the economic and demographic components in the analysis. In particular, we found that city growth was driven by mean household income and the percentage of the population of a city with a college degree.

REFERENCES

Anderson, G. and Y. Ge. 2005. The size distribution of Chinese cities. *Regional Science and Urban Economics* 35: 756-776.

Barbosa, N. and V. Eiriz. 2011. Regional variation of firm size and growth: the Portugese case. *Growth and Change* 42: 125-158.

Berkes, F. and C. Folke. 1998. *Linking social and ecological systems*. Cambridge, UK: Cambridge University Press.

Bessey, K.M. 2000. Scale, Structure and Dynamics in the U. S. Urban Systems, 1850-1990: City Size in the Lens of Region. Ph.D. Dissertation. *Harvard University, Cambridge, Massachusetts, USA*.

Bessey, K.M. 2002. Structure and dynamics in an urban landscape: Toward a multiscale view. *Ecosystems* 5:360-375.

Black, D. and V. Henderson. 2003. Urban evolution in the USA. Journal of *Economic Geography* 3: 343-372.

Brakman, S., H. Garretsen and C. van Marrewijk. 2001. *An introduction to geographical economics: trade, location and growth. Cambridge,* UK: Cambridge University Press.

Bettencourt, L. and G. West. 2010. A unified theory of urban living. *Nature* 67: 912-913.

Cabezas H. and B.D. Fath. 2002. Towards a theory of sustainable systems. *Fluid Phase Equilibria* 194-197: 3-14.

Cabezas H., C.W. Pawlowski, A.L. Mayer, N.T. Hoagland. 2005a. Simulated experiments with complex sustainable systems: ecology and technology. *Resources Conservation and Recycling* 44: 279-291.

Cabezas H., C.W. Pawlowski, A.L. Mayer and N.T. Hoagland. 2005b. Sustainable systems theory: ecological and other aspects. *Journal of Cleaner Production* 13: 455-467.

Campbell, D.E. and A.S. Garmestani. 2012. An energy systems view of sustainability: emergy analysis of the San Luis Basin, Colorado. *Journal of Environmental Management* 95: 72-97.

Dimou, M. and A. Schaffar. 2009. Urban hierarchies and city growth in the Balkans. *Urban Studies* 46: 2891-2906.

Eason, T. and H. Cabezas. 2012. Evaluating the sustainability of a regional system using Fisher Information, San Luis Basin, Colorado. *Journal of Environmental Management* 94: 41-49.

Erickcek, G.A. and H. McKinney. 2006. Small cities blues: looking for growth factors in small and medium-sized cities. *Economic Development Quarterly* 20: 232-258.

Fath B.D., H. Cabezas and C.W. Pawlowski. 2003. Regime changes in ecological systems: an information theory approach. *Journal of Theoretical Biology*. 222: 517-530.

Fath, B.D. and H. Cabezas. 2004. Exergy and Fisher information as ecological indices. *Ecological Modeling* 174: 25-35.

Favaro, J.M. and D. Pumain. 2011. Gibrat revisited: an urban growth model incorporating spatial interaction and innovation cycles. *Geographical Analysis* 43: 261-286.

Fisher, R.A. 1922. On the mathematical foundations of theoretical statistics. *Phil. Trans. Royal Society of London* 222: 309-368.

Frieden, B.R. 1998. Physics from Fisher Information: A Unification. Cambridge University Press, Cambridge, UK.

Frieden, B.R. 2001. *Probability, Statistical Optics and Data Testing, third* ed. Springer-Verlag, New York.

Garcia, J.H., A.S. Garmestani and A.T. Karunanithi. 2011. Threshold transitions in a regional urban system. *Journal of Economic Behavior & Organization* 78: 152-159.

Garmestani, A.S., C.R. Allen, and K.M. Bessey. 2005. Time series analysis of clusters in city size distributions. *Urban Studies* 42: 1507-1515.

Garmestani, A.S., C.R. Allen, C.M. Gallagher and J.D. Mittelstaedt. 2007. Departures from Gibrat's law, discontinuities and city size distributions. *Urban Studies* 44: 1997-2007.

Garmestani, A.S., C.R. Allen and C.M. Gallagher. 2008a. Power laws, discontinuities and regional city size distributions. *Journal of Economic Behavior & Organization* 68: 209-216.

Garmestani, A.S., C.R. Allen and K.M. Bessey. 2008b. Discontinuities in urban systems: comparison of regional city-size structure in the United States. In: C.R. Allen and C.S. Holling (Eds.), *Discontinuities in Ecosystems and other Complex Systems*, Columbia University Press.

Garmestani, A.S., C.R. Allen and L. Gunderson. 2009. Panarchy: discontinuities reveal similarities in the dynamic system structure of ecological and social systems. *Ecology and Society* 14 (1): 15. http://www.ecologyandsociety.org/vol14/iss1/art15/

Gibrat, R. 1957. *On economic inequalities. International Economic* Papers 7: 53-70.

Glaeser, E.L. 2001. *City Growth and the 2000 Census: Which Places Grew, and Why*. John F. Kennedy School of Government, Harvard University. Survey Series, The Brookings Institution, Washington, D.C., USA.

Glaeser, E.L. 2005. *Smart Growth: education, skilled work & the future of cold weather cities*. John F. Kennedy School of Government, Harvard University.

Glaeser, E.L. and J.M. Shapiro. 2003. Urban growth in the 1990s: is city living back? *Journal of Regional Science* 43: 139-165.

Glaeser, E.L. and A. Saiz. 2004. The rise of the skilled city. *Brookings-Wharton Papers on Urban Affairs* 5: 47-94.

Gonzalez-Mejia, A.M., T. Eason, H. Cabezas and M.T. Suidan. 2011. Computing and interpreting Fisher Information as a metric of sustainability: regime changes in the United States air quality. *Clean Technologies and Environemental Policy.* http://dx.doi.org/10.1007/s10098-011-0445-2.

Gonzalez-Val, R. 2010. The evolution of U.S. city size distribution from a long-term perspective (1900-2000). *Journal of Regional Science* 50: 952-972.

Gonzalez-Val, R. 2011. Deviations from Zipf's law for American cities: an empirical examination. *Urban Studies* 48: 1017-1035.

Gunderson, L. and C.S. Holling. 2002. *Panarchy: understanding transformations in human and natural systems*. Washington, D.C.: Island Press.

Gunderson, L.H., L. Pritchard, Jr., C.S. Holling, C. Folke and G.D. Peterson. 2002. A summary and synthesis of resilience in large-scale systems. In: L.H. Gunderson and L. Pritchard, Jr. (Eds.), *Resilience and the behavior of large-scale systems*, pp. 249-261, Washington, D.C.: Island Press.

Holling, C.S., G.D. Peterson and C.R. Allen. 2008. Panarchies and discontinuities. In: C.R. Allen and C.S. Holling (Eds.), *Discontinuities in Ecosystems and other Complex Systems*, Columbia University Press. 288pp.

Karunanithi, A.T., H. Cabezas, B.R. Frieden and C.W. Pawlowski. 2008 Detection and Assessment of ecosystem regime shifts from Fisher information. *Ecology and Society* 13. http://www.ecologyandsociety.org/vol13/iss1/art22/

Karunanithi, A.T., A.S. Garmestani, T. Eason and H. Cabezas. 2011. The characterization of socio-political instability, development and sustainability with Fisher information. *Global Environmental Change* 21: 77-84.

Mayer, A.L., C.W. Pawlowski and H. Cabezas. 2006. Fisher Information and dynamic regime changes in ecological systems *Ecological Modelling* 195: 72-82.

Mayer, A.L., C.W. Pawlowski, B.D. Fath, and H. Cabezas. 2007. Applications of Fisher information to the management of sustainable environmental system. In: Frieden B, Gatenby R (eds) *Exploratory Data Analysis Using Fisher Information.* Springer-Verlag, London, pp. 217-244.

Odum, H.T. 1983. *Systems ecology: an introduction*. New York: Wiley.

Portnov, B.A, B. Reiser and M. Schwartz. 2012. Does Gibrat's law for cities hold when location counts? *Annals of Regional Science* 48: 151-178.

Pumain, D. and F. Moriconi-Ebrard. 1997. City size distributions and metropolization. *GeoJournal* 43: 307-314.

Rico-Ramirez, V., P.A. Reyes-Mendoza and J.A. Ortiz-Cruz. 2010. Fisher Information on the performance of dynamic systems. *Industrial and Engineering Chemistry Research* 49:1812–1821.

Schaffar, A. and M. Dimou. 2012. Rank-size city dynamics in China and India, 1981-2004. *Regional Studies,* 46: 707-721.

Shastri, Y., U. Diwekar and H. Cabezas. 2008a. Optimal Control Theory for sustainable environment management. *Environmental Science and Technology* 42: 5322-5328.

Shastri, Y., U. Diwekar, H. Cabezas and J. Williamson. 2008b. Is sustainability achievable? Exploring the limits of sustainability with model systems. *Environmental Science and Technology* 42: 6710-6716.

US EPA, 2010. San Luis Basin sustainability metrics project: a methodology for evaluating regional sustainability. In: Heberling, M.T., Hopton, M.E. (Eds.), EPA Number. EPA/600/R-10/182, xxxvii +, p. 224.

Xu, Z. and R. Harriss. 2010. A spatial and temporal autocorrelated growth model for city rank-size distribution. *Urban Studies* 47: 321-335.

Zipf, G.K. 1949. *Human behaviour and the principle of least effort: An introduction to human ecology*. Cambridge, Massachusetts: Addison-Wesley.

DYNAMIQUES CROISÉES D'UN SYSTÈME URBAIN RÉGIONAL

Résumé - *Depuis les théories des places centrales jusqu'aux travaux sur les lois de Zipf et de Gibrat, les systèmes urbains et leur hiérarchie sont l'objet d'un important courant de recherche. Plus récemment, un ensemble de travaux analyse les systèmes urbains du point de vue de la panarchie et de la résilience, en mettant en évidence le rôle des effets d'échelle. Dans ce travail, nous examinons la relation entre la taille des villes, leur taux de croissance démographique et les facteurs explicatifs des dynamiques démographiques d'un système urbain régional. Les résultats montrent que la croissance urbaine n'est pas un processus aléatoire mais un processus déterminé par certains facteurs fondamentaux, pas nécessairement les mêmes pour chaque ville. Parmi ces facteurs, on trouve le niveau de revenu des ménages et la part de la population ayant un diplôme universitaire.*

Mots-clés : SYSTÈME URBAIN RÉGIONAL, CROISSANCE URBAINE, DISTRIBUTIONS RANG-TAILLE, THÉORIE DE L'INFORMATION

DOES THE CHOICE OF GEOGRAPHIC UNITS MATTER FOR THE VALIDATION OF GIBRAT'S LAW?

Boris A. PORTNOV *

Abstract - *As we hypothesize, the selection of observation units may become a critical consideration for an empirical investigation of Gibrat's Law, according to which the growth of cities is expected to be independent of their sizes. In order to verify this hypothesis, we investigate whether the validation of Gibrat's law may depend on the aerial units used for the analysis – i.e., individual localities vs. integrated urban areas. The present study examines that possibility, using 1990-2000 population growth data for two levels of geographic resolution – 4,667 local administrative units (i.e., municipalities) and 2189 contiguous urban areas in 40 European countries. According to our findings, the association between population size and growth tend to differ across subsets of localities, being positive across localities with fewer location advantages and negative elsewhere. As a result, the strength and direction of the 'growth-size' association may change, depending on the relative shares of location subsets used for aggregation.*

Key-words: POPULATION GROWTH; EUROPEAN URBAN SYSTEM; LOCATIONAL SUBSETS; LOCATIONAL ATTRIBUTES; GIBRAT'S LAW; URBAN AREAS; LOCAL ADMINISTRATIVE UNITS

JEL Classification: O18, R11, R23

Acknowledgements - *The paper is based on data sources used by Portnov et al. (2011) but contains results of a re-analysis of previously published data, with several newly added explanatory variables and interaction effects. The author would like to express his deep gratitude to Prof. Benjamin Reiser for his invaluable help with preparing Section 3 and his numerous helpful comments and suggestions on the earlier drafts of this paper.*

**Department of Natural Resources and Environmental Management, University of Haifa, Israel ; Portnov@nrem.haifa.ac.il*

INTRODUCTION

In empirical regional studies, different geographic units – municipalities, counties, regions, built contiguities, commuting zones and metropolitan areas – are used, often without particular justification apart from data availability. The situation is similar with empirical studies of Gibrat's Law for cities.[1] While in some studies, individual localities are used (e.g. Eeckhout, 2004; Ioannides and Overman, 2003), other studies investigate the applicability of this law to urban and metropolitan areas formed by several neighboring municipalities (see e.g. Pumain and Moriconi-Ebrard, 1997; Black and Henderson, 2003).

Several previous studies found support for the proportionate growth of places, stipulated by Gibrat's Law (see inter alia Clark and Stabler, 1991; Ioannides and Overman, 2003; Eeckhout 2004; Rose, 2005). However, in other studies, this law was not supported by empirical data (cf. e.g. Pumain and Moriconi-Ebrard, 1997; Black and Henderson, 2003; Portnov et al., 2011).

A possible explanation for these differences may reflect different levels of geographic resolution used in the analysis. Changes in the strength of correlation between variables in line with data aggregation into areal units of larger size are a well-known phenomenon. In an early study, Openshaw (1984) termed this phenomenon the 'modifiable areal unit problem' or MAUP.[2]

According to MAUP, different trends may emerge, if individual localities (e.g., local administrative areas (LAUs) or municipalities) are used in the analysis, as opposed to integrated territorial units (i.e., contiguous urban areas), combining several adjacent LAUs. The selection of observation units may thus become a critical consideration for a proper interpretation of urban phenomena, in general, and for empirical investigation of Gibrat's Law, in particular. In order to verify this hypothesis, in the present paper, we investigate whether the validation of Gibrat's law for cities may depend on the aerial units used for the analysis – i.e., individual localities vs. integrated urban areas. In particular, two main questions we attempt to answer are as follows:

- Can the direction and strength of association between population size and growth change as a result of areal aggregation of individual urban localities into geographic units of larger size?
- If such a change does tend to happen, under what circumstances can it occur and what factors may affect it?

---

1 According to Gibrat's Law, also called 'the law of proportional effect' (loi de l'effet proportionnel), the growth of an economic entity is independent of its size, as measured by e.g., the number of workers in the case of factories (Gibrat 1931, cited in Kalecki 1945). When applied to cities, growth rates, according to this law, are expected to be independent of the numbers of their residents, so that all cities, big and small, should expectedly grow at the same average rate (Eeckhout, 2004).

2 The MAUP is a part of a broader methodological issue known as 'change of units of support problem' of CUSP. According to this phenomenon, the outcome of the analysis often depends on the analytical units used for investigation, and may thus change as a result of merging, splitting of the analysis units or modification of their boundaries (Gotway and Young, 2002).

To answer these questions, we analyze two groups of areal units – 4,667 LAUs (i.e., municipalities) and 2,189 urban areas, formed by territorial contiguities of built-up areas in 40 European countries. Our main finding is that that the association between population size and growth appear to differ across subsets of localities, stratified by their location attributes (i.e., well-positioned localities vs. poorly positioned ones). As a result, the strength and direction of the 'growth-size' association may change, depending on the relative shares of location subsets used for aggregation.

1. PREVIOUS STUDIES OF GIBRAT'S LAW FOR CITIES

Portnov et al. (2011) provide a fairly detailed discussion of several previous studies investigating the applicability of Gibrat's law to cities and urban areas. In this section we shall focus on the most general strands of Gibrat's law research, pertinent to main topic of the present analysis, that is, difference in findings, potentially attributed to various units of supports used for investigation.

The simplest formulation of Gibrat's Law for cities (see, for example, Anderson and Ge, 2005) is:

$$\ln P_t = \mu + \ln P_{t-1} + u_t \tag{1}$$

or alternatively:

$$\ln(P_t/P_{t-1}) = \Delta \ln P_t = \mu + u_t, \tag{2}$$

where P_t is the population size of a locality at time t; μ represents the average rate of growth; u_t is a random error term, and $ln(P_t/P_{t-1})$ denotes the logarithm of the growth rate. [For a more formal examination of Gibrat's Law, see Appendix 1of Portnov et al., 2011)].

Clark and Stabler (1991) used a more complex specification for testing Gibrat's Law, which involved past growth rates, implying that the current one depends on them, an assumption not made in (2). Using historical records for seven largest Canadian cities, the authors of this study concluded that 'Gibrat's law cannot be rejected.

In another empirical study of some 25,000 localities, including 135 largest cities of the U.S.A., Eeckhout (2004) reached a similar conclusion. In particular, he found that the growth of cities appeared to follow Gibrat's Law perfectly, showing complete size-growth independence. In Eeckhout's view, the difference between his findings and those of previous studies, which failed to substantiate Gibrat's Law, was due to the fact that most previous studies used 'truncated' city-size distributions, whereas in his study he used "the entire population of American cities" (ibid.).

Characteristically, most studies which investigated Gibrat's law using integrated urban areas found little or no support for this law. Thus, in one of such studies, Black and Henderson (2003) investigated the relation between the population sizes of major metropolitan areas in the continental U.S., using population census data for 10-year periods between 1900 and 1990. The association between the population size and growth, in all historical periods studied, was found to be significant and negative, leading the authors to reject Gibrat's Law. It was also found that 'superior' sites (i.e., characterized by warmer climate, located on the coast and having a better market potential) grow faster than 'inferior' ones, thus indicating that urban growth patterns are not purely stochastic.

In their study of some 26,000 populated places worldwide, Pumain and Moriconi-Ebrard (1997) reached a similar conclusion, arguing that, over past decades, major metropolitan areas across the globe have grown 'systematically more rapidly' than the rest of their urban systems, thus effectively 'invalidating Gibrat's urban growth model.'

A similar conclusion was also reached by another recent analysis of urban growth in Europe by Portnov and al. (2011). In particular, the authors of this study did not find any strong evidence to support Gibrat's Law at any of the two levels of areal resolution they considered, that is, local administrative units (LAUs or municipalities) and urban areas. (The latter were formed by the aggregation of two or more adjacent LAUs). The authors considered Gibrat's law for cities taking account of three location subsets – favorable, unfavorable, and others. As they found, the slope of the relationship of population growth rates versus population size (both in log units) was positive for unfavorable locations and negative for favorable locations when the regression models were computed for LAUs. However, when the computations were carried out for urban areas the associations between population size and growth were found to be positive. Portnov et al. (ibid.) discussed this point further although no detailed explanation for that change in the 'size-growth' relationship was suggested.

In this paper, we investigate under what circumstances, the areal aggregation of LAUs can result in a change in relationship between population size of localities and their growth, and, in addition, examine which factors may influence this change.

2. ANTICIPATED RELATIONSHIPS BETWEEN POPULATION SIZE AND GROWTH UPON AREAL AGGREGATION OF LOCATION SUBSETS

As discussed in Portnov et al. (2011), the simplest specification for the relationship between population growth and population size is:

$$G_{t,t-1} = \ln(P_t/P_{t-1}) = \ln P_t - \ln P_{t-1} = \alpha + \beta \ln P_{t-1} + u_t \qquad (3)$$

where u_t is a random error term, P_t is the population size of a locality or an urban area at time t, the end of the study period; P_{t-1} is population size of the locality at the beginning of the study period; $G_{t,t-1}$ represents the population growth rate(measured in *ln* units), and β is the slope of the regression line.

For simplicity's sake, we can ignore the error term (u) and further assume that α is *zero*. There are two main reasons enabling this assumption: First, according to several empirical studies of Gibrat's law, the regression intercept was found to be close to zero, even though estimates for β in these studies differed (Clark and Stabler, 1991; Eeckhout 2004; Pumain and Moriconi-Ebrard, 1997; Black and Henderson, 2003; Portnov et al., 2011). Second, α effectively means the growth rate of a locality with the population size of *one* resident (ln $P_{t-1} = 0$), which can safely be assumed to be close to *zero*.

Under these assumptions, we can rewrite (3) as:

$$\ln(P_t / P_{t-1}) \approx \beta \ln P_{t-1} \quad (4)$$

Now, let us consider a simple case where is the whole set of localities, ***C*** is formed by the combination of *two* location subsets, denoted by ***A*** and ***B***, giving that:

$$P_{A,t} + P_{B,t} = P_{C,t}. \quad (5)$$

We further assume that (4) holds for ***A*** and ***B*** with corresponding regression slopes β_A and β_B, respectively. Then,

$$P_{A,t} = P_{A,t-1}^{1+\beta_A} \quad (6)$$

and similarly,

$$P_{B,t} = P_{B,t-1}^{1+\beta_B} \quad (7)$$

Substituting (6) and (7) into (5) gives:

$$P_{C,t} = P_{A,t-1}^{1+\beta_A} + P_{B,t-1}^{1+\beta_B} \quad (8)$$

Consequently:

$$G_{C,t-1} = ln\left(\frac{P_{C,t}}{P_{C,t-1}}\right) = ln\left(P_{A,t-1}^{1+\beta_A} + P_{B,t-1}^{1+\beta_B}\right) - ln\left(P_{A,t-1} + P_{B,t-1}\right) = ln\left(\frac{P_{A,t-1}^{1+\beta_A} + P_{B,t-1}^{1+\beta_B}}{P_{C,t-1}}\right) \quad (9)$$

where $G_{Ct,t-1}$ is the growth rate of the amalgamated set of localities, ***C***.

In order to compare the growth rate for ***C*** with its population size, $P_{c,t-1}$ (ln), we compute:

$$\frac{G_{C_{t,t-1}}}{ln(P_{C,t-1})} = ln\left(\frac{P_{A,t-1}^{1+\beta_A} + P_{B,t-1}^{1+\beta_B}}{P_{C,t-1}}\right) / ln(P_{C,t-1}) \quad (10)$$

As one can easily see, this ratio is not constant for any given β_A and β_B but varies with the population sizes of **A** and **B** subsets. This indicates that the relationship between G_C and $P_C(ln)$ can change depending on both the relative shares of location subsets, **A, B** used for aggregation, and on their βs.

To illustrate this observation, the function defined by Formula (10) will be studied numerically in the next section, where the connection between population size and growth will be examined by a series of empirical tests.

3. POPULATION SIZE-POPULATION GROWTH ASSOCIATION IN AN AMALGAMATED SET OF LOCALITIES: EMPIRICAL TESTS

Figure 1 illustrates changes in the regression slope of the integrated set of localities, C formed by the aggregation of two locational subsets *A* and *B* (providing that $P_A+P_B=P_C$). The X and Y axes on the diagrams feature population sizes of the original subsets, while the radiating lines define the values of the $G_c/P_c(ln)$ ratio for the integrated set, C [see (10)] for specific combinations of P_A and P_B and several *a priori* defined β_A and β_B values.

In particular, the following four separate β_A and β_B settings were used for calculation:

- Proportionate growth in both subsets: $\beta_A = \beta_B = 0$ (Fig. 1a);
- Positive association between of the population size and growth in the first subset ($\beta_A=0.001$) and a negative association in the second subset ($\beta_B=-0.001$) (Fig. 1b);
- Positive population size-population growth associations in both subsets ($\beta_A = 0.001$ and $\beta_B = 0.002$) (Fig. 1c);
- Negative population size-population growth association in both subsets ($\beta_A = -0.001$ and $\beta_B = -0.002$) (Fig. 1d).

The above β values used for calculation are similar to those reported in Portnov et al. (2011) and several other studies of Gibrat's Law (see *inter alia* Eeckhout, 2004) and may thus be considered plausible. The total population sizes of the input sets, **A** and **B,** are also set to a plausible range – 1 through 1,000,000 – although that range can be extended, without any change in the output relationship, due to the assumed linearity of relationship between P_{t-1} and $G_{t,t-1}$.

The simulation tests are run using Formula (10) in the Surfer v.8.0™ software.

As Fig. 1 shows, *if* both β_A and β_B are set to *zero* (meaning that, in both subsets, growth rates are strictly proportionate to the population sizes of localities forming these subsets), the $G_c/P_c(ln)$ ratio in the amalgamated set is also equal to *zero*, irrespectively to the population sizes of the 'input' subsets (Fig. 1a). However, the outcome differs if subsets with *positive and negative relationships* between population size (S) and growth (G) are merged. Thus, for instance, if the population size of ***B***-subset ($\beta_B<0$) is equal to 800,000 and that of the ***A***-subset ($\beta_A>0$) is e.g., 200,000, the regression slope for the unified set, β_c is calculated as -0.0006 (Fig. 1b). Concurrently, in the opposite situation (i.e., when Pop(B)=200,000 while Pop(A)=800,000), the sign of the regression slope coefficient for the amalgamated set reverses to a positive value: $\beta_c=0.0006$ (see Fig. 1b). However, if G-S associations are positive in both subsets ($\beta_A>0$ and $\beta_B>0$), such an association remains positive in the unified set of localities as well, albeit exhibiting different β_c values for different combinations of population sizes of the input sub-sets (see Fig. 1c).

By the same token, the G-S association remains *negative* in the unified set of localities if such associations are negative in both input sub-sets, that is, if $\beta_A < 0$ and $\beta_B < 0$ (see Fig. 1d). In other words, the G-S association in the unified set of localities appears to response to changes in *both* regression slopes of G-S associations in the original subsets and the population sizes of the input sub-sets. Furthermore, it *changes its sign if location subsets with different signs of G-S association are amalgamated.*

Using the European urban system as a case study, in the following sub-sections, we shall attempt to verify whether the above predicted reversion of the P-G association may actually occur upon areal aggregation of geographic units used for the analysis.

4. RESEARCH METHODS AND DATA SOURCES

4.1. Data sources

In the present analysis, we work with the dataset of approx. 4,700 European *municipalities*, previously used and described in detail by Portnov and Schwartz (2008; 2009a,b) and Portnov *et al.* (2011). The database covers LAUs spread over 40 European countries, ranging from 2,000 to 7,000,000 residents.[3] [The analysis is performed separately for the original observation units reported in the database (that is, municipalities or LAUs) and for integrated urban areas, as described in some detail later in this section].

The data on the longitude and latitude of the settlements, and on their elevation above sea level, were obtained from the Geonames Database, which contains such data on urban and rural settlements worldwide (Geonames, 2007). Data on the population growth rates of localities were obtained from the City Population Database (Brinkhoff, 2007), whereas proximity of municipalities to location landmarks (the sea shore, and the closest city larger than 500,000 residents, etc.) was calculated in the ArcGIS9.x™ software, using geographic layers obtained from the geo-coverage database maintained by ESRI (2000). The proximities were calculated as aerial distances between specific location features and the settlements' 'reference points' (which normally coincide with the location of city hall or some other local landmarks).

Although access time may seem to be the most accurate measure of inter-urban proximity, we opted for *aerial distances,* which are commonly used in urban and regional studies (see *inter alia* Henry et al., 1997; Partridge et al., 2007). Our decision was motivated by the shortcomings of travel time between any two given places, such as considerable variation by season of the year (especially in countries with rainy and snowy winters), and even by time of the day. If the infrastructure and quality of services are more or less uniform throughout the study area, aerial distance may be a fairly accurate measure of inter-urban proximity.

---

[3] *Nearly all cities and towns of Europe with a population of 20,000+ residents are covered by the study. Smaller localities are less fully represented, due to incomplete data on population growth. This limitation will be further discussed in the concluding section.*

Figure 1. Sensitivity tests of the changes in the regression slope of the 'population size – population growth' association in the integrated set of localities (C), resulting from the integration of 2 subsets of localities, characterized by varying population sizes (Pop) and regression slopes (β)

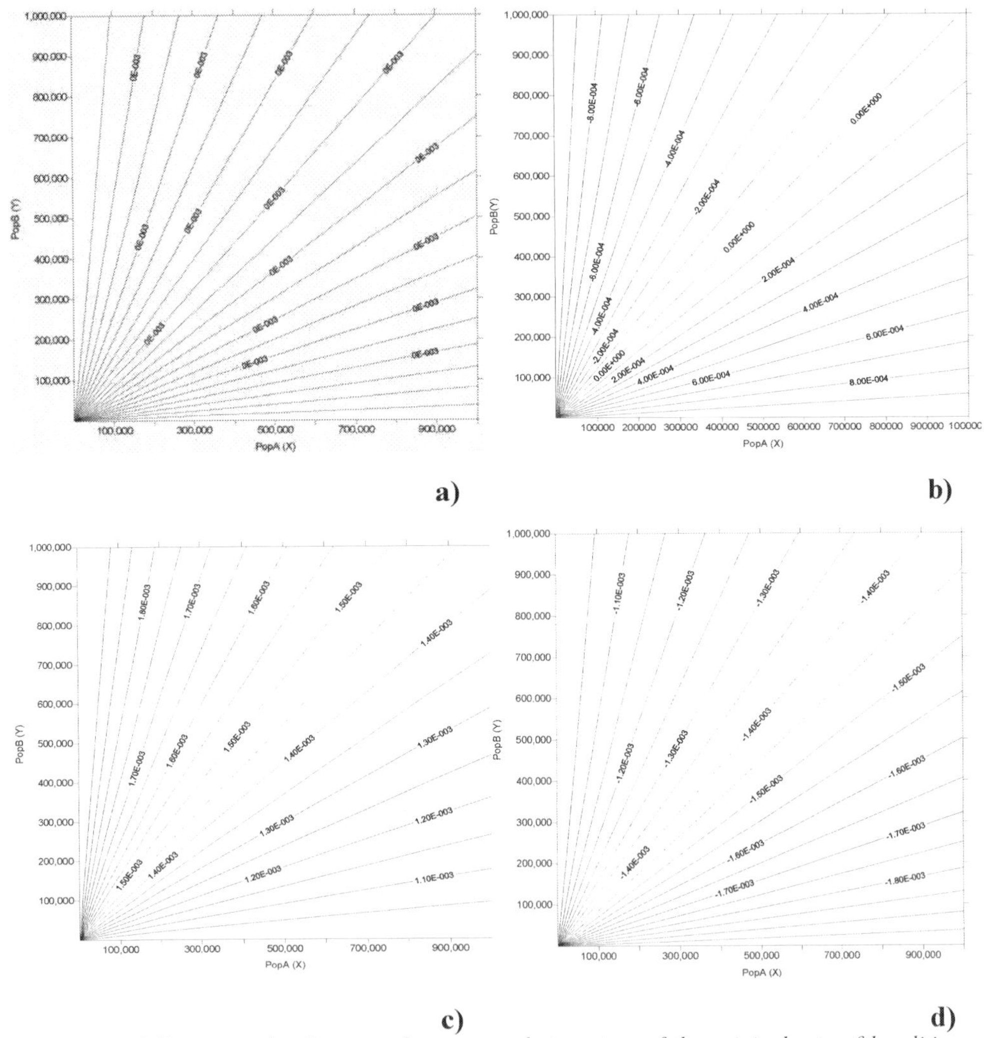

Notes: X and Y axes on the diagrams feature population sizes of the original sets of localities [Pop(A) and Pop(B), Pop(C)=Pop(A)+Pop(B)]. Sensitivity tests are run using Formula (10).
a) Proportionate growth in both subsets ($\beta_A = \beta_B = 0$).
b) Positive association between of the population size and growth in the first subset ($\beta_A = 0.001$) and a negative association in the second subset ($\beta_B = -0.001$).
c) Positive population size-population growth association in subsets ($\beta_A = 0.001$; $\beta_B = 0.002$).
d) Negative population size-population growth association in subsets ($\beta_A = -0.001$; $\beta_B = -0.002$).

Table 1. Descriptive statistics of selected research variables for European localities and urban areas datasets

Variable	N	Minimum	Maximum	Mean	Std. Dev.	Skewness	Kurtosis
				A. Localities			
Population growth (ln)	4667	-0.047	0.126	0.006	0.012	2.528	13.609
Population size (ln)	4667	6.915	15.820	10.461	1.003	0.409	2.438
Population density (ln)	4667	-2.528	6.608	4.428	1.286	-0.730	1.027
Elevation (m)	4667	-7.000	1941.000	175.759	209.988	2.585	10.524
Latitude	4667	27.917	69.967	48.842	5.898	-0.130	0.366
D mcity	4667	0.000	20.234	1.525	1.717	5.336	43.633
D mroad	4667	0.000	17.505	0.166	1.085	13.009	181.212
D water	4667	0.000	19.650	0.514	0.995	7.520	90.458
D shore	4667	0.000	17.134	1.780	2.046	2.339	8.935
January temperature (oC)	4667	-14.500	17.500	2.298	4.335	-0.339	1.627
Evaporation index (mm)	4667	10.200	21.800	18.955	1.669	-1.748	4.737
				B. Urban areas			
Population growth (ln)	2189	-0.023	0.126	0.006	0.012	3.000	18.496
Population size (ln)	2189	7.074	16.186	10.806	1.150	1.110	1.954
Population density (ln)	2189	2.512	10.795	6.331	0.945	0.129	2.353
Elevation (m)	2189	-7.000	1941.000	210.036	244.463	2.559	9.497
Latitude	2189	28.048	69.670	49.203	6.178	-0.014	0.085
D mcity	2189	0.000	19.520	1.780	1.581	4.683	37.951
D mroad	2189	0.000	16.740	0.185	0.952	13.173	200.084
D water	2189	0.000	19.650	0.540	0.943	8.389	124.436
D shore	2189	0.000	17.100	2.193	2.336	2.178	7.286
January temperature (oC)	2189	-14.500	17.500	1.125	4.460	-0.390	1.316
Evaporation index (mm)	2189	10.200	21.800	18.772	1.881	-1.976	4.962

Lastly, in order to integrate individual localities into contiguous urban areas and average their performance indicators, we used the geographic layer of *urban areas* worldwide generated in the framework of the Millennium Ecosystem Assessment Report (UNEP & UNESCO, 2004). The integration was performed using the 'spatial join' tool in the ArcGIS 9.x^{TM} software, which helps to join data from different geographic layers (maps), based on the relative location of features in the layers (Minami and ESRI 2000).

Descriptive statistics of the research variables in the analysis are reported in Table 1.

4.2. Population growth rates

Annual population growth rates were calculated as the natural logarithm of difference in population size at the beginning and the end of the study period (see Formula (3)), as commonly done in Gibrat's Law studies. For most countries covered by the present study, population data are available for 1990/91 and 2000/2001. However, for some countries, the analysis covers a slightly different time span. Thus, population data for Belorussia are only available for 1989 and 1998, whereas the data on French urban settlements can be obtained for 1990 and 1999, etc.

Another comment is important. Gibrat's Law may be interpreted as the convergence, in the long run, to a lognormal city size distribution. Several previous studies (see *inter alia* Robson, 1973; Vlora, 1979; Pumain, 1982; Guérin-Pace, 1993) have indeed investigated the size-growth relationship over relatively long time periods, that is, over several decades or even centuries. However, more recent studies of this law investigated its applicability to populated places, using relatively short-term data, mainly for past decades, using data for metropolitan areas (see *inter alia* Clark and Stabler, 1991; Pumain and Moriconi-Ebrard, 1997) or municipalities (cf. e.g., Eeckhout, 2004; Anderson and Ge, 2005) or both (Portnov et al., 2011). Although it would be desirable to run a test of Gibrat's Law using the distribution of growth rates for more than one time period (and not for 1990-2000 only), this was not feasible due to restrictions on data availability and comparability.

4.3. Explanatory variables

In addition to our main explanatory variable – *population size (ln)* – the following factors served in our study as additional predictors of population growth of LAUs and urban areas:

- *Density*: population density in a 75-km range from a locality, assumed to be a practicable commuting range (in the case of LAUs), and per km^2 of total area, in the case of contiguous urban areas;
- *D_shore*: distance to the sea shore (km);
- *D_mcity*: distance to the closest major city (km);
- *D_mroad*: distance to the nearest highway (km);
- *D_water*: distance to the nearest major water body, i.e., a major river or lake (km); *Latitude*: a place's latitude (decimal degrees);
- *Elevation*: elevation above sea level (meters), and

- Two climatic variables – *average daily temperature* in January (°C) and *evaporation index* (mm).

In previous studies of urban growth (see *inter alia* Ades and Glaeser, 1995; Gallup et al, 1999; Duranton, 1999; Black and Henderson, 2003; Rappaport, 2006; Cheshire and Magrini, 2006) these factors were found to be associated with population growth of urban places and urban areas. [For a more detailed discussion of these factors and their potential contribution to the population growth patterns, see Portnov et al., 2011].

While these indicators do not include all possible predictors of urban development (e.g., industrial productivity or unemployment rates could also serve that purpose), they do cover essential aspects of urban development, such as population size, location and environmental conditions, etc. The inclusion of these variables in the analysis thus makes the variable set (though restricted, due to data availability, to a relatively small number of explanatory variables) fairly parsimonious. In addition, we represent individual countries in our analysis by country dummies, i.e., dichotomous variables taking on the values 1 if a locality is in a given country and 0 otherwise (for the sake of brevity, regression estimates for individual countries' dummies are not reported in the following analysis). These indicator variables help to 'fine-tune' our models to country-specific conditions, not captured by the above 'system-wide' variables, such as population density, population size, locational attributes, etc.[4]

4.4. Locational grouping

In order to test our hypothesis that the direction of 'population size-growth' relationship differs by settlement location, we split the set of localities covered by the study into *three subsets*, reflecting their 'package of location advantages.' According to Portnov and Schwartz (2009b), who suggested the 'location package' (LP) concept, there are several possible approaches to calculating the value of LP for a locality. First, LP may be estimated by adding up the number of positive location attributes a populated place has. Second, some weighting scheme may be applied, assuming that the relative weight of individual attributes in the LP may not be equal, with some attributes contributing to the 'package' more than others. Lastly the LP of a locality may be estimated using interaction terms of individual location attributes, assuming that some location attributes may be needed for the 'activation' of the others.

---

[4] *The effect of individual location attributes (e.g., topography, proximity to networks, etc.) may depend on how much they stand out in their regional or national contexts. In a region or country where a given advantage or disadvantage are commonplace, they are likely to have lesser effects than where they are uncommon (Polese and Shearmur, 2006; Portnov and Schwartz, 2008). To reflect this relativity of location attributes, location variables (proximity to the coast, proximity to major cities, and climatic harshness) were represented in the analysis by their 'relative' values, estimated by dividing the 'absolute' values by country-specific average values. While models with country-normalized location variables were also used in the initial stages of the analysis, the results were found to be similar to the models based on the 'absolute' variable set and are not reported in the following discussion for brevity's sake).*

In the present study, we use the first and simplest approach to calculating the LP of a locality, previously used in and Portnov et al. (2011). In particular, we calculated the LP values as the total number of favorable location attributes (i.e., without applying any weighting or testing interaction terms).

Five location factors (i.e., proximity to the coast, to major cities, to highways, to water bodies and elevation), estimated for each settlement individually (see the subsection on data sources) were re-coded as follows: each locality received integer values between 0 and 5, depending on the number of its location advantages. Thus, the locality received the maximum score of 5, if all its location attributes were defined as favorable, and a 0 score, if *none* was. Similarly, the locality's score was set to 4, if only four of the five attributes were defined as favorable, and so on.

The selection of parameters used to decide whether a location attribute should be classified as favorable or not, is somewhat arbitrary. However, the geographic distribution of urban settlements in Europe is extremely uneven, with some locations being particularly 'favored,' which reduces the risks of bias due to arbitrary classification. As several empirical studies indicated, most urban places on the continent are less than 150 m above sea level, close to major population centers, and in coastal areas (Gallup et al., 1999; Duranton, 1999; Cheshire and Magrini, 2006; McGranahan et al., 2007).

In calculating the 'Location Package' (LP) variable, the following location values were thus conditionally defined as favorable: elevation – 0-150 m; proximity to the sea shore and the nearest major population center <75 km (1 dd), generally considered practicable for daily commuting (Strutzer and Frey, 2004). In addition, 'fresh water' and 'highway' proximities were defined as favorable if distances were less than 0.1 dd (or ~7.5 km), thus giving the locality a LP score of 1, and 0 otherwise.

Using the LP scores of individual localities we split the sample (approximately 4,700 settlements) into three groups: 'favorable localities' (LP = 4 or 5), 'least favorable localities' (LP = 0 or 1) and the rest (LP = 2 or 3) (see Appendix 1). Similar criteria were also used for urban areas: 'favorable locations' ($LP \geq 4$), 'least favorable locations' ($LP \leq 1$) and the rest ($1 < LP < 4$) (see Appendix 2). In line with our initial assumption, we expected that among populated places with a favorable 'location package' (i.e., the first location group), the importance of population size would be smaller than for localities or urban areas for which this factor may be the only advantage (i.e., in 'least favorable' locations).

4.5. Statistical analysis

The analysis was performed in several steps. First, we examined the population growth rates of the whole set of localities available to us in order to check whether their population sizes and growth rates are independent. To this end, we first used scatter-plots and simple bi-variate OLS regressions. In the next phase, we used multiple regression analysis (MRA) to investigate how population size affects growth rates, while controlling for several location attributes.

Figure 2. Location subsets covered by the analysis – Individual localities (A), and Urban areas (B)

A

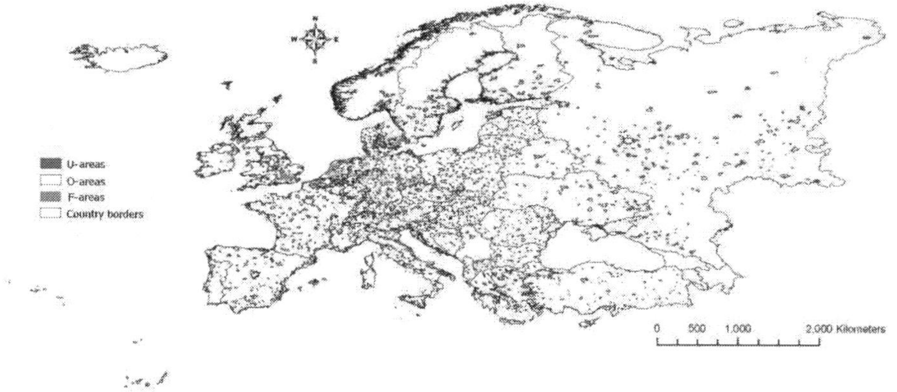

B

Note: U[nfavorable]-locations (LP = 0.1); B – F[avorable]-locations (LP = 4,5); C – O[ther]-locations (LP = 2,3).

As discussed in Section 5.1, the analysis was performed separately for two levels of geographic resolution: first, individual localities (or LAUs), and, then, for urban contiguities, which are formed by adjacent individual LAUs (see Fig. 2 and the sub-section on data sources). Then we performed separate analyses for location subgroups (favorable locations, unfavorable ones and the rest of the sample), to determine whether the size-growth relationship differ across them, and whether the observed relationships change upon aggregation of individual LAUs into contiguous urban areas. We finally considered combined models containing dummy variables for location subgroups along with 'population size-location group' interaction terms.

5. RESULTS

5.1. General trends

The scatter-plots of G-S association and bi-variate regressions reported in Table 2 (Models 1-L and 1-U) point out that there appears to be no significant relationship between population sizes and growth rates of *localities (*t = -0.370; P>0.7; Model 1-L), with the trend line being nearly parallel to the population axis (see Fig. 3a). This outcome is fully consistent with Gibrat's Law. In contrast, for *urban areas*, population size and growth rate are positively associated (t = 2.808; P < 0.01; Model 1-U), with the trend line showing a slight upward trend (Fig. 3b). This indicates that, on the average, larger urban areas tend to grow faster than smaller ones. This reversal of G-S growth relationships upon aggregation of localities into contiguous urban areas is thus fully in line with a possibility predicted by our numerical tests (see Fig. 1b).

Figure 3. Annualized population growth rates of localities (A) and urban areas (B) as a function of their population size (ln)

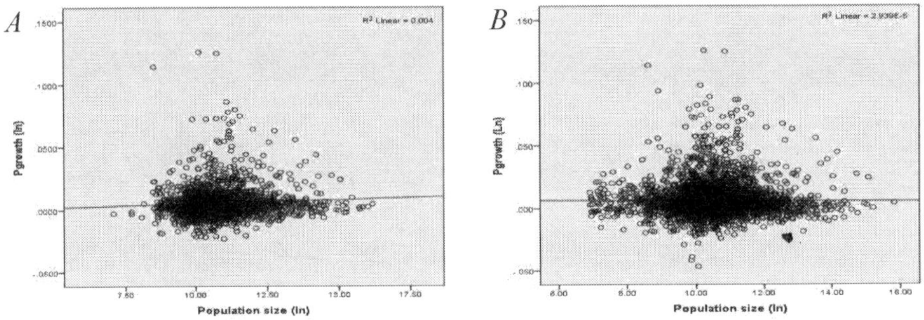

5.2. Multivariate analysis

The resulting models for the whole sample of localities and urban areas are reported separately in Table 2. As previously mentioned, Models 1-L and 1-U are simple bi-variate regressions, in which population growth of individual localities (Model 1-L) and urban areas (Model 1-U) are regressed on their population size. Models 2-L and 2-U add population density (ln) to the regression models. Lastly, Models 3-L and 3-U include location attributes of localities (Model 3-L) and urban areas (Model 3-U), but *exclude* fixed effects (i.e., countries' dummies). Models 4-L and 4-U include these fixed effects. In addition, Figure 4 shows changes in the values of *t*-statistic for the population size variable in different regression models, thus helping to compare at glance, *t*-statistics and their significance levels.

Table 2. Factors affecting the rates of population growth across urban localities and urban areas (All locations; method – multivariate regression; dependent variable – population growth rate (ln))

Variable	B[a]	t[b]	Sig.[c]	B[a]	t[b]	Sig.	B[a]	t[b]	Sig.[c]	B[a]	t[b]	Sig.[c]
	A. Localities											
	Model 1-L			**Model 2-L**			**Model 3-L**			**Model 4-L**		
(Constant)	6.81E-03	3.673	0.000	7.09E-03	3.739	0.000	5.84E-02	19.461	0.000	4.88E-02	9.383	0.000
Pop1990_ln	-6.53E-05	-0.370	0.711	-5.10E-05	-0.287	0.774	-5.61E-04	-3.380	0.001	-1.17E-03	-7.400	0.000
Density_ln	-	-	-	-9.84E-05	-0.710	0.477	1.31E-03	7.386	0.000	1.77E-03	9.214	0.000
D_shore	-	-	-	-	-	-	-3.79E-05	-0.083	0.934	-3.51E-04	-0.714	0.475
D_mcity	-	-	-	-	-	-	3.59E-04	2.175	0.030	4.12E-04	2.558	0.011
D_mroad	-	-	-	-	-	-	-9.04E-04	-4.307	0.000	-6.89E-05	-0.209	0.834
Elevation	-	-	-	-	-	-	1.70E-03	4.452	0.000	1.05E-03	2.868	0.004
Latitude	-	-	-	-	-	-	3.42E-04	4.904	0.000	-1.38E-04	-0.996	0.319
D_water	-	-	-	-	-	-	4.40E-04	2.228	0.026	8.45E-05	0.383	0.702
Tmp_january	-	-	-	-	-	-	4.16E-04	4.942	0.000	5.13E-04	3.377	0.001
Evaporation index	-	-	-	-	-	-	-3.77E-03	-21.683	0.000	-1.51E-03	-4.987	0.000
Country dummies	No			No			No			Yes		
No of obs.	4667			4667			4667			4667		
R^2	0.000			0.000			0.172			0.366		
R^2-adjusted	0.000			0.000			0.170			0.359		
SEE	0.012			0.012			0.011			0.010		
F	0.137			0.321			96.77			54.377		
	B. Urban areas											
	Model 1-U			**Model 2-U**			**Model 3-U**			**Model 4-U**		
(Constant)	-1.08E-03	-0.448	0.654	-7.93E-03	-3.040	0.002	0.040	8.450	0.000	0.036	4.846	0.000
Pop1990_ln	6.25E-04	2.808	0.005	1.63E-04	0.705	0.481	-3.94E-04	-1.938	0.053	-3.77E-04	-2.031	0.042
Density_ln	-	-	-	1.87E-03	6.651	0.000	2.42E-03	9.040	0.000	1.36E-03	4.921	0.000
D_shore	-	-	-	-	-	-	2.83E-04	1.907	0.057	4.15E-04	2.661	0.008
D_mcity	-	-	-	-	-	-	1.14E-04	0.574	0.566	5.02E-04	2.625	0.009
D_mroad	-	-	-	-	-	-	-7.67E-04	-2.664	0.008	-3.27E-04	-0.977	0.329
Elevation	-	-	-	-	-	-	-9.96E-07	-0.855	0.392	-1.30E-06	-1.131	0.258
Latitude	-	-	-	-	-	-	8.13E-04	8.481	0.000	-6.22E-05	-0.339	0.735
D_water	-	-	-	-	-	-	4.61E-04	1.710	0.087	-1.34E-04	-0.463	0.644
Tmp_january	-	-	-	-	-	-	7.26E-04	6.037	0.000	5.46E-04	2.669	0.008
Evaporation index	-	-	-	-	-	-	-4.62E-03	-20.011	0.000	-1.70E-03	-4.458	0.000
Country dummies	No			No			No			Yes		
No of obs.	2189			2189			2189			2189		
R^2	0.004			0.023			0.283			0.500		
R^2-adjusted	0.003			0.022			0.280			0.488		
SEE	0.012			0.012			0.010			0.009		
F	7.884			26.138			86.104			43.572		

Note: [a] *unstandardized regression coefficient;* [b] *t-statistic;* [c] *actual significance of t-statistic (two-tailed).*

Models 1-L &1-U: *Bi-variate models for population size vs. population growth (density, location attributes and country-specific fixed effects are excluded);*

Models 2-L &2-U: *Multivariate models with density variable added, and location attributes and country-specific fixed effects excluded;*

Model 3-L &3-U: *Multivariate models with density variable and location attributes added while country dummies excluded;*

Models 4-L &4-U*: Multivariate models with all predictors added.*

Table 3. Factors affecting the rates of population growth across urban localities and urban areas (Unfavorable locations; method – multivariate regression; dependent variable – population growth rate (ln))

Variable	B[a]	t[b]	Sig.[c]	B[a]	t[b]	Sig.[c]	B[a]	t[b]	Sig.[c]	B[a]	t[b]	Sig.[c]
	A. Localities											
	Model 5-L			**Model 6-L**			**Model 7-L**			**Model 8-L**		
(Constant)	-0.007	-1.482	0.139	-0.005	-0.923	0.356	0.082	10.026	<0.001	0.088	5.228	<0.001
Pop1990_ln	1.27E-03	2.610	0.009	1.26E-03	2.594	0.010	-3.27E-04	-0.762	0.446	-5.48E-04	-1.282	0.200
Density_ln				-6.69E-04	-1.488	0.137	1.40E-03	2.780	0.006	1.45E-03	2.600	0.009
D_shore							-4.56E-03	-2.191	0.029	-1.97E-03	-0.857	0.392
D_mcity							1.42E-03	3.639	<0.001	1.42E-03	3.628	<0.001
D_mroad							-1.17E-03	-2.394	0.017	-7.76E-04	-1.335	0.182
Elevation							-1.31E-03	-1.001	0.317	-9.29E-04	-0.730	0.466
Latitude							-2.47E-04	-1.059	0.290	-8.35E-04	-1.837	0.067
D_water							2.27E-04	0.488	0.626	8.66E-05	0.172	0.863
Tmp_january							-1.42E-04	-0.661	0.509	-5.13E-04	-1.232	0.218
Evaporation index							-3.73E-03	-8.129	<0.001	-1.87E-03	-2.079	0.038
Country dummies	No			No			No			Yes		
No of obs.	904			904			904			904		
R^2	0.007			0.010			0.344			0.495		
R^2-adjusted	0.006			0.008			0.337			0.469		
SEE	0.015			0.015			0.012			0.011		
F	6.814			4.519			46.833			19.163		
	B. Urban areas											
	Model 5-U			**Model 6-U**			**Model 7-U**			**Model 8-U**		
(Constant)	-0.020	-2.961	0.003	-0.032	-4.635	<0.001	0.064	5.657	<0.001	0.072	4.208	<0.001
Pop1990_ln	2.47E-03	3.871	<0.001	9.39E-04	1.412	0.158	-8.55E-04	-1.496	0.135	-3.02E-04	-0.540	0.589
Density_ln				4.39E-03	6.186	<0.001	3.24E-03	5.139	<0.001	2.50E-03	3.644	<0.001
D_shore							5.46E-04	2.149	0.032	5.63E-04	2.017	0.044
D_mcity							1.25E-03	2.939	0.003	1.02E-03	2.471	0.014
D_mroad							-1.14E-03	-1.863	0.063	-8.01E-04	-1.376	0.169
Elevation							-1.37E-06	-0.613	0.540	-4.33E-06	-1.878	0.061
Latitude							-8.80E-06	-0.032	0.974	-2.68E-04	-0.510	0.610
D_water							-4.73E-04	-0.841	0.401	7.64E-05	0.128	0.898
Tmp_january							1.02E-04	0.343	0.732	-1.04E-04	-0.196	0.845
Evaporation index							-3.95E-03	-6.914	<0.001	-3.85E-03	-3.724	<0.001
Country dummies	No			No			No			Yes		
No of obs.	584			584			584			584		
R^2	0.025			0.085			0.453			0.591		
R^2-adjusted	0.023			0.082			0.444			0.562		
SEE	0.014			0.014			0.011			0.009		
F	14.988			27.108			47.484			20.686		

Note: [a] *unstandardized regression coefficient;* [b] *t-statistic;* [c] *actual significance of t-statistic (two-tailed).*

Models 5-L &5-U: *Bi-variate models for population size vs. population growth (density, location attributes and country-specific fixed effects are excluded);*

Models 6-L &6-U: *Multivariate models with density variable added, and location attributes and country-specific fixed effects excluded;*

Model 7-L &7-U: *Multivariate models with density variable and location attributes added while country dummies excluded;*

Models 8-L &8-U: *Multivariate models with all predictors added.*

Figure 4. Statistical significance of the association (t-statistic) between population growth and size for urban localities and urban areas stratified according to their location attributes

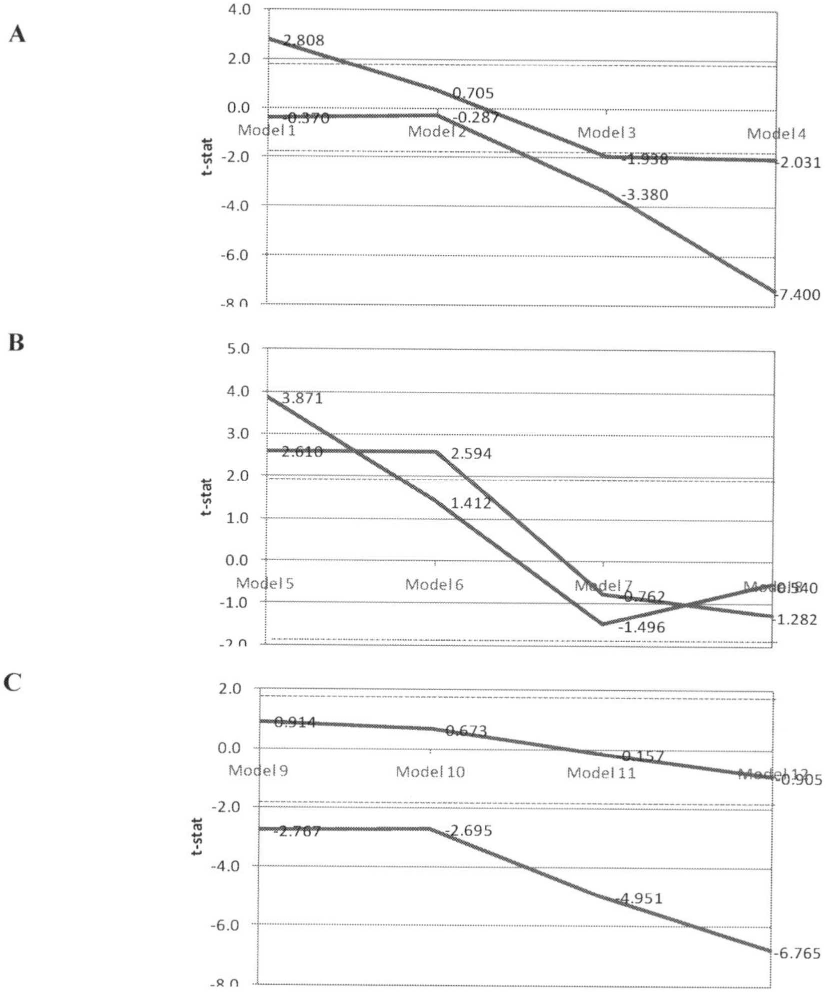

A - All locations; B - U[nfavorable]-locations (LP=<1); C – F[avorable]- locations (LP>=4).
Note: Doted lines indicate a two-tailed 0.05 significance interval.
Models 1, 5 & 9: *Bi-variate models for Population size vs. population growth (density, location attributes and country-specific fixed effects are excluded);*
Models 2, 6 & 10: *Multivariate models with density variable added, and location attributes and country-specific fixed effects excluded;*
Model 3, 7 & 11: *Multivariate models with density variable and location attributes added, and country dummies excluded;*
Models 4, 8 & 12: *Multivariate models with all the predictors added.*

As Table 3 shows, the *population size* variable emerges as statistically *insignificant* in the two first models for localities, in which *only* the population size and population density variables are included (Models 1-L and 2-L). However, it becomes highly statistically significant in all the models, in which locational attributes and countries' fixed effects are controlled ($|t|>3.3$; $P<0.01$), steadily exhibiting a negative sign (Models 3-L and 4-L). This indicates that, when locational differences are taken into account, *bigger cities grow slower than smaller ones,* thus contradicting Gibrat's Law. Possible reasons for this trend are more or less clear: emergence of disagglomeration economies in big cities, such as high housings costs, traffic congestions, air pollution, etc.

Multivariate models with locational attributes, estimated for *urban areas* and also reported in Table 3 (Models 3,4-U), essentially lead to the same conclusion, with the regression coefficients for the population size variable being significant ($t>1.9$; $P<0.1$), albeit *positive, and not negative,* as in the models estimated for individual localities (see Table 3: Models 3,4-L). Moreover, the population density variable (estimated, as mentioned, as the average density of population residing in a given urban area) emerged as positive and highly statistically significant in all the models estimated for urban areas ($t>4.9$; $P<0.01$; see Models 2-U–4-U; Table 3). The importance of these results will be discussed in the concluding section of the paper.

5.3. Location sub-groups

The analysis of the G-S association in LAUs and urban areas which differ by their location attributes may help to shed some light on the reversal of the regression coefficients for the population size variable noted in the previous sub-section. As we hypothesized from the outset of the analysis, the G-S relationship should expectedly depend on a populated place's locational settings (see the sub-section on explanatory variables). To verify this hypothesis, we split, as previously mentioned, the entire set of localities into three location groups – localities with fewest location advantages (Group 1); well positioned localities (Group 2) and the rest of the sample (Group 3). To this end, the notion of 'location package' was used, as detailed in the statistical analysis section. Out of 4,667 individual localities covered by the study, 904 localities were in Group 1, 1061 in Group 2, and 2702 localities in Group 3. Some 2189 urban areas covered by the analysis were also classified into the above three locational groups using the same 'location package' criterion (see Appendix 2).

Figures 5-6 feature population size-growth relationship in each location subgroup covered by the study – either *LAUs* (Fig. 5) or *urban areas* (Fig. 6). Although regression fit (measured by R^2) in any of these groups is not especially high, the G-S association appears to be *positive* for 'unfavorable' localities (see Fig. 5A) and *negative* – for 'favorable' ones, that is, for LAUs with more location advantages (Fig. 5B). Concurrently, the rest of the sample (Fig. 5C) shows the 'no-trend' relationship, like that detected for the entire sample of settlements (see Fig. 3A). This suggests that in line with our initial hypothesis, *urban places with different location attributes do show different relationships between size and growth, but these contrasting trends appear to cancel each other out if the whole set of localities is considered.*

Table 4. Factors affecting the rates of population growth across urban localities and urban areas (Favorable locations; method – multivariate regression; dependent variable – population growth rate (ln))

Variable	B[a]	t[b]	Sig.[c]	B[a]	t[b]	Sig.[c]	B[a]	t[b]	Sig.[c]	B[a]	t[b]	Sig.[c]
	A. Localities											
	Model 9-L			**Model 10-L**			**Model 11-L**			**Model 12-L**		
(Constant)	0.016	4.685	<0.001	0.019	5.095	<0.001	0.064	9.317	<0.001	0.056	4.271	<0.001
Pop1990_ln	-8.70E-04	-2.767	0.006	-8.46E-04	-2.695	0.007	-1.53E-03	-4.951	<0.001	-1.99E-03	-6.765	<0.001
Density_ln				-6.59E-04	-1.999	0.046	7.73E-04	1.823	0.069	1.19E-03	2.067	0.039
D_shore							5.97E-04	0.662	0.508	-1.19E-04	-0.109	0.913
D_mcity							-1.61E-04	-0.344	0.731	2.82E-05	0.060	0.952
D_mroad							-1.20E-02	-0.842	0.400	-9.14E-03	-0.674	0.501
Elevation							-2.53E-03	-1.404	0.161	-3.16E-03	-1.855	0.064
Latitude							2.58E-04	1.611	0.107	7.85E-06	0.025	0.980
D_water							1.71E-03	2.044	0.041	1.01E-03	1.032	0.302
Tmp_january							3.31E-04	1.558	0.119	1.20E-03	2.950	0.003
Evaporation index							-2.93E-03	-6.818	<0.001	-1.18E-03	-1.555	0.120
Country dummies	No			No			No			Yes		
No of obs.	1061			1061			1061			1061		
R^2	0.007			0.011			0.135			0.317		
R^2-adjusted	0.006			0.009			0.126			0.290		
SEE	0.010			0.010			0.010			0.009		
F	7.654			5.836			16.326			11.548		
	B. Urban areas											
	Model 9-U			**Model 10-U**			**Model 11-L**			**Model 12-L**		
(Constant)	8.87E-04	0.145	0.885	-3.43E-04	-0.052	0.959	2.31E-02	1.840	0.067	1.77E-02	0.830	0.407
Pop1990_ln	5.10E-04	0.914	0.362	4.03E-04	0.673	0.502	-8.49E-05	-0.157	0.876	-4.22E-04	-0.905	0.366
Density_ln				3.69E-04	0.500	0.617	1.45E-03	1.877	0.062	1.34E-03	1.835	0.068
D_shore							1.95E-03	2.109	0.036	1.81E-03	2.036	0.043
D_mcity							2.98E-04	0.377	0.707	-1.42E-03	-1.901	0.059
D_mroad							-4.19E-03	-0.158	0.875	1.78E-02	0.796	0.427
Elevation							-2.16E-05	-2.470	0.014	-1.37E-05	-2.005	0.046
Latitude							1.36E-03	4.656	<0.001	1.59E-03	2.986	0.003
D_water							4.84E-03	2.617	0.009	2.63E-03	1.412	0.159
Tmp_january							1.34E-03	3.504	0.001	2.09E-03	3.186	0.002
Evaporation index							-5.08E-03	-7.281	<0.001	-3.49E-03	-3.127	0.002
Country dummies	No			No			No			Yes		
No of obs.	266			266			266			266		
R^2	0.003			0.004			0.265			0.637		
R^2-adjusted	-0.001			-0.003			0.236			0.575		
SEE	0.011			0.011			0.010			0.007		
F	0.835			0.541			9.195			12.631		

Note: [a] *unstandardized regression coefficient;* [b] *t-statistic;* [c] *actual significance of t-statistic (two-tailed).*

Models 9-L &9-U: *Bi-variate models for population size vs. population growth (density, location attributes and country-specific fixed effects are excluded);*

Models 10-L &10-U: *Multivariate models with density variable added, and location attributes and country-specific fixed effects excluded;*

Model 11-L &11-U: *Multivariate models with density variable and location attributes added while country dummies excluded;*

Models 12-L &12-U: *Multivariate models with all predictors added.*

Table 5. Factors affecting the rates of population growth in localities and urban areas (method – multivariate regression; dependent variable – population growth rate (ln); location-population size interaction terms and fixed effects added)

Variable	B[a]	t[b]	Sig.[c]	B[a]	t[b]	Sig.[c]	B[a]	t[b]	Sig.[c]	B[a]	t[b]	Sig.[c]
	Model 13-L			Model 14-L			Model 13-U			Model 14-U		
Constant	5.60E-02	15.017	<0.001	4.65E-02	7.911	<0.001	4.21E-02	8.405	<0.001	3.84E-02	5.034	<0.001
Pop1990_ln	-5.28E-04	-2.409	0.016	-1.23E-03	-5.982	<0.001	-5.68E-04	-2.196	0.028	-4.49E-04	-1.941	0.052
Density_ln	8.50E-04	4.783	<0.001	1.64E-03	8.381	<0.001	2.37E-03	8.846	<0.001	1.31E-03	4.724	<0.001
D_shore	3.71E-04	2.885	0.004	4.20E-04	2.978	0.003	3.80E-04	2.515	0.012	5.17E-04	3.267	0.001
D_mcity	-2.13E-05	-0.160	0.873	5.38E-04	3.298	0.001	2.76E-04	1.347	0.178	6.52E-04	3.315	0.001
D_mroad	1.06E-03	2.006	0.045	8.75E-04	1.771	0.077	-8.64E-04	-2.987	0.003	-4.01E-04	-1.199	0.230
Elevation	1.96E-07	0.182	0.855	-6.46E-07	-0.621	0.535	3.52E-07	0.288	0.773	-6.49E-08	-0.055	0.956
Latitude	3.89E-04	5.210	<0.001	-4.74E-05	-0.318	0.751	7.38E-04	7.57	<0.001	-1.33E-04	-0.723	0.470
D_water	5.62E-04	2.798	0.005	3.28E-05	0.149	0.881	5.36E-04	1.974	0.049	-8.35E-05	-0.289	0.773
Tmp_january	5.66E-04	5.664	<0.001	6.68E-04	3.936	<0.001	6.47E-04	5.295	<0.001	4.93E-04	2.408	0.016
Evaporation index	-3.72E-03	-19.203	<0.001	-1.60E-03	-5.003	<0.001	-4.46E-03	-19.136	<0.001	-1.62E-03	-4.243	<0.001
F-areas	1.31E-02	3.046	0.002	8.53E-03	2.224	0.026	5.63E-03	1.062	0.288	6.28E-03	1.389	0.165
U-areas	-1.09E-02	-2.471	0.014	-8.91E-03	-2.279	0.023	-7.74E-03	-1.422	0.155	-6.66E-03	-1.424	0.155
F-areas*Pop	-1.05E-03	-2.610	0.009	-7.19E-04	-2.007	0.045	-3.09E-04	-0.65	0.516	-4.55E-04	-1.122	0.262
U-areas*Pop	9.89E-04	2.326	0.020	7.27E-04	1.931	0.054	6.05E-04	1.192	0.233	4.67E-04	1.068	0.286
Country dummies	No			Yes			No			Yes		
No of obs.	4667			4667			2189			2189		
R^2	0.174			0.370			0.289			0.504		
R^2-adjusted	0.172			0.363			0.284			0.492		
SEE	0.011			0.010			0.010			0.009		
F	70.164			51.206			63.125			40.917		

Note: [a] *unstandardized regression coefficient;* [b] *t-statistic;* [c] *actual significance of t-statistic (two-tailed).*

Models 13-L: *Units – LAUs; all development predictors, location package fixed effects (F[avourable]-locations, U[nfourable]-locations) and interaction terms added; countries' fixed effects excluded;*

Models 14-L: *Units – LAUs; all development predictors, location package fixed effects (F[avourable]-locations, U[nfourable]-locations) and interaction terms added; countries' fixed effects added.*

Models 13-U: *Units – urban areas; all development predictors, location package fixed effects (F[avourable]-locations, U[nfourable]-locations) and interaction terms added; countries' fixed effects excluded;*

Models 14-U: *Units – urban areas; all development predictors, location package fixed effects (F[avourable]-locations, U[nfourable]-locations) and interaction terms added; countries' fixed effects added.*

Figure 5. Annualized population growth rates vs. population size (ln) of localities stratified by location subsets

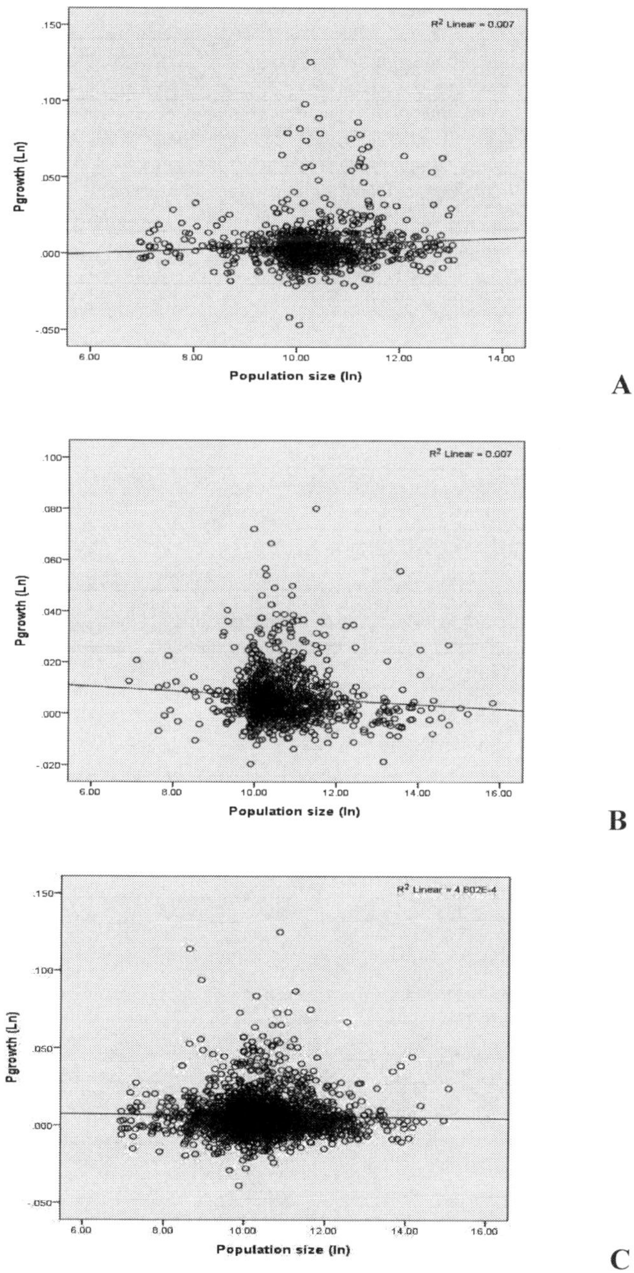

A –U[nfavorable]-locations (LP ≤ 1); C – F[avorable]-locations (LP ≥ 4); C – O[ther]- locations (1 < LP < 4)

Figure 6. Annualized population growth rates vs. population size (ln) of urban areas stratified by location subsets

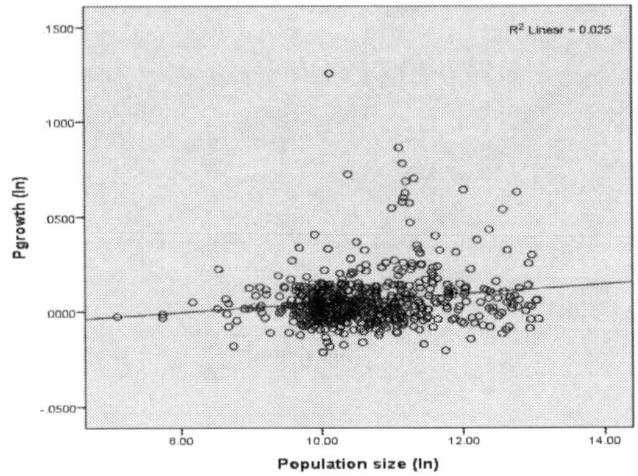

A

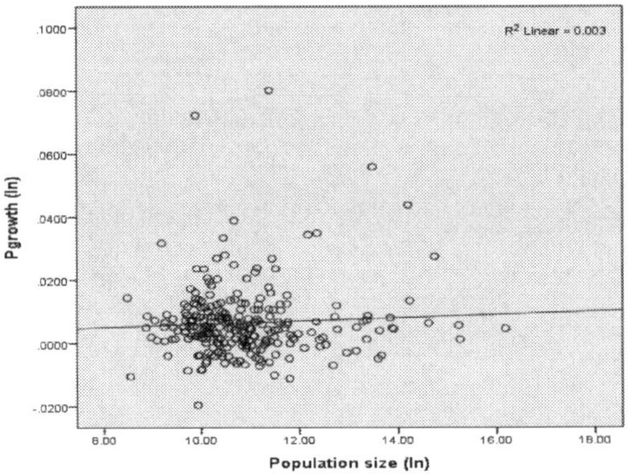

B

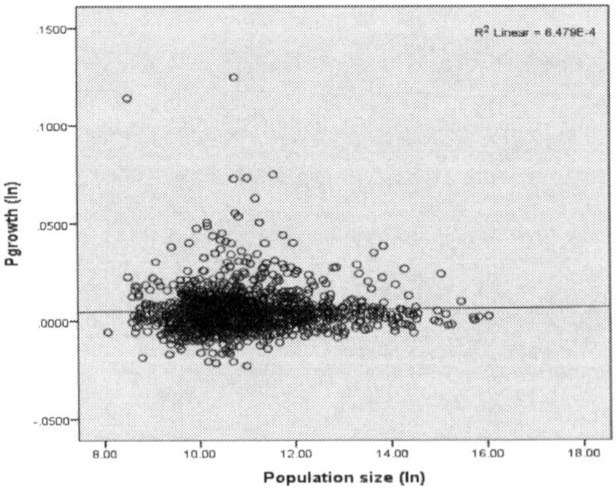

C

A –U[nfavorable]-locations (LP=<1); B – F[avorable]- locations (LP>=4); C – O[ther] urban areas v

Simple bi-variate regression models, reported in Tables 3-4 (Models 5-L and 9-L), also confirms that the slopes of 'size-growth' regression lines for 'favorably' and 'unfavorably' located towns are different, being positive in the 'unfavorable locations' group and negative in the 'favorable locations' group ($P < 0.01$; Tables 3-4). This conclusion is further strengthened by two other, somewhat more sophisticated regression models in which 'population size-location group' interaction terms are included (F-areas*Pop: $t < -2.2$; $P < 0.05$; U-areas*Pop: $t > 1.9$; $P < 0.1$; see Models 13-L and 14-L in Table 5).

The *positive* association between population growth and city sizes observed in *unfavorable* locations, may have a simple explanation: Favorably located settlements may have enough advantages to retain current residents and become sufficiently attractive for potential newcomers even without 'size benefits'; however, for unfavorably located settlements, with fewer location advantages, larger population sizes may be a necessary precondition for an increase in the population growth rate, compensating, at least in part, for their location drawbacks.

Do the above relationships between size and growth persist if controlled for confounders, such as the country of a town's location, proximity to major city, sea shore, regional population density, etc.?

As additional models reported in Tables 3&4 (Models 6-L–8-L (Table 3) and Models 10-L–12-L (Table 4)) show, the *negative* association between population size and growth remains highly statistically significant in the 'favorable' subset of LAUs ($P < 0.01$; see Models 10-L–12-L in Table 4 and Fig. 4C) but loses its statistical significance in the 'unfavorable' subset ($P > 0.2$; Models 6-L–8-L in Table 3 and Fig. 4B).

Characteristically, when *urban areas* are used as observation units, instead of individual localities, the G-S association emerges as *negative*, albeit statistically weak ($P<0.05$), in most of the models considered (see Tables 3-5 and Fig. 4). The explanation for this trend may be fairly straightforward: the merging of groups of localities with different G-S associations (for most of which this association is negative) results in a weak negative G-S association for urban areas, when those are used as analysis units, which is fully in line with our numerical tests (see Section 4 and Fig. 1).

6. CONCLUSION

Upon the desegregation of data, several, often opposite, trends emerge. Thus, a *zero* net migration balance in a locality may 'hide' an outflow of wealthy residents to suburban areas and an inflow of poor families into central cities (such as in North America), or the opposite trend, observed in most European countries, with the two opposite currents being of similar strength (Portnov et al., 2011). A similar process may be at work when population growth and population size of localities are mutually compared. In particular, opposite G-S association, potentially observed in different subgroups of localities (stratified e.g., by their locational attributes or population composition) may cancel each other out, leading to the emergence of the proportionate effect of growth-size relationship expected under Gibrat's Law.

In this study, we considered a possibility that growth rates (G) *may depend* on size (S), while the direction of relationship differs, i.e., a *monotonic increase in unfavorable loci vs. a monotonic decrease elsewhere.* Over the entire settlement system, these opposite trends can expectedly cancel each other out, with the 'no-trend' relationship, expected under Gibrat's Law, emerging. As we further hypothesized, due to the varying G-S relationships observed in different groups of localities, the strength and direction of the G-S association may also change, depending on the relative shares of location subsets used for aggregation.

We performed our analysis at two levels of geographic resolution – 4,667 local administrative units (i.e., municipalities) and 2189 urban areas, formed by territorial contiguities of municipal built areas, using data available for 40 European countries. The choice of spatial aggregation units is a critical consideration for the analysis because alternative units (e.g., urban area or municipalities) may expectedly have different mechanisms behind their population growth. Thus, selecting *urban areas* as units of the analysis reflects the fact that urban areas are likely to function as a whole and may thus be considered as economically integrated units. However, development disparities between local administrative units (i.e., municipalities) may also have a profound effect on population growth patterns as favorably located and attractive municipalities may provide better services and facilities, thus appealing to more migrants and businesses.

Since Gibrat's growth model explicitly assumes the independence of individual observations, for its proper testing, local interdependencies that constitute regions should be minimized. A prominent type of such local interdependencies is agglomeration economies. For instance, the specific growth characteristics of a suburb of a city are inherently shaped by the present of a large urban center nearby. The characteristics of the same suburb would be different, if there was no urban center in its vicinity, and its role in the intra-metropolitan division of labor (including population density and dynamics) may thus be shaped more by the urban center or the metropolitan area as a whole, than by the suburb itself (Portnov et al., 2011). From this perspective, the detection of a positive association between population sizes and growth at the urban area level of spatial resolution, both before and after controlling for location attributes, is especially important, as it supports our initial research hypothesis that *growth rates do depend on population size, contrary to what is expected under Gibrat's Law.*

This conclusion is generally in line with Kalecki's (1945) hypothesis of a correlation between growth and size. Anderson and Ge (2005) have also argued, albeit from a different perspective, that Kalecki's assumption fitted Chinese city data better than the independence of growth on size which is the corollary of Gibrat's Law.

Using the 'location package' concepts, introduced by Portnov and Schwarts (2009a), we also split the whole set of European urban localities and urban areas into three location subsets – favorably located, unfavorably located and the rest. One clarification is required: hence urban growth is highly variable and fluctuant, as there are no *permanently 'favorable' or 'unfavorable' loci*, since relative importance of location attributes may change over time. The importance of particular location attributes may diminish (or increase overtime, such as with, e.g., sea-freight and railroad transportation) thus *changing the 'anchoring'* of main *foci* of urban growth in geographic space, gradually responding to changes in development needs and in the appeal of particular location attributes at a given point of time. However, the spatial "anchoring" of favorable and unfavorable loci may conditionally be considered constant over relatively short periods of time, such as the ten-year period, between 1990 and 2000, covered by the present study.

As our analysis points out, the *negative* effect of *population size* on the population growth of individual towns appears to be positive (albeit statistically weak) in the 'unfavorable localities' group and negative elsewhere. A possible explanation for these differences may be as follows: the adverse effects of agglomeration may be less profound in disadvantaged areas, in which the absence of other favorable location attributes may boost the effect of size on urban growth, by offering a 'safety net' for residents in terms of employment and cultural opportunities and larger market opportunities for local businesses. Concurrently, in areas with more location advantages, the *importance of size* for the development of individual towns may be less profound (see *inter alia* Portnov and Erell, 2001).

Hence the G-S relationships appears to differ both in strength and direction across different locational subgroups of localities, the merging of groups of localities with different G-S associations (for most of which this association is negative) into contiguous urban areas thus resulted in a weak negative G-S association for urban areas, when those are used as analysis units. This was demonstrated by our empirical analysis and sensitivity tests. The difference in the results obtained at different levels of geographic resolution (that is, individual localities vs. integrated urban areas) is, in fact, a well-known phenomenon of changing relationships between variables in line with data aggregation into areal units of larger size, which Openshaw (1984) termed the 'modifiable areal unit problem' or MAUP.

There are several limitations in our study, which should be taken into consideration. According to a popular interpretation of Gibrat's growth model (see *inter alia* Robson, 1973; Guérin-Pace, 1993), it is conceived to explain the proportionate growth of localities over *long periods* of time. Yet, according to our findings, when individual localities are considered, 'proportionate' growth (expected under Gibrat's Law) does emerge at the aggregate (system-wide) level even for a relatively *short time-span* covered by the analysis (that is, one decade between 1990 and 2000). This implies that the observed relationships *do not* necessarily require a long time span to emerge. However, this size-growth rate independence 'dissipates' when the settlement system is disaggregated into two urban sub-systems, formed by 'well-positioned' localities and 'poorly positioned' ones, which is fully in line with our initial research hypothesis.

Lastly, while the present study covers most European cities and towns with populations of 20,000+ residents, localities of smaller size are less fully represented, due to incomplete data on population growth rates. Our findings are thus primarily pertinent to the larger settlements on the continent. Moreover, our classification of localities into 'favorable' and 'unfavorable,' based of the 'package' of location attributes, is somewhat arbitrary and may be improved on by more detailed classifications (e.g., based on additional location criteria and their interaction terms). Furthermore, different size-growth relationships may emerge along additional (i.e., non-locational) 'seam-lines', such as established vs. transitional economies, local towns vs. metropolitan areas, etc. Such possibilities may deserve investigation in future studies.

REFERENCES

Ades A. F. and Glaeser E.L. (1995) 'Trade and Circuses: Explaining Urban Giants,' *The Quarterly Journal of Economics,* 110(1), 195-227.

Black D. and Henderson V. (2003) Urban evolution in the USA, *Journal of Economic Geography*, 3: 343-372.

Brinkhoff T. (2007) City Population Database (http://www.citypopulation.de).

Cheshire P.C. and Magrini S. (2006) Population Growth in European Cities: Weather Matters – But only Nationally, *Regional Studies,* Vol. 40(1): 23-37.

Clark S.J., and Stabler J.C. (1991) Gibrat's Law and the Growth of Canadian Cities, *Urban Studies,* 28(4): 635-639.

Duranton G. (1999) Distance, land, and proximity, economic analysis and the evolution of cities. *Research Papers in Environmental and Spatial Analysis No. 53,* Department of Geography and Environment, London School of Economics.

Eeckhout I. (2004) Gibrat's Law for (all) cities, *The American Economic Review,* 94(5): 1429-1451.

ESRI (2000) ESRI Data and Maps, Redlands, CA: Environmental Science Research Institute.

Gallup J.L., Sachs J., Mellinger A. (1999) Geography and Economic Development, *International Regional Science Review,* 22: 179-232.

Geonames (2007) Geonames Project Database (http://www.geonames.org).

Gibrat, R. (1931) *Les inégalités économiques : applications aux inégalités des richesses, à la concentration des entreprises, aux populations des villes, aux statistiques des familles, etc., d'une loi nouvelle, la loi de l'effet proportionnel. Paris, Recueil Sirey.* (Cited in: Kalecki M. (1945) On the Gibrat Distribution, *Econometrica,* 13(2): 161-170 and Moeckel R. (2009) Simulation of firms as a planning support system to limit urban sprawl of jobs, *Planning and Design,* 36(5): 883-905).

Gotway C. and Young L.J. (2002) Combining incompatible spatial data, *Journal of the American Statistical Association,* 97 (48): 632-647.

Guérin-Pace, F. (1993) *Deux siècles de croissance urbaine*. Paris, Anthropos (Cited in: Pumain D. and Moriconi-Ebrard F. (1997), City size distributions and metropolization, *GeoJournal* 43(3): 307-314).

Ioannides Y.M. and Overman H.G. (2003) Zipf's Law for cities: an empirical examination, *Regional Science and Urban Economics,* 33: 127-137.

Kalecki M. (1945) On the Gibrat Distribution, *Econometrica,* 13(2): 161-170.

McGranahan G., Balk D. and Anderson B. (2007) The rising tide: assessing the risks of climate change and human settlements in low elevation coastal zones, *Environment and Urbanization,* 19(1): 17-37.

Minami, M. and ESRI (2000). *Using ArcMap: GIS.* Redlands, California, ESRI.

Openshaw S. (1984) The modifiable areal unit problem, In: *Concepts and Techniques in Modern Geography.* Monograph Series. London: Geo Books; 38, 41 pp.

Polese M. and Shearmur R. (2006) Growth and Location of Economic Activity: The Spatial Dynamics of Industries in Canada 1971-2001, *Growth and Change,* 37 (3), 362-395.

Portnov B. A., and Erell E. (2001) *Urban Clustering: The Benefits and Drawbacks of Location*, Aldershot: Ashgate.

Portnov B.A. and Schwartz M. (2008) On the Relativity of Urban Location, *Regional Studies,* 42(4): 605-615.

Portnov B.A. and Schwartz M. (2009a) Urban Clusters as Growth Foci, *Journal of Regional Science*, 49(2): 287-310.

Portnov B.A. and Schwartz M. (2009b) On the Importance of 'Location Package' for Urban Growth, *Urban Studies,* 46(8): 1665-79.

Portnov B.A., B. Reiser and Schwartz M. (2011) Does Gibrat's Law for Cities Hold when Location Counts? *Annals of Regional Science* (in press; DOI: 10.1007/s00168-010-0402-8).

Pumain D. (1982) La dynamique des villes. *Paris, Economica* 231 p. (cited in Suarez-Villa L. (1988) Metropolitan Evolution, Sectoral Economic Change, and the City Size Distribution, *Urban Studies,* 25: 11-20).

Pumain D. and Moriconi-Ebrard F. (1997), City size distributions and metropolization, *GeoJournal* 43(3): 307-314.

Rappaport J. 2006. 'Moving to Nice Weather,' *Regional Science and Urban Economics,* 37, 375-398.

Robson B.T. (1973) Urban Growth. An Approach, *London: Methuen*, 268 pp.

Rose A.K. (2005) Cities and countries, *NBER Working Paper Series,* Working Paper 11762, National Bureau of Economic Research, Canbridge, MA.

Strutzer A. and Frey B.S. (2004) Stress that doesn't pay: the Commuting Paradox, *Discussion Paper Series IZA* DP No. 1278.

UNEP & UNESCO (2004) *Millennium Ecosystem Assessment Report,* NY: UNESCO.

Vlora, N.R. (1979) *Città et territorio.* Bologne: Pàtron (Cited in: Pumain, D (2000) Settlement systems in the evolution, *Geographical Analysis.,* 82 B (2): 73-87).

LE CHOIX DE L'UNITÉ URBAINE EST-IL FONDAMENTAL POUR LA VALIDATION DE LA LOI DE GIBRAT POUR LES VILLES ?

Résumé - *Dans cet article, nous admettons l'hypothèse que le choix des unités géographiques déterminant les aires urbaines est fondamental dans la validation de la loi de Gibrat pour les villes, d'après laquelle la croissance urbaine est indépendante des effets taille. Nous examinons, plus particulièrement, les différences d'interprétation selon que l'on utilise des localités individuelles ou des unités urbaines intégrées (comportant plusieurs localités). Cette analyse s'appuie sur une analyse empirique menée sur les changements démographiques entre 1990 et 2000 de 4667 unités administratives (communes) et de 2189 aires urbaines contigües de 40 pays européens. Nous montrons que les résultats varient selon le choix de l'unité urbaine utilisée, mais aussi selon leurs avantages de localisation : pour les unités urbaines où ces avantages sont importants la relation taille-croissance est moins importante que pour les unités où ces avantages sont faibles.*

Mots clés : CROISSANCE DÉMOGRAPHIQUE, AIRES URBAINES, AIRES ADMINISTRATIVES, SYSTÈME URBAIN EUROPÉEN, AVANTAGES DE LOCALISATION, LOI DE GIBRAT

THE FRENCH OVERALL CITY SIZE DISTRIBUTION

Kristian GIESEN*, Jens SÜDEKUM*

Abstract - *We analyze the overall size distribution across all French settlements in the year 2008. The sizes of the largest French cities follow the famous Zipf's law fairly closely, with Paris being a notable outlier. However, for the overall city size distribution (CSD), Zipf's law is not a useful approximation. We show that the lognormal (LN) distribution does a reasonable job in fitting the overall French CSD. Yet, it is clearly outperformed by a different parameterization – the double Pareto lognormal (DPLN) distribution. This is consistent with our previous findings for city sizes in the US and other countries. We discuss the implications of these results for urban growth theory.*

Key-words: ZIPF'S LAW, GIBRAT'S LAW, CITY SIZE DISTRIBUTIONS, DOUBLE PARETO LOGNORMAL

JEL Classification: R11, R12, O4

* Mercator School of Management, University of Duisburg-Essen, Germany;
kristian.giesen@uni-due.de ; jens.suedekum@uni-due.de.

1. INTRODUCTION

The famous Zipf's law is probably the most extensively studied empirical regularity in urban economics. It states that the largest cities within a country approximately follow a Pareto distribution with shape parameter equal to minus one. This law is frequently expressed in an equivalent form as the rank-size rule for city sizes, where it states that the country's largest city is roughly twice as large as the second-largest, three times as large as the third-largest city, and so on.[1]

A major drawback of this traditional literature on Zipf's law, however, is its focus on the upper tail of the city size distribution (CSD). In former times, researchers interested in the CSD of some country were forced to focus only on the largest cities within that country, simply because reliable data about population sizes were only available for them but not for smaller cities, towns, villages, etc. As data availability improved, it became increasingly clear that Zipf's law is not a useful description for the *overall* CSD, but that it pertains -- if at all -- only in the upper tail. This, however, raises several questions: Where does the upper tail start, i.e., what is a "large" city? As we show below, this issue is actually crucial because the empirical performance of Zipf's law depends systematically on the number of cities included in the analysis. Even more fundamentally, the question arises why one should truncate the sample of settlements in the first place if data for the overall population distribution across space is available. Why should we focus only on the top of the urban hierarchy and forget about the rest, if data does not force us to do so?

The recent urban literature has therefore shifted its attention away from the upper tail and towards the *overall* size distribution across *all* "cities" of the country.[2] In that literature, which has been initiated by Eeckhout (2004) in his seminal article, at least three main issues came up that are intensively debated ever since: First, what is the most appropriate parameterization for the overall CSD? Second, what is the relationship of this CSD with the traditional Zipf's law, i.e., has the new evidence basically invalidated decades of research on the rank-size rule? Third, and maybe most importantly, where do these parameterizations come from and what can we learn from them about the engines of urban growth?

In this paper, we focus on the case of France and reconsider some of the recent issues and controversies about overall CSDs. Most work in that area, including our own, has been done for the US urban system. Focussing on a leading European country is thus of interest in its own sake. Furthermore, the available data for settlement sizes in France (the *communes*) are outstandingly good by international standards, whereas the comparable US data are plagued by many more concerns regarding their comprehensiveness and accuracy. In section 2 we introduce these data.

[1] Comprehensive studies found that city sizes in most countries indeed closely follow a Pareto distribution, but that the Zipf coefficients often deviate from unity. See Rosen and Resnick (1980), Soo (2005) or Nitsch (2005).

[2] From now on, we use the term "city" synonymously also for small towns and villages.

In section 3, we start along traditional lines and focus only on the upper tail. We show that the largest French cities fairly closely follow a Pareto distribution, even though Paris is much larger than it accordingly "should be". Yet, whether we generally find evidence for or against the exact Zipf's law crucially depends on the definition of the upper tail, i.e., where we truncate the sample of cities. In section 4, we then move to the overall French CSD. Eeckhout (2004) has provided a theory according to which the overall CSD should converge to a lognormal (LN) distribution, and he showed that the LN indeed fits the size distribution across US "cities" (defined as Census places) quite well. This is bad news for the traditional Zipf literature. If the "true" distribution is LN, there is no Pareto distribution among large cities. Why have so many papers then found evidence for Zipf's law? The answer according to Eeckhout is that these studies may have simply misperceived the LN for the Pareto by looking only at a sample of large cities, because the two distributions have similar properties in the upper tail. In short, Zipf's law is just an illusion!

Several authors, most notably Levy (2009), Ioannides and Skouras (2009) and Malevergne et al. (2011), have contested this conclusion and argued that the LN has serious deficits in matching the US places data. In particular, they argue that the LN may fit well for small and medium-sized places, but that the sizes of the large cities are distinctively closer to a Pareto than implied by the LN distribution. They hence argue that the "true" parameterization for the overall CSD should consist of a LN which then switches to Pareto behaviour beyond a certain threshold city size. They do, however, not provide a theory why such a functional form for the overall CSD should emerge endogenously in an urban system. For the French case, we find that the LN distribution does at best a reasonable job in matching the city size data, comparatively much worse than in the US. Interestingly, the deficits of the LN arise over the entire range of city sizes and not just in the upper tail, as can be seen in Figure 4 below. This suggests that an ad-hoc mixture model for the overall CSD that mechanically switches from LN to Pareto at some point may also have a hard time matching the French data.

In section 5 we then provide a resolution to this puzzle and suggest a parameterization that fits the French overall CSD extremely closely: the *double Pareto lognormal* (DPLN) distribution. In previous research, see Giesen and Suedekum (2012) and Giesen et al. (2010), we have shown that this flexible distribution closely fits the overall CSD in the US and in other countries.[3] The first bottom-line message of this paper is, therefore, that the French overall CSD can be approximated by the same functional form that also performs very well elsewhere. This robust evidence in favour of the DPLN is good news for the older Zipf literature. In contrast to the LN, the DPLN is fully consistent with a Zipfian power law pattern that emerges as an upper tail feature of an overall functional form. When the underlying "true" distribution is DPLN, claiming

---

[3] For the US, this is true both when using administratively defined Census places as the unit of analysis, but also when using the recently developed area clusters by Rozenfeld et al. (2011) which are constructed from the "bottom-up" by using high resolution data on population density in the US.

that the sizes of large cities follow a power law is no systematic mistake. Zipf's law is, hence, not an illusion!

Even more importantly, in Giesen and Suedekum (2012) we develop a micro-founded economic model of an urban system where city sizes endogenously converge to a DPLN distribution. In other words, the DPLN is not an ad-hoc functional form that is chosen purely on the basis of data fit. It has an explicit theoretical foundation and can be rationalized by an economic model that combines scale-independent urban growth with age heterogeneity across cities. The second bottom-line message is, hence, that the French case analyzed in this paper yields further corroborating evidence for our urban growth model which apparently matches cross-sectional CSDs in many countries very successfully.

2. DATA

The main data set that we use in this paper comes from the French National Institute of Statistics and Economic Studies (INSEE). It contains the population sizes of 36,682 French municipalities *(communes)* in the year 2008 (including the overseas departments), in total accounting for 63,961,859 people.[4] The *communes* are administrative units, so their boundaries are legally and not economically defined. In that sense, they correspond to the US Census places that have been used in most of the recent urban literature, including Eeckhout (2004). However, the French administrative settlement size data is more comprehensive and subject to much less concern than its US counterpart.

The key issue here is that the Census places only represent about 74% of the total US population in the year 2000. The remaining 26% live in settlements that are neither counted as "incorporated" nor as "Census designated" places. Whether a settlement is an official Census place or not, is not primarily selected based on its population size. There are Census places with only one or two inhabitants. However, especially settlements in the rural parts of relatively large metropolitan areas are often not considered as "places" and are thus ignored in the data set. What is more, the definition of Census places also varies quite substantially across the US Federal States. These problems raise the concern that the Census places may be a selective or biased representation of the overall US CSD, since it is unknown how the remaining 26% of the US population not captured by the data spreads across space. The French administrative data set does not face such issues. It basically represents the entire French population in 2008 and thus gives an comprehensive portray of the overall (untruncated) French CSD, ranging from the administrative entity of Paris with 2,211,297 inhabitants down to the commune of Rochefourchat with exactly one inhabitant. Table 1 shows the ten largest *communes* and their respective population sizes in 2008.

---

[4] Many more details about this data as well as a historical excursion when and why it was first collected can be found under :
http://www.insee.fr/fr/methodes/nomenclatures/cog/documentation.asp

Table 1. The ten largest Municipalities / Agglomerations in France, 2008

Municipalities		Agglomerations	
Name	Size	Name	Size
Paris	2,211,297	Paris	10,413,386
Marseille	851,420	Marseille	1,557,950
Lyon	474,946	Lyon	1,536,974
Toulouse	439,553	Lille	1,015,744
Nice	344,875	Nice	941,490
Nantes	283,288	Toulouse	871,961
Strasbourg	272,116	Bordeaux	836,162
Montpellier	252,998	Nantes	586,078
Bordeaux	235,891	Toulon	559,246

Still, there is the concern that the single units are defined according to administrative boundaries which can be quite arbitrary. Because of this, *communes* are often treated as separate units/cities even though they are essentially part of the same city. A principal alternative is to abandon administrative data and to use urban agglomerations data instead. We also consider such data in this paper, more specifically the population sizes of the major 247 French urban areas in 2008, as also provided by the INSEE. Here, the Paris agglomeration is on top of the urban hierarchy with a population of more than 10 million people (also see table 1 for the ten largest French agglomerations). However, this data in total only represents around 37 million people, i.e., less than 60% of the total French population. It is also selective in the sense that it is truncated from below (the smallest urban area is Bar-le-Duc with 19,321 inhabitants), and that it does not include the rural population outside the big cities. For our analysis of the overall French CSD these data are thus less useful, although we may still use it in section 3 where we focus only on the upper tail.

A novel and very interesting approach of defining cities has recently been developed by Rozenfeld et al. (2008, 2011). Here, cities are defined from the "bottom-up" by using an algorithm on high resolution data on population densities in a country. The advantage of this approach of defining "cities" (also called "area clusters") is that it comprehensively portrays the overall distribution of the entire population across space. It completely ignores artificial administrative boundaries, but it is not limited to metro areas beyond a certain threshold size. Unfortunately, such area clusters data -- which would be ideally suited for our type of analysis – does not yet exist for France to the best of our knowledge. So far, Rozenfeld et al. (2008) have only provided it for the US and Great Britain, and we have analyzed that data in our previous research, see Giesen and Suedekum (2012).

3. LARGE CITIES IN FRANCE : ZIPF'S LAW ?

Zipf's law is, strictly speaking, about two different statements. The first statement claims that city sizes follow a Pareto distribution. The second statement is that the slope coefficient of the Pareto is equal to minus one. Under a Pareto, cities are thus distributed according to

$$P(s > S) = \left(\frac{A}{S}\right)^{\zeta}, \tag{1}$$

where ζ denotes the shape parameter of the Pareto distribution, also known as the Zipf coefficient. The rank of a city in the urban hierarchy is given by $R = N$. $P(s>S)$, so the parameters of eq. (1) can be estimated by

$$log\ (R) = K - \zeta\ log(S) \tag{2}$$

where $K = \zeta log(A) + log(N)$. If Zipf's law holds exactly, we have $\zeta = 1$.

We arrange the data so that cities are ordered by their size and labeled with their respective rank; Paris has rank 1, Marseille has rank 2, Lyon has rank 3, and so on. We then run the standard rank-size regression as stated in eq. (2) by simple OLS. [5]

3.1. The communes

We start off with the municipalities data and focus on the 100 largest French *communes*. This truncated sample of cities, where the threshold rank $\bar{R}$ is basically chosen arbitrarily, represents 13,895,689 people, i.e., around 22% of the total French population. The rank-size relationship is graphically illustrated in figure 1, where we depict the log population size of the cities on the horizontal and their log rank in the urban hierarchy on the vertical axis. When estimating the rank-size regression (2) for these 100 cities, we obtain a slope coefficient of $\zeta = 1.476$ with a standard error of $\sigma = 0.022$ and a R^2 of 0.98.

This regression and the corresponding scatter plot in figure 1 convey three main messages: First, the graphical rank-size relationship looks almost linear, which is equivalent to saying that the city sizes of the largest French communes tend to follow a Pareto distribution fairly closely. This statement is supported by the overwhelmingly high R^2 level of the linear regression.[6] Second, there is one clear outlier: Paris. The capital city of France is much larger than it "should be" according to a power law for city sizes, also when

[5] There are also more sophisticated ways of estimating the Zipf coefficient, see e.g. Gabaix and Ibragimov (2011) or, for an overview, Gabaix and Ioannides (2004). However, since this is not the focus of our paper we only use the simplest and most standard rank-size regression technique.

[6] It is well known that rank-size regressions automatically yield high R^2 levels, simply because of the ordering of cities by rank. Monte Carlo simulations show that, even if city sizes hypothetically followed a uniform distribution, such regressions would still deliver an R^2 around 0.8 (also see Gan et al., 2006). However, R^2 levels exceeding 0.98 cannot be regarded as artificial evidence for a Pareto distribution, but those levels can only be obtained if there is actually a power law relationship in the sizes of the cities.

focussing on administrative city definitions. This is a quite typical pattern discussed in detail by Ades and Glaeser (1995) who show that particular political forces often cause the capital city to be unusually large in the urban hierarchy. If we leave Paris out of the picture, the rank-size relationship would appear even more linear, and in fact, when estimating eq. (2) only for the cities ranked 2-100, we obtain an even higher $R^2 = 0.991$and a slope coefficient of $\zeta = 1.576$ (std.err. 0.015).

The third message is that the exact Zipf's law apparently fails to hold in the French case. The estimated slope coefficient deviates substantially from one, particularly when leaving Paris out of the regression ($\zeta = 1.576$), but also when leaving it in and using all cities ranked 1 to 100 in the French urban hierarchy ($\zeta = 1.476$). This evidence *against* the exact Zipf's law is, however, very sensitive to the arbitrary truncation point $\bar{R}$ where the the CSD is cropped. Suppose we set $\bar{R} = 10$, i.e., we focus only on the ten largest communes. In that case, we get $\zeta = 1.001$ (std.err. 0.071, $R^2 = 0.96$) and would have to conclude that Zipf's law holds exactly. If we only take the largest five cities, we have $\zeta =$ 0.841 (std.err. 0.079, $R^2 = 0.97$), and so on.

Figure 1. Results of a Zipf regression, using the largest 100 cities

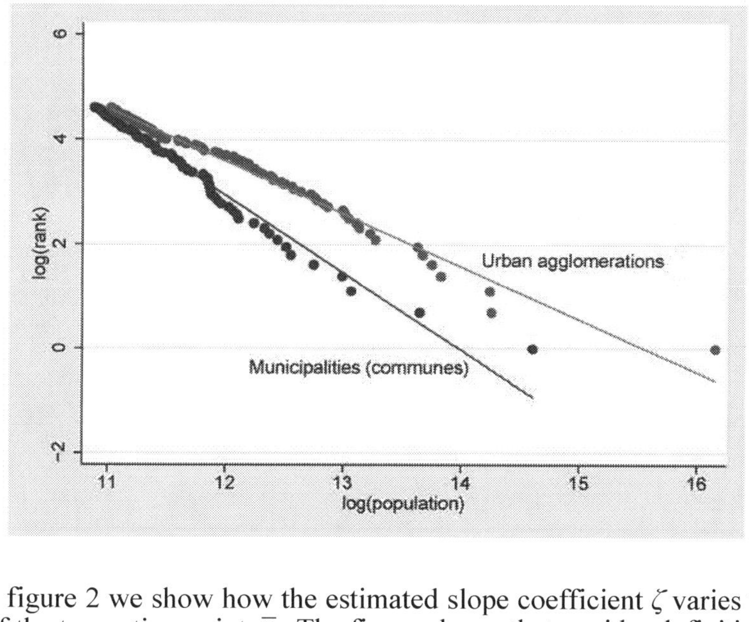

In figure 2 we show how the estimated slope coefficient ζ varies with the choice of the truncation point $\bar{R}$. The figure shows that a wider definition of the upper tail (a higher $\bar{R}$) tends to increase the Zipf coefficient in absolute terms. More generally, the figure shows that Eeckhout's (2004) important insight about the US urban system also applies for France: By the choice of the truncation point, researchers can manipulate whether they obtain evidence in favour of or against the exact Zipf's law. A power law shape for city sizes seems to prevail almost regardless of how the truncation point is set (as long as $\bar{R}$ is not too large) , but whether the slope coefficient is close to the magical $\zeta = 1$ depends very much on the definition of the "upper tail" of the CSD.

Figure 2. The Zipf coefficient and the truncation point

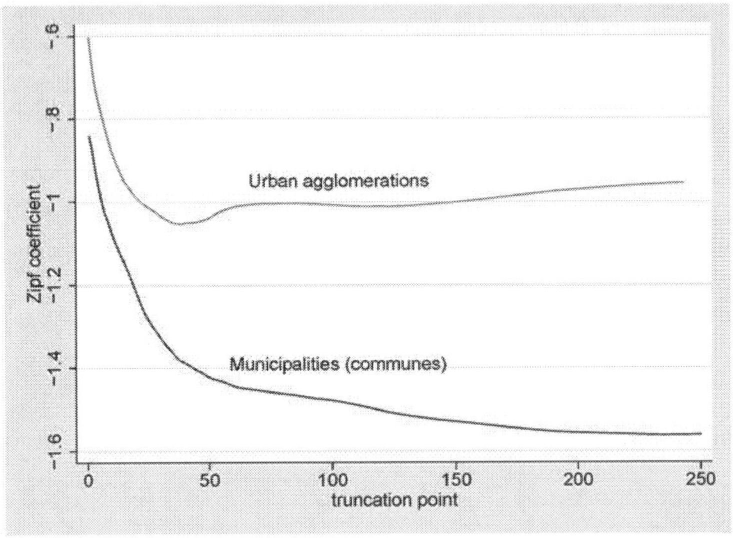

There are no generally accepted rules how this truncation point should be chosen, and if there are rules, they tend to lack economic foundations (see Chesire, 1999).[7] More fundamentally, even if one could agree on an appropriate definition of $\overline{R}$, the question remains why we should truncate the sample of cities in the first place. Why should the cities below this threshold be disregarded, even though we do have detailed knowledge about their population sizes? Because of issues like this, researchers have gradually departed from analyses focussed only on the upper tail, and towards inquiries about the *overall* size distribution across *all* settlements of a country.

3.2. Urban areas

Before moving to this analysis of the overall CSD, we briefly consider the other data set where French cities are defined as urban agglomeration areas. In figure 1, we illustrate the rank-size relationship when we analogously focus on the 100 largest urban areas, together representing 32,433,021 people, or 51.9% of the total French population. Again we find that the Paris area is "too large" given the benchmark of a perfect power law. The second-largest agglomeration, Marseille, is "too small" given this benchmark. However, by and large, that rank-size relationship still looks almost linear, and when estimating the standard Zipf regression for these 100 cities we obtain a highly

[7] This general point also implies that a cross-country comparison of ζ is difficult, because one has to make sure that comparable rules for the choice of the truncation points are applied in all countries.

significant slope coefficient equal to $\zeta = 1.0075$ (standard error 0.131) and a R^2 of 0.983. In other words, across the largest 100 French urban areas, Zipf's law holds exactly. Figure 2 suggests that the slope coefficient ζ is also much less sensitive to the truncation point for the urban agglomeration data. Even when including all 247 urban areas, we get $\zeta = 0.955$ (std.err. 0.005, $R^2 = 0.99$) which is not much different from the coefficient estimated before.[8]

The main advantage of the urban agglomeration data is that it ignores arbitrary administrative boundaries in the definition of cities. In that sense, it is preferable to the *communes*. The evidence in figures 1 and 2 suggests that, across those sensibly defined cities, Zipf's law seems to be quite stable -- maybe except in the very upper tail. However, recall that the urban areas together capture only 60 % of the French population, so it is unclear if Zipf's law continues to hold so well if we included also the remaining 40 %. A step ahead would be to develop a concept of cities that does not proceed along administrative boundaries, but that still captures the entire population living in the country. The "bottom-up" approach by Rozenfeld et al. (2008, 2011), who define area clusters for the US and Great Britain, seems highly promising in that respect. However, as said before, such data does not yet exist for France. For the US, Rozenfeld et al. (2011) found that Zipf's law very well describes the size distribution across all area clusters larger than 13,000 inhabitants. Similarly, in Great Britain, Zipf performed well for clusters larger than 5,000 people. But outside that upper tail, the law again breaks down and cities no longer obey to a Pareto distribution.

Generalizing those results to France, we can speculate that the power law shape probably continues to hold even a bit further down the urban hierarchy, if more comprehensive data about area clusters below the smallest recorded urban area (Bar-le-Duc with 19,321 inhabitants) were available. However, eventually Zipf's law would very likely break down as well, once we have moved down the hierarchy far enough. In other words, also with urban agglomeration data, Zipf's law is not a useful description for the overall CSD. We have to think about different parameterizations, while bearing in mind that a Zipfian power law seems to be really pervasive in the upper tail.

4. THE OVERALL CITY SIZE DISTRIBUTION

From now on, we concentrate on the *overall* French CSD and thus on the administratively defined *communes* as the unit of analysis. In figure 3 we depict a kernel density estimation of the size distribution across all 36,682 municipalities where population sizes are in logarithmic scales, see the solid black curve. For the purpose of comparison, we also provide the comparable overall CSD for the US in that figure, more specifically the empirical log size distribution across 25,359 US Census places in the year 2000 (see the solid grey curve). It becomes very clear that a Pareto parameterization cannot possibly fit

[8] There are some deviations when we focus only on the very largest urban areas. For example, with $\overline{R} = 10$ we get $\zeta = 0.7894$ (std.err. 0.099, $R^2 = 0.88$), and so clear evidence against Zipf's law and even against a power law shape.

the overall CSDs, neither in France nor in the US. The log settlement sizes rather appear to be close, at least visually, to a normal distribution, though with different variance across countries.

4.1. Preliminaries: Random urban growth and the LN distribution

Eeckhout (2004) provides a theory according to which the overall CSD of a country should converge to a lognormal (LN) distribution. That theory is based on a random urban growth process where cities grow according to the pure Gibrat's law. More details about Eeckhout's model follow below. Applying the LN parameterization to the US data, Eeckhout (2004) indeed finds that it does a good job in matching the size distribution across Census Places. We have verified this result in our previous research, see Giesen et al. (2010), and Figure 4 illustrates this. As can be seen from the broken grey line, which represents the fitted LN distribution, it certainly does not deliver a perfect but still a decent fit.

Figure 3. Kernel density estimate of the French and the US overall CSD

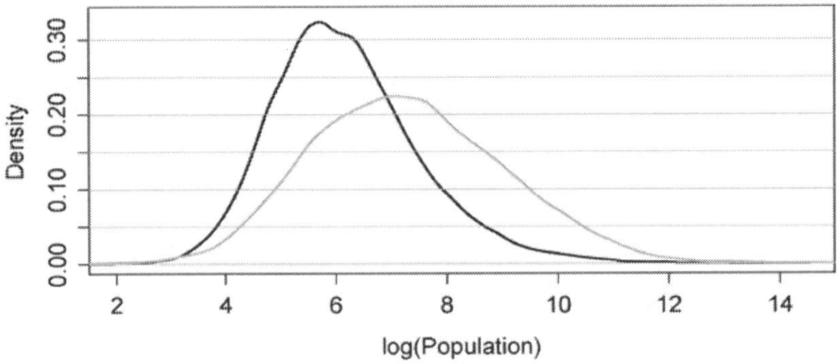

Figure 4. Kernel density estimate of the French and the US overall CSD

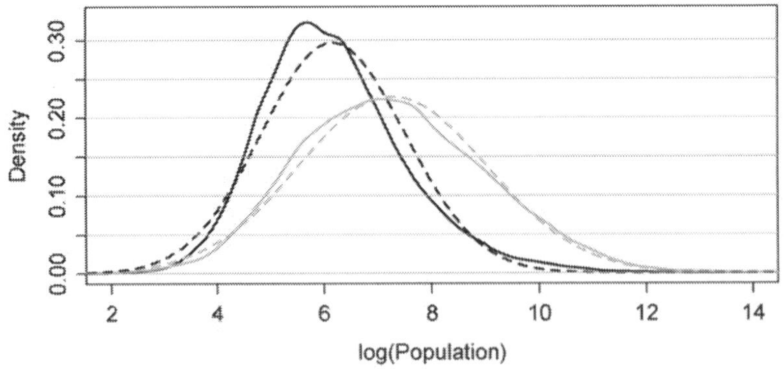

This evidence for the overall CSD thus lends empirical support to Eeckhout's (2004) urban growth model. Yet, it has quite delicate implications for the traditional literature on Zipf's law. As a matter of fact, the LN does not feature a power law in the upper tail and, hence, it is strictly speaking not compatible with Pareto and Zipf. Why have so many previous studies then provided evidence for a Zipfian power law among large cities? The reason according to Eeckhout (2004, 2009) is that the LN and the Pareto distribution have similar properties in the upper tail and can become virtually indistinguishable. In other words, Zipf can be observed among large cities in practice, because the Pareto closely resembles the true size distribution (the LN) in the top range.[9] The definition of a "large city" also matters in this respect. As we have shown above, the estimated Pareto slope coefficients depend crucially on the truncation point within the sample of cities. Eeckhout (2004) proves that, if the underlying "true" distribution is LN, the coefficient estimate ζ is decreasing in $\overline{R}$ - a pattern that we have actually found for France in figure 2 and that can also be observed for the US data. Summing up, when the overall CSD is actually a LN, previous studies on Zipf's law may have fallen for an illusion.

4.2. Does the LN fit the the French data?

In this subsection we investigate whether the suggested LN parameterization fits the French city size data. Using maximum likelihood estimation, we find that the best fit of a LN parameterization to the empirical size distribution for French communes is achieved with parameters $\mu = 6.173$ and $\sigma = 1.343$, delivering a value of the log likelihood equal to -289,238.5. In figure 4 we depict the best fitting LN distribution as the broken black line.

Judged by pure visual inspection, it can be seen that the overall fit of the LN to the French data is fair at best. There are notable deviations, which occur over the entire range of city sizes. One issue is that the empirical CSD seems to have a fatter upper tail than the LN. In the lower tail, it is the other way around: The LN has more mass in the range of very small settlement sizes than the empirical distribution. More generally speaking, the actual French CSD exhibits a slight skew to the left, a distributional feature that by construction cannot be replicated by the LN which is symmetrical in logarithmic scales.

Comparing the data fit of the LN between France and the US, figure 4 shows that the LN fits much better to the US Census places than it does to the French communes. This conclusion can also be supported by a more formal statistical approach. We ran Kolmogorov-Smirnoff tests and compared the p-values for the null that the data follow a LN. We find that this hypothesis is rejected much earlier for France than for the US. For the case of France we thus obtain much weaker support for the theoretical framework by Eeckhout (2004) which predicts an asymptotic LN shape for the overall CSD. We leave the full discussion for later, but already preview our argument, which is that this difference may be caused by the stronger age heterogeneity of French cities as compared to American cities.

---

[9] Also see Mitzenmacher (2004), who shows that the density or the countercumulative distribution function of the LN generate a "nearly straight" line in logarithmic plots when the variance is large. A power law (Pareto) would generate exactly a straight line in such plots.

5. THE DPLN DISTRIBUTION

In this section we suggest an alternative parameterization for the French overall CSD, the so-called "Double Pareto Lognormal" (DPLN) distribution. We then briefly outline the genesis of the DPLN and describe our urban growth model (see Giesen and Suedekum, 2012) that endogenously leads to DPLN distributed city sizes. The model by Eeckhout (2004), which leads to a LN distribution, can be seen as a special case of our more general framework, and we discuss the origin of the differences below.

5.1. Parameterization and data fit

The DPLN distribution was initially developed by the Canadian statistician and economist William J. Reed (2002). It has the following density for city sizes *S*:

$$f(S)=\frac{\alpha\beta}{\alpha+\beta}\left[S^{\beta-1}e^{\left(\beta\mu_0+\frac{\beta^2\sigma_0^2}{2}\right)}\Phi^c\left(\frac{log(S)-\mu_0+\beta\sigma_0^2}{\sigma_0}\right)+S^{-\alpha-1}e^{\left(\alpha\mu_0+\frac{\alpha^2\sigma_0^2}{2}\right)}\Phi\left(\frac{log(S)-\mu_0-\alpha\sigma_0^2}{\sigma_0}\right)\right]. \quad (3)$$

The parameters α and β are coefficients to regulate the tails, whereas μ_0 and σ_0 determine the location and the spread of the distribution. Φ represents the normal cdf and $\Phi^c = 1 - \Phi$ represents the complementary cdf. A special feature of this distribution is that if S is large, then $f(S) : S^{-\alpha-1}$ and if *S* is small, then $f(S) : S^{\beta-1}$. The DPLN therefore incorporates a Pareto distribution in the upper and a reverse Pareto distribution in the lower tail. Another special feature is that it nests the LN as a limiting case when $\{\alpha, \beta\} \to \infty$. For other values the body of the distribution is also close to a lognormal shape. However, the DPLN should not be though of as a rigid mixture of LN and two Paretos. It is rather a flexible parameterization that has several distributional features which the LN or the mixture model of LN and Pareto cannot capture. In particular, the DPLN can be skewed in log scale and its kurtosis can have positive or negative excess, i.e., it can be more peaked (leptokurtic) or more flat (platykurtic) than the LN.

It is straightforward to estimate the parameters of the DPLN as given in (3) by maximum likelihood.[10] The best fit for the French data is achieved with parameters $\alpha = 1.016$, $\beta = 3.358$, $\mu_0 = 5.588$, and $\sigma_0 = 0.882$, yielding a log likelihood equal to -288,178 (also see table 2). In figure 5, the dotted black line represents the fitted DPLN distribution for France. Already visually it is clear that the DPLN fits the French city size data much better than the LN. Except for the small bump that occurs at log city sizes around 6, the DPLN is almost everywhere closely in line with the empirical CSD, while this is certainly not the case for the LN. The better fit is confirmed in figure 6, where we show the vertical deviations of both hypothesized parameterizations from the empirical CSD. The left panel depicts the pointwise, and the right panel the cumulated

[10] We utilize the log-likelihood function and the corresponding starting values as proposed by Reed (2002).

deviations. As can be seen, the DPLN fits the data better than the LN almost throughout the entire range of the distribution, and it has much lower overall deviations.

Figure 5. Kernel density estimate and fitted LN distribution.

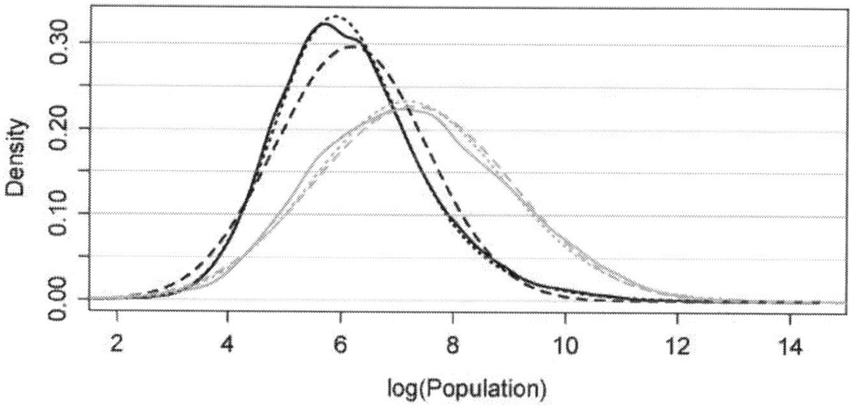

The DPLN has an advantage over the LN, because it is the more flexible functional form with four instead of two parameters. It therefore achieves a better data fit almost by definition. However, various model selection tests show that the DPLN also achieves a better *adjusted* data fit, when it is penalized for having more degrees of freedom. In particular, we use the log likelihoods of the LN and the DPLN as reported in table 2 to compute Akaike's information criterion (AIC) and the related Schwarz criterion (also called "Bayesian information criterion", BIC). Both criteria trade off the precision of a hypothesized distribution and the number of parameters. Table 2 reports the results. By construction, the distribution with the lower numerical value of the AIC (BIC) is favored. As can be seen, for both criteria we find that the values for the DPLN are lower than for the LN, thus implying that the DPLN is the better model from a statistical point of view.

Given the nested structure of LN and DPLN, we can also compare model performance by a standard likelihood-ratio test. The test statistic $LR = 2 \cdot (ln(L_{DPLN}) - ln(L_{LN}))$ follows the $\chi^2(2)$-distribution as the DPLN has two parameters more than the LN. It can be shown that the null hypothesis that the DPLN leads to no significant improvement compared to the LN can be rejected at a very high confidence level (P-value below 1%). Finally, another approach for model comparison are Bayes factors. This technique is a flexible Bayesian analogue to the likelihood-ratio test, and does not even require one model to be nested in the other. As shown in Kass and Raferty (1995), Bayes factors can be easily approximated by using the Schwarz criterion (BIC). Specifically, to compare the LN and the DPLN distribution we can calculate the Bayes factor as $B \approx exp(V)$, where $V = \frac{1}{2}(BIC_{DPLN} - BIC_{LN})$. The value of B can be interpreted by using Jeffrey's scale, and the results indicate that there is *strong* evidence in favor of the DPLN.

Table 2. Estimated parameters and formal selection tests

	French municipalities (2008)	
N	36,674	
Min	1	
Max	2,211,297	
	DPLN	LN
α	1.016	-
β	3.358	-
μ	5.588	6.173
σ	0.882	1.343
AIC	576,348	578,473
BIC	576,314	578,456
$ln(L_j)$	-288,178.0	-289,238.5
LR (p-value)	2121 (0.01)	
Bayes Factor	<0.0001	
Jeffrey's Scale	Strong for DPLN	

Figure 6. Deviations of LN and DPLN to the empirical distribution

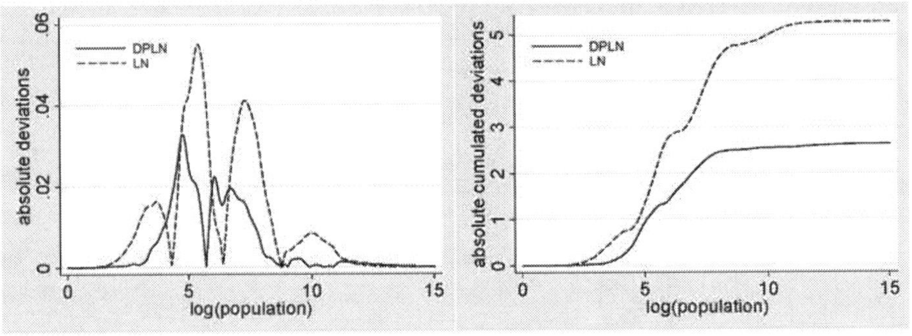

For the US Census place data, we depict the fitted DPLN as the dotted grey line in Figure 5. The performance difference between LN and DPLN is much less pronounced than in the French case. All model selection criteria would still favor the DPLN as the more appropriate functional form (also see Giesen et al., 2010), but the margin of improvement is lower. For example, when calculating the AIC for the US data, we obtain AIC(DPLN)=469,428 and AIC(LN)=469,550. That is, the AIC of the DPLN is only 0.026 % below the LN's AIC. For the BIC we have BIC(DPLN)=469,461 and BIC(LN)=469,566 in the US case, i.e., a value around 0.022 % lower. In the French case, the performance difference is around 16 to 18 times more pronounced, corroborating the visual impression that is delivered by figure 5.

Summing up, all model selection criteria clearly show that the DPLN is a very well suited functional form for the French empirical CSD, much better (even in adjusted terms) than the LN. In that respect, the French case is in line with the evidence that we have established in our previous research, where we show that the DPLN matches empirical CSDs both across countries and for different ways of defining "cities" very well.

5.2. Genesis of the DPLN

The DPLN is not an ad-hoc parameterization that is chosen purely to achieve a good data fit. In Giesen and Suedekum (2012) we show that it actually emerges endogenously from a dynamic economic model of an urban system that combines scale-independent urban growth (Gibrat's law) as in Eeckhout (2004) with endogenous city creation and age heterogeneity across cities.

In Eeckhout's (2004) model, there is an economy with a fixed population and a given number of locations across which workers are freely mobile. The locations differ by their exogenous total factor productivities, and in every time period each location is hit by an idiosyncratic productivity shock that is drawn from a probability distribution with mean $\mu = 0$ and variance $\sigma^2 > 0$. At the city level, there is a trade-off between positive and negative size externalities that accrue within but do not spill over across locations. In a spatial equilibrium utility is equalized across locations, since workers are perfectly mobile across space. If a city experiences a positive productivity shock, this attracts people into the respective location. The negative externalities dominate at the city level, however, and this prevents a degenerate CSD where the entire population wants to concentrate in a single location. At the aggregate level there is no productivity growth, i.e., the single locations' productivities (and ultimately population sizes) evolve randomly without an aggregate trend.

From the perspective of a single city at some point in time t_0, this growth process (Gibrat's law) directly implies that its expected log population size T years ahead will follow a normal distribution. This is essentially a manifestation of the central limit theorem, as cities face random productivity shocks and their sizes thus also evolve randomly over time.[11] The overall CSD of the country in a given point in time aggregates the sizes of all cities that exist at that time. As long as all cities start from the same initial conditions and are subject to the same growth process for the same amount of time, which is the case in Eeckhout's (2004) model, this aggregation problem is easy: All cities have the same LN size probability distribution, which in turn is then also equivalent to the country's overall CSD. Things are more complicated, however, if cities are heterogenous.

Suppose cities are created at different points in time, so that there is age heterogeneity across cities. This is a highly realistic assumption, both for France

[11] In another influential paper, Gabaix (1999) has shown that Zipf's law follows as the limiting distribution of an augmented version of Gibrat's law that includes a lower bound for city sizes; also see Gabaix and Ioannides (2004).

and for other countries: Some cities are older than others. Furthermore, suppose there is aggregate productivity growth in the country, i.e., the distribution from which cities receive their *i.i.d.* shocks has a positive mean. Then, older cities are -- in expectation -- larger than younger cities, simply because they had longer time to grow. To obtain the overall CSD in that case, one needs to aggregate the city-specific size probability distributions according to the city age distribution.[12] Reed (2002) and Reed and Jorgensen (2004) have shown that the DPLN distribution as given in eq. (3) is the closed-form solution for the mixture of many LN distributions where the mixing parameter is exponentially distributed. In our context, this means that if age is exponentially distributed across cities, while all cities simply grow according to Gibrat's law (with positive drift) and thus have LN size probability distributions, this will asymptotically lead to DPLN distributed city sizes.

The framework by Eeckhout (2004) corresponds to the simple mixture case: there is a fixed number of cities without systematic differences in initial sizes or city ages. In that case, the country's overall CSD actually follows a LN distribution. One way to generate DPLN instead of LN distributed city sizes is to simply assume that cities differ by age, such that the age distribution is exponential. The aggregation of the city-specific size probability distributions would then do the job: Older cities have conditional CSDs with higher means, since they are around for a longer time, and with an exponentially distributed mixing parameter (city age) the country's overall CSD would become a DPLN.

In Giesen and Suedekum (2012) we do not rely on such an exogenous age heterogeneity, but we consider an extension of the Eeckhout framework where an exponential age distribution across cities results endogenously. First of all, we allow for positive growth in the economy's overall population. For a given number of cities, this would imply decreasing welfare levels of time, ceteris paribus. Since negative size externalities prevail at the city level, having to fit more people into a given number of locations means that people would be worse off. We therefore consider a social planner who can create new cities, subject to a fixed resource cost per city (for housing, infrastructure, etc.). We show that the planner would create cities at a constant rate. More specifically, the optimal rate of city creation is equivalent to the population growth rate, which in turn smoothes welfare over time. With this time path for city creation, the city age profile endogenously converges to an exponential distribution. Since existing cities grow according to Gibrat's law, due to the random productivity shocks and perfect mobility of workers across cities, this in turn implies that city sizes asymptotically follow the DPLN distribution.

Constant growth in the number of cities is a natural outcome within our modelling framework, given that population grows at a constant rate as well. Still, it may be a delicate empirical issue because we typically do not observe persistent exponential growth in the number of cities within a country.

[12] Put differently, the *conditional* CSD, given the city's age, is a LN distribution, since size probability distributions are identical for all cities that have the same age. The *unconditional* CSD is a mixture of many LN distributions with parameters dependent on the cities ages.

However, recall that the crucial driver behind the exact functional form of the DPLN is the exponential city age distribution, which per se seems to be empirically much less implausible. That age distribution may also prevail if the number of cities does *not* grow at a constant rate over time, at least not persistently. In particular, suppose that city creation takes place only in an early phase of history where new settlements are developed. Say, in this early phase, the rate of city creation and the population growth rate are both constant. Then, at some point in time, say $\bar{t}$, population growth and city creation stop as the economy has now matured. At time $\bar{t}$, the city age profile is exponential and the oldest cities are, in expectation, the largest ones. Projected into the future, the city age distribution will remain a (shifted) exponential as cities get older in parallel. Also the differences in city sizes that exist in $\bar{t}$ will be projected into the future. In expectation, the largest cities in $\bar{t}$ will also be the largest one in $\bar{t}+1$, and so on. The overall CSD is thus still a mixture of heterogeneous city-specific size probability distributions, reflecting the size differences at $\bar{t}$, and will thus continue to follow a DPLN shape, though an increasingly fuzzy one given the variance of the idiosyncratic shocks to city productivity and size.

Summing up, in Giesen and Suedekum (2012) we have extended Eeckhout's (2004) urban growth framework and considered several realistic features that were missing in the baseline model: aggregate productivity growth, aggregate population growth, and most importantly, age heterogeneity across cities. The overall CSD implied by our more general model – the DPLN – is much closer to the data (in France and in other countries) than the theoretically implied CSD of the baseline version, the LN. In our model, the crucial element of age heterogeneity arises endogenously from constant growth in the number of cites. However, there are also other ways of getting at an exponential city age distribution.

6. CONCLUSIONS AND DISCUSSION

In this paper we have shown that the DPLN distribution provides an excellent fit to the French overall city size distribution, consistent with previous research for the urban systems in the US and other countries. Our research in this area can, in our view, potentially settle several controversies in the literature on urban growth and city size distributions.

There is still a lively debate how to parameterize overall CSDs, and especially about the relationship of this parameterization with the older literature on Zipf's law. If the "true" model of the CSD is a LN distribution, this would be bad news for the old Zipf literature. It would mean that researchers have made a systematic mistake for decades, by thinking that they have detected a power law for large cities, whereas in fact it was something else that only looks similar like a Zipfian power law. When the "true" model is the DPLN, there is no discrepancy between the old and the new literature on CSDs. The DPLN distribution actually features a power law in the upper tail, so previous research did not succumb to an illusion.

Other researchers have suggested alternative ways of bridging those literatures. In particular, Levy (2009), Ioannides and Skouras (2009) and Malevergne et al. (2011) have all suggested that an appropriate parameterization for the overall CSD should involve some combination of LN in the body and Pareto in the (upper) tail of the distribution. None of these authors have developed a theory-based distribution, however, that can be rationalized by an underlying urban growth model. This is the particular benefit of the DPLN distribution. We can make explicit not only the stochastic foundations of the DPLN, but even provide a fully micro-founded economic model in which city sizes endogenously converge to this overall CSD. The distributional properties of the DPLN are similar in spirit to the ad-hoc functional forms advocated by the other authors, but even slightly more flexible than a rigid convex combination of LN and Pareto.

Another key advantage of the DPLN is that it delivers a very good fit for many different data sets. In Giesen and Suedekum (2012) we show that the the LN parameterization may be well suited to match the US Census places data, but it fails miserably to match the overall CSD when using the recently developed “area clusters” data by Rozenfeld et al. (2008, 2011) where cities are economically and not administratively defined. The DPLN, however, fits the overall CSD for both definitions very closely. In this paper, we have focussed on the French case, and showed that France is no exception in this respect.

In fact, the data fit of the DPLN is actually much better for France than for the US administrative city units, the Census places. Having described the underlying model(s) of the LN and the DPLN, we can even hypothesize why this is the case. According to our theoretical framework, the country's overall CSD should have a more distinctive DPLN pattern the stronger is the age heterogeneity across cities within that country. If all cities were equally old, our model would predict that the CSD becomes again a LN. If some cities are much older than others within the country, however, there is a distinctive power law pattern in the upper tail and the cities located in the upper tail should on average also be much older than the cities in the bottom range of the size distribution.

Systematic empirical research on the age profile of cities within and across countries is still a largely neglected topic in urban economics, probably because reliable data on city creation dates are difficult to obtain. There are some marvellous recent attempts in this direction, e.g. the works by Bosker and Buringh (2011) and Bosker et al. (2012) that should be pushed further much more. Also there is little empirical work on the evolution of the number of cities in a country, particularly when small settlements ought to be included in the analysis. Notable exceptions include Henderson and Wang (2007) or Gonzáles-Val (2010). However, even if a full empirical analysis is beyond the scope of this paper, comparing France and the US in terms of the age heterogeneity of their cities is a relatively easy exercise. The oldest American city is probably Jamestown, VA, which was founded in 1607. The French urban system is much older, so in short, age heterogeneity across cities is much stronger in France than in the US. Consistently, we find that the DPLN outperforms the LN by a higher margin in France.

REFERENCES

Ades, A., Glaeser, E., 1995. Trade and Circuses: Explaining Urban Giants. *Quarterly Journal of Economics* 110, 195–228.

Bosker, M., Buringh, E., van Zanden, J.L., 2012. From Baghdad to London: Unravelling Urban Development in Europe and the Arab World 800-1800, forthcoming: *Review of Economics and Statistics.*

Bosker, M., Buringh, E., 2011. City Seeds: Geography and the Origins of European Cities, *CEPR Discussion Paper 8066.*

Cheshire, P., 1999. Trends in Sizes and Structures of Urban Areas. *Handbook of Regional and Urban Economics 3*, 1339-1372.

Eeckhout, J., 2004. Gibrat's Law for (All) Cities. *American Economic Review* 94, 1429-1451.

Eeckhout, J., 2009. Gibrat's Law for (All) Cities: Reply. *American Economic Review* 99, 1676-1683.

Gabaix, X., 1999. Zipf's Law for Cities: An Explanation. *Quarterly Journal of Economics* 114, 739-767.

Gabaix, X., Ibragimov, R., 2011. Rank-1/2: A Simple Way to Improve the OLS Estimation of Tail Exponents. *Journal of Business Economics and Statistics* 29, 24-39.

Gabaix, X., Ioannides, Y., 2004. The Evolution of City Size Distributions. In: Henderson, V., Thisse, J. (Eds.), *Handbook of Regional and Urban economics,* Vol 4. Amsterdam: North-Holland.

Gan L., Li D., Song S., 2006. Is the Zipf Law Spurious in Explaining City Size Distributions? *Economics Letters* 92, 256-262.

González-Val, R., 2010. The Evolution of US City Size Distribution from a Long Term Perspective (1900-2000). *Journal of Regional Science* 50, 952-972.

Giesen, K., Suedekum, J., 2012. The Size Distribution Across All "Cities": A Unifying Approach. *CESifo Working Paper* 3730.

Giesen, K., Suedekum, J., Zimmermann, A., 2010. The Size Distribution Across All Cities - Double Pareto Lognormal Strikes. *Journal of Urban Economics* 68, 129-137.

Henderson, J., Wang, H., 2007. Urbanization and City Growth: The Role of Institutions. *Regional Science and Urban Economics* 37, 283-313.

Ioannides, Y., Skouras, S., 2009. Gibrat's Law for (All) Cities: A Rejoinder. Tufts University, *Economics Department Discussion Paper.*

Kass, R., Raferty, A., 1995. Bayes Factors. *Journal of the American Statistical Association* 90, 773-795.

Levy, M., 2009. Gibrat's Law for (All) Cities: Comment. *American Economic Review* 99, 1672-1675.

Malevergne, Y., Pisarenko, V., Sornette, D., 2011. Testing the Pareto Against the Lognormal Distributions with the Uniformly Most Powerful Unbiased Test Applied to the Distribution of Cities. *Physical Review* E 83, 036111.

Mitzenmacher M., 2004. A Brief History of Generative Models for Power Law and Lognormal Distributions. *Internet Mathematics* 1, 226-251.

Nitsch V., 2004. Zipf Zipped. Journal of Urban Economics 57, 86-100.

Reed, W., 2001. The Pareto, Zipf and Other Power Laws. *Economic Letters* 74, 15-19.

Reed, W., 2002. On the Rank-Size Distribution for Human Settlements. *Journal of Regional Science* 42, 1-17.

Reed, W., Jorgensen, M., 2004. The Double Pareto-Lognormal Distribution - A New Parametric Model for Size Distribution. *Communications in Statistics* 33, 1733-1753.

Rosen, K., Resnick, M., 1980. The Size Distribution of Cities: An Examination of the Pareto Law and Primacy. *Journal of Urban Economics* 8, 165-186.

Rozenfeld, H.D., Rybski, D., Andrade Jr., J.S., Batty, M., Stanley, H.E., Makse, H.A., 2008. Laws of Population Growth. *Proceedings of the National Academy of Sciences U.S.A.*, 105, 18702–07.

Rozenfeld, H.D., Rybski, D., Makse, H.A., Gabaix, X., 2011. The Area and Population of Cities: New Insights from a Different Perspective on Cities. *American Economic Review* 101, 2205-2225.

Soo, K., 2005. Zipf's Law for Cities: A Cross-Country Investigation. *Regional Science and Urban Economics* 35, 239-263.

LA DISTRIBUTION RANG-TAILLE DE TOUTES LES VILLES FRANÇAISES : UN ESSAI D'ÉVALUATION

Résumé - *Cet article propose d'étudier la distribution rang-taille de toutes les villes françaises en 2008, en incluant les plus petites localités. La distribution rang-taille des plus grandes villes françaises suit la loi de Zipf, sauf Paris qui, par son poids démographique, s'écarte de cette distribution canonique. Si l'on considère l'ensemble des villes la loi de Zipf n'est plus valide, et une distribution lognormale semble plus adaptée. Néanmoins, la meilleure adéquation est donnée par une distribution double Pareto lognormale (DPLN), ce qui correspond à des résultats obtenus sur les Etats-Unis et d'autres pays. Les implications théoriques de ce résultat sont discutées dans cet article.*

Mots-clés : DISTRIBUTION RANG-TAILLE DES VILLES, LOI DE ZIPF, LOI DE GIBRAT, DISTRIBUTION DOUBLE PARETO LOGNORMALE.

REGARDS SCIENTIFIQUES CROISÉS SUR LA HIÉRARCHIE DES SYSTÈMES DE PEUPLEMENT : DE L'EMPIRIE AUX SYSTÈMES COMPLEXES

Lena SANDERS

Résumé - *L'objectif de cette contribution est de mettre en vis-à-vis les travaux de différents champs disciplinaires pour comparer, d'une part, les interprétations avancées des régularités et des écarts relativement à la loi de Zipf, et, d'autre part, les cadres théoriques adoptés pour identifier les mécanismes à l'origine de l'organisation hiérarchique des systèmes de peuplement. Dans une première étape est proposée une grille d'analyse de la loi de Zipf fondée sur son niveau de généricité. La deuxième étape examine les différentes interprétations données des distributions empiriques, que celles-ci soient conformes à la loi considérée (log-normale ou Pareto suivant les auteurs) ou s'en écartent (distributions identifiées comme systématiquement convexes ou primatiales). La troisième étape est consacrée aux modèles de simulation ayant pour but de reproduire l'émergence d'une certaine organisation rang-taille dans un système de peuplement. La littérature sur le sujet est dense et le parti pris a été de s'appuyer sur des applications variées en termes d'échelles, d'espaces et de périodes (préhistoriques ou contemporains, urbains ou régionaux).*

Mots-clés : SYSTÈME DE PEUPLEMENT ; LOI DE ZIPF ; SYSTÈMES COMPLEXES ; INTERACTIONS SPATIALES ; ÉMERGENCE ; ARCHÉOLOGIE

Classification JEL : B29, C23, C38, R12

* UMR Géographie-cités - lena.sanders@parisgeo.cnrs.fr

1. INTRODUCTION

L'organisation hiérarchique des systèmes de peuplement est un objet d'étude, à la fois ancien et extraordinairement persistant, intéressant plusieurs disciplines, la géographie, l'économie, les sciences régionales, mais aussi l'archéologie. Les travaux dans ce domaine sont d'une grande diversité, tant sur le plan empirique que théorique. Certains cherchent à tester le caractère universel de la relation rang-taille, en particulier des systèmes de villes, la référence de la plupart des travaux étant la loi de Zipf (1949), avec un coefficient de Pareto égal à 1. D'autres s'intéressent au contraire aux différentes formes d'écart à cette relation, cherchant d'une part à identifier la significativité de ces écarts (Savage, 1997) et d'autre part à repérer des régularités dans des distributions convexes ou primatiales (Berry, 1961 ; Drennan et Peterson, 2004). Dans les deux cas, qu'il s'agisse d'une distribution en adéquation avec la loi de Zipf ou s'en écartant, il s'agit de réfléchir à l'interprétation empirique des distributions observées et à l'explication théorique de leur émergence à l'aide de modèles analytiques ou de simulation.

Les systèmes de peuplement sur lesquels se penchent les disciplines évoquées plus haut sont de nature variée : alors que géographes et économistes étudient les systèmes de villes de pays ou de grandes régions du monde (Batty, 2001 ; Berry, 1961 ; Carroll, 1982 ; Guérin-Pace, 1995 ; Moriconi-Ebrard, 1993 ; Pumain, 1982 ; Rosen et Resnick, 1980 ; Shepard, 1982, parmi d'autres), les applications des archéologues concernent le plus souvent des échelles plus locales (Drennan et Peterson, 2004 ; Johnson, 1980 ; Pearson, 1980 ; Smith, 2005, par exemple). Les premiers centrent clairement leurs travaux sur des systèmes dits *urbains*, avec une discussion critique sur le seuil pertinent pour définir des entités urbaines qui fassent sens (Haggett, 1965 ; Berry, 2011), alors que les seconds considèrent parfois les niveaux les plus fins du système de peuplement (Pearson, 1980). La distribution rang-taille est ainsi utilisée comme outil, et la loi de Zipf comme référence, pour des objets d'étude de nature différente, les applications concernant aussi bien les époques contemporaines et historiques que les époques plus lointaines, des groupes de chasseurs cueilleurs aux sociétés pré-colombiennes (Grove, 2010). Il est de ce fait intéressant de mettre en vis-à-vis les travaux émanant de ces différentes communautés disciplinaires pour comparer : (i) les interprétations qu'ils proposent des régularités et des écarts relativement à la loi de Zipf ; (ii) la nature des modèles développés pour identifier les mécanismes qui conduisent à l'émergence d'une organisation rang-taille ; (iii) le cadre théorique adopté pour développer ces modèles.

L'objectif de cette contribution est ainsi de rendre compte et de discuter des différentes pratiques des chercheurs dans leur utilisation de la relation rang-taille pour interpréter l'organisation hiérarchique des systèmes de peuplement auxquels ils s'intéressent, et pour identifier les processus conduisant à l'émergence, au maintien, ou à la disparition d'une organisation régulière. Beaucoup de positions contradictoires coexistent dans une littérature à la fois dense et variée sur le sujet, avec des applications concernant une diversité d'échelles, d'espaces et de périodes. L'objectif est davantage de donner une idée de la diversité des points de vue que de mettre en avant un consensus. On montrera d'ailleurs qu'au-delà de la diversité tant dans la nature des systèmes étudiés (préhistoriques ou contemporains, urbains ou régionaux), que dans la récurrence de distributions de type Zipf (fréquentes pour les systèmes de villes contemporains, rares pour les systèmes étudiés par les archéologues), et en matière de sources (statistiques sur les populations pour les économistes et géographes, traces et vestiges matériels pour les archéologues), la teneur des débats scientifiques montre de nombreuses similitudes.

On procédera en trois étapes. La première consistera à proposer une grille d'analyse fondée sur le type d'explications mobilisées et en particulier leur niveau de généricité. On distinguera, à une extrémité, celles ancrées dans le contexte historique, politique et social du système considéré, et à l'autre celles faisant référence aux comportements des systèmes complexes de façon générale (section 2). Dans un deuxième temps, on utilisera cette échelle d'abstraction pour examiner les différentes interprétations que proposent les chercheurs des distributions observées dans leurs travaux empiriques. On s'intéressera aussi bien aux interprétations données aux distributions conformes à la loi considérée (log-normale ou Pareto suivant les auteurs) qu'aux raisons données aux écarts à une telle régularité, ou encore à la récurrence de distributions identifiées comme systématiquement convexes ou primatiales (section 3). La troisième étape sera consacrée aux modèles de simulation ayant cherché à reproduire l'émergence d'une organisation rang-taille correspondant à la loi de Zipf dans un système de peuplement (section 4).

2. PLUSIEURS NIVEAUX D'ABSTRACTION DANS L'INTERPRÉTATION DE LA RELATION RANG-TAILLE

Les premiers travaux s'intéressant à la relation entre la taille des villes et leur positionnement dans la hiérarchie urbaine datent du début du 20e siècle, et se fondent notamment sur le cas des Etas-Unis (Auerbach, 1913 ; Lotka, 1925). L'accent est alors mis sur la forme de la fonction liant la taille de ville et son rang, et non sur l'interprétation de la régularité associée. Les travaux de Zipf (1949) sont le point de départ d'une littérature abondante cherchant à multiplier les cas d'application. La loi de Zipf qualifie les distributions de type :

$$P = k\,r^{-1}$$

où P désigne la population, r le rang et k une constante.

Le passage aux logarithmes produit une droite de pente (-1). Le constat est d'abord empirique et l'interprétation de la régularité observée a été proposée a posteriori, de manière intuitive (Pumain, 2006), comme émanant d'un équilibre entre forces d'agglomération et de dispersion. Nombreux auteurs, en particulier les économistes de la Nouvelles Economie Géographique (NEG), ont exprimé leur perplexité face au décalage entre la force de la régularité empirique et la faiblesse du cadre théorique et des explications sur les mécanismes qui la produisent. Le titre « Confronting the Mystery of Urban Hierarchy » d'un article de Krugman (1996) est révélateur, et il y exprime « the frustrating position of having a striking empirical regularity with no good theory to account for it." Brakman et al. (1999) soulignent combien il est rare en économie de trouver des relations empiriques qui « méritent d'être appelées « lois » » et que la loi de Zipf est une exception notable.

Comprendre la relation rang-taille représente donc un enjeu pour la plupart des chercheurs, qu'ils soient économistes, géographes ou archéologues. Les stratégies sont en revanche diverses : (i) identifier les mécanismes sous-jacents à cette organisation et les formaliser de manière analytique ou dans un modèle de simulation; (ii) repérer d'éventuelles régularités statistiques dans la relation entre la forme de la distribution et les autres caractéristiques des systèmes étudiés ; (iii) donner du sens, par l'argumentation, à une forme de distribution observée, ou à la différence de forme entre différents systèmes de peuplement ou d'un même système à différentes périodes de temps. On peut distinguer différents niveaux d'abstraction dans les explications proposées :

- les explications *contextuelles* : elles sont spécifiques au cas précis étudié. Le spécialiste du domaine (géographe, économiste, ou archéologue) cherche à identifier quel contexte précis, quelles formes d'organisation et/ou d'enchaînement d'événements, ont conduit à une organisation du peuplement qui suit une loi de Zipf, ou au contraire s'en écarte. Une telle approche est souvent utilisée pour comparer un même système à deux ou plusieurs dates, en mettant en relation un changement de distribution rang-taille avec un changement sociétal, ou pour comparer différents systèmes de peuplement en interprétant des différences de distribution rang-taille en termes de différences de structuration ou de fonctionnement (politique, économique) des sociétés concernées. En archéologie, une distribution convexe qui devient log-normale pourra par exemple être mise en relation avec une stratification sociale plus accentuée alors qu'en économie et géographie, ce changement sera par exemple mis en relation avec l'amélioration des infrastructures de transport. Ce type d'explication réfère à un contexte spatio-temporel précis et nombreux sont les chercheurs, de l'ensemble des disciplines, à le remettre en cause étant donné l'énorme diversité des contextes menant à une distribution rang-taille similaire du système de peuplement (Berry, 1961 ; Shepard, 1982 ; Pearson, 1980 ; Dittmar, 2010).

- les explications *systémiques* : à un niveau de généralité plus élevé on trouve les explications faisant référence au *niveau d'intégration* du système de peuplement, c'est-à-dire aux échanges entre les entités de peuplement, ces échanges étant appréhendés de manière diverse dans les différentes applications. La définition de Johnson (1980) est souvent citée : "the extent to which people, materials and information flow within a system of settlements". L'intégration est ainsi vue comme l'existence de flux (information, matériels, de personnes) entre les différentes entités de peuplement. Plus ces échanges sont importants, plus le système sera considéré comme intégré, avec comme corollaire des taux de croissance indépendants de la taille des villes et non autocorrélés : « Les modalités de croissance s'appliquent à des systèmes de villes intégrés, c'est-à-dire soumis à des contrôles relativement unifiés de leurs interactions » (Pumain, 2007).

- les explications *génériques* : se fondant sur le constat d'une extrême diversité de situations politiques, économiques et sociales correspondant à des distribution rang-taille similaires (qu'elles correspondent à la loi de Zipf ou qu'elles soient convexes ou primatiales), plusieurs auteurs défendent l'idée de passer à d'autres niveaux d'explication, plus génériques. Grove (2011) souligne ainsi qu'une structure qui existe à la fois dans les sociétés de chasseurs-cueilleurs et les sociétés industrielles occidentales conduit «... to the unfortunate possibility of each power-law distributed dataset being explained by a different, instance-specific ad hoc hypothesis, and erodes the potential for genuine, generic explanation of the commonalities observed ». Pumain (2006) préconise ainsi la recherche d'une explication générale des structures hiérarchiques, valide pour des objets de nature différente, émanant des sciences de la nature et des sciences sociales. Pour ce faire plusieurs chercheurs mobilisent la théorie des systèmes complexes et les concepts de chaos borné, de criticalité auto-organisée, de maximisation de l'entropie, pour expliquer la récurrence de la loi puissance dans la distribution des tailles des populations.

Ces différents registres d'explication sont liés et ne s'excluent pas les uns les autres. Suivant leur ancrage thématique et théorique, la plupart des auteurs privilégient cependant un de ces niveaux, et ce quel que soit le champ disciplinaire. Les uns souhaitent produire des connaissances sur *un* système de peuplement précis, les autres sur le fonctionnement des systèmes de peuplement de façon générale.

Le champ étant large, le parti est pris de ne pas viser l'exhaustivité dans la suite de cette contribution mais de privilégier les approches mobilisant les concepts d'*interaction* et d'*intégration*. Ces deux concepts permettent en effet de faire le lien entre les différents registres d'explication mobilisés et concernent de ce fait à la fois les travaux empiriques et de modélisation. De plus ils sont conceptuellement liés, la notion d'intégration étant à mettre en relation avec la forme et l'intensité des interactions entre les entités d'un système.

3. INTERPRÉTATION EMPIRIQUE D'UNE DISTRIBUTION RANG-TAILLE : DIVERSITÉ DES POINTS DE VUE

Dans chacun des domaines d'application, économie, géographie, et archéologie, les interprétations empiriques font appel aux deux premiers niveaux d'explication décrits plus hauts. On peut distinguer les travaux mettant l'accent sur la généralité de la relation rang-taille, explorant sa validité en des lieux et des périodes différentes et soulignant la portée heuristique de la comparaison des pentes de ces relations (Batty, 2001 ; Guérin-Pace, 1995 ; Moriconi-Ebrard, 1993 ; Pumain, 1982 ; Schaffar, 2009) et les travaux qui s'intéressent explicitement aux écarts à la loi de Zipf (Dittmar, 2010 ; Drennan et Peterson, 2004 ; Smith, 2005). Ces écarts fournissent en effet aussi des clés pour donner du sens à cette régularité, identifier les facteurs la faisant émerger, réfléchir à la nature des contraintes qui peuvent l'empêcher. Johnson (1980) souligne ainsi que l'étude des cas présentant une convexité va éclairer sur les « conditions suffisantes » pour que se développe une distribution log-normale. D'une façon générale les économistes se sont davantage penchés sur le caractère universel de la loi de Zipf, multipliant les études empiriques permettant de le vérifier, et recherchant le modèle analytique permettant de l'expliquer, alors que les archéologues, travaillant sur des peuplements de plus petite taille, pas forcément urbains, ont davantage mis au point des outils permettant d'analyser différentes formes d'écarts à cette loi. Cette division des tâches n'est cependant pas systématique comme le montreront certains des exemples mobilisés.

3.1. D'une explication locale à une explication systémique

De nombreux thématiciens appliquant la relation rang-taille à leur terrain de recherche ont cherché à expliquer la plus ou moins bonne adéquation de la distribution observée à la loi de Zipf en fonction des caractéristiques du système étudié, référant à des phénomènes sociaux différents suivant les disciplines. Les travaux reposant sur une approche comparative surtout ont donné lieu à des interprétations a posteriori des raisons sous-jacentes à un changement ou à une différence. Les explications sont alors ancrées dans l'argumentaire du thématicien, elles sont le plus souvent riches du point de vue thématique, mais présentent un fort risque de surinterprétation. Chaque discipline en fournit de nombreux exemples et de nombreux auteurs mettent en évidence le besoin de passer à un autre niveau d'explication moins dépendant d'un contexte socio-économique particulier.

Déjà en 1961 Berry remettait en cause des idées reçues sur la relation entre la forme de la distribution des tailles de villes et le niveau de développement économique des pays concernés, stipulant qu'une distribution rang-taille log-normale serait le signe d'un système de villes intégré et caractéristique des pays économiquement développés, alors qu'une distribution primatiale caractériserait les pays en développement anciennement colonisés (Berry, 1961). S'appuyant sur un échantillon de 38 villes aux comportements rang-taille variés, Berry montre qu'il n'y a aucune relation statistique entre ces comportements et le niveau d'urbanisation ou le niveau de développement économique.

La distribution log-normale correspond, à l'inverse, à une situation où les forces sont nombreuses et agissent dans des sens variés, où le système économique est complexe, ce qui est le cas des pays anciennement urbanisés, développés et de grande superficie. Berry soulignait ainsi la multiplicité des causes possibles derrière une distribution donnée, et la nécessité de considérer l'existence de plusieurs forces opérant simultanément plutôt que d'envisager une cause unique comme cela était souvent fait. Cette multiplicité est également sous-jacente dans les travaux réalisés par Dimou et Schaffar (2007) sur la distribution des tailles de villes dans les Balkans. Dans le cadre d'un travail portant sur les méthodes d'estimation du coefficient de hiérarchisation, ils montrent la persistance de la loi de Zipf dans un contexte mouvant, enregistrant d'énormes bouleversements politiques et démographiques (migrations).

Les applications en archéologie sont plus tardives mais la loi rang-taille devient rapidement un outil d'analyse des systèmes de peuplement anciens (Smith, 2005) et les archéologues se joignent aux géographes et économistes dans le débat sur le sens de la régularité. Leurs travaux ont aussi donné lieu à des surinterprétations. Plutôt qu'indicatrices d'un niveau de développement économique, la régularité rang-taille était souvent interprétée par les archéologues comme correspondant à l'émergence d'élites, à une stratification sociale plus avancée et à une plus forte centralisation du pouvoir (Kowalewski, 1990 ; Smith, 2005). Selon Grove (2011) cette interprétation est influencée par les travaux portant sur les sociétés complexes pré-colombiennes ou chinoises. Mais Grove questionne ces interprétations, demandant quels seraient les mécanismes amenant ces facteurs à influer sur la distribution des tailles de peuplement. Le fait de trouver des régularités similaires pour des sociétés ni complexes ni stratifiées suggère « that a deeper underlying social process may be in operation » (Grove, 2011).

Les différentes disciplines ont ainsi eu à faire face au phénomène de surinterprétation, la nature de celle-ci variant en fonction de l'ancrage disciplinaire, et nombreux auteurs appellent à rechercher des mécanismes explicatifs plus génériques. Le travail sur les écarts à la loi de Zipf permet également de mettre en évidence la multiplicité des facteurs en jeu.

3.2. Intérêt pour les écarts à la loi de Zipf : quel sens donner à des distributions convexes et primatiales ?

Très tôt les chercheurs ont dépassé le simple constat d'une non adéquation à la loi de Zipf en spécifiant la forme et l'intensité des écarts et en interprétant leurs sens pour les systèmes de peuplement concernés. Certains auteurs se sont intéressés prioritairement à la primatie, situation où la plus grande ville est plus grande que ne le ferait attendre la loi. Berry (1961) a ainsi élaboré un modèle graphique pour décrire le passage entre une organisation rang-taille complètement primatiale vers une organisation log-normale, en passant par différentes formes d'intermédiarité. Il interprète la distribution primatiale comme correspondant à une situation où peu de forces sont en jeu et où l'on est face à un système simple : un système petit en dimension et/ou simple au niveau économique et politique, ou encore qui a une histoire d'urbanisation récente. Berry évoque comme exemples la capitale d'empire ou la capitale émergeant dans un pays neuf. Le modèle illustre graphiquement les différents stades de l'évolution, avec une diversification progressive des tailles de villes et l'émergence à terme d'une distribution log-normale, correspondant à ce qu'il interprète comme une situation où les forces sont nombreuses et agissent dans des sens variés, où le système économique est complexe, en général les pays développés, d'urbanisation ancienne et de grande superficie.

Travaillant sur les systèmes de peuplement préhistoriques, Pearson (1980) s'intéresse également aux distributions primatiales et propose une discussion critique sur leur interprétation à partir de la comparaison de trois cas : le peuplement de la vallée des Mimbres dans le sud-ouest de New Mexico entre 1000 et 1200; le peuplement des plaines de Diyala (Iraq) vers 2800 av. J.C.; le peuplement de Ossabaw Island (Georgie) entre 1350 et 1550. Il souligne la très grande similarité des trois organisations rang-taille correspondantes, toutes trois primatiales, avec une ville relativement grande et les suivantes obéissant à une distribution log-normale. Alors que les systèmes culturels associés sont différents en termes de complexité, de structure et d'organisation, ces différences ne sont pas reflétées dans les formes des distributions rang-taille. Sa démarche est ainsi conceptuellement proche de celle de Berry (1961), la différence étant qu'il compare exclusivement des systèmes à distribution primatiale. Sa conclusion est similaire, préconisant la recherche d'explications plus génériques.

Johnson (1980) s'intéresse, à l'inverse, aux distributions présentant une convexité, i.e. où les entités de peuplement les plus grandes sont de taille moindre que ne le ferait attendre la distribution log normale. Partant de six cas empiriques correspondant ici encore à des terrains extrêmement variés, avec des taille de population allant de 1000 à 800 000 habitants, des superficies correspondant à un rapport de 1 à 1500, et des périodes allant de 2800 av. J.C. au 18e siècle (pour l'Amérique coloniale) et 19e siècle (pour l'Inde), il met en évidence une distribution convexe du peuplement pour chacun des six cas. Il construit ensuite un argumentaire pour expliquer en quoi chacun de ces cas correspond à un système qu'il qualifie de peu intégré. Il fait l'hypothèse que la convexité relève d'un même processus sous-jacent, avec une inhibition de la loi log-normale due au faible degré d'intégration du système de peuplement. Cette hypothèse implique que si l'intégration du système augmente, la convexité devrait diminuer. Il illustre une évolution de ce type avec deux cas, Susiana en Iran, entre 3800 et 3400 av. J.C. et les Etats-Unis entre 1750 et 1850. Dans le premier cas il fait un parallèle entre le changement de distribution et l'unification politique qui aurait eu lieu au cours de la période. Pour le cas des Etats-Unis il base son argumentaire sur des mesures d'échanges entre les villes, avec l'hypothèse que les échanges vont être contraints (et donc moins importants) dans un système peu intégré, quelles que soient les raisons de cette faible intégration (coexistence de plusieurs systèmes autonomes, formes de compétitions entre les villes etc.). Cependant, si une faible intégration implique de faibles flux de marchandises, l'auteur souligne qu'une forte intégration n'implique pas nécessairement qu'il existe des flux de marchandises importants. Deux questionnement inter-reliés ressortent de cette application : quelle est la nature de l'intégration en jeu, et quels sont les critères qui permettraient de la mesurer ?

Pour l'archéologue la distribution rang-taille est ainsi devenue un outil privilégié pour explorer « causes and implications of deviations from log-normal distributions » (Smith, 2005). Certains travaux conceptualisent ces distributions, caractérisent la forme des écarts, les qualifiant, les classifiant (plus ou moins primatiales ou convexes) et proposent des formalisations permettant de mieux identifier ces formes. Drennan et Peterson (2004) proposent ainsi un coefficient qui mesure la forme d'une distribution rang-taille et quantifie l'intensité et la significativité de sa convexité ou concavité. Ils insistent d'ailleurs sur l'intérêt heuristique de comparer entre elles les courbes plutôt que de discuter de l'importance de l'écart à une log-normale. D'autres comme Savage (1997) insistent sur la nécessité de s'assurer qu'une différence observée à partir de graphiques reflète bien une différence significative. Cette vérification est d'autant plus nécessaire que les archéologues consacrent beaucoup d'efforts pour interpréter et donner du sens aux écarts entre les distributions observées et la loi de Zipf.

L'intérêt pour les écarts à la loi de Zipf a aussi mobilisé économistes et géographes. Dittmar (2010) prend ainsi le contre-pied de la plupart des économistes en s'intéressant au contexte qui permet l'émergence de la loi de Zipf dans les systèmes de villes en Europe. Il adopte une double perspective comparative, dans le temps en s'intéressant à la période 1300-1800 et dans l'espace en distinguant les systèmes de villes de l'Europe de l'Ouest et de l'Europe de l'Est. Comparant les distributions rang-taille, il constate que la distribution observée se distingue de la distribution de Zipf en 1300 pour s'en rapprocher à partir des années 1600, et présenter une excellente adéquation en 1800. Il met en relation cette émergence d'une distribution rang-taille de type Zipf avec une meilleure productivité et une accentuation des échanges, facteurs qui contribuent à diminuer le poids du foncier. Le système est ainsi libéré de contraintes foncières qui empêchaient la théorie de la croissance aléatoire de fonctionner, avec pour conséquence des grandes villes plus petites que ne le prévoyait la loi. Pour l'Europe de l'Est, l'émergence est décalée, décalage interprété comme dû au système de servage qui a entraîné des croissances différentielles des villes et conduit à un écart plus persistant à une distribution correspondant à la loi de Zipf. L'argumentation de Dittmar réfère ainsi à différents niveaux d'explication : il se situe d'emblée à un niveau générique, en faisant référence aux mécanismes de Gibrat (avec une croissance aléatoire de moyenne similaire pour l'ensemble des villes), et c'est l'absence du caractère aléatoire et uniforme des taux de croissance qu'il met en relation avec des facteurs explicatifs relevant des caractéristiques des sociétés concernées. L'esprit de son travail est ainsi proche de celui de Johnson en archéologie.

Brakman et al. (1999) proposent un argumentaire similaire pour les Pays-Bas, dont les 20 villes de plus de 10 000 habitants répertoriées en 1600 ont une distribution de taille relativement égale, reflétant suivant l'auteur l'absence d'un système urbain intégré. Cette absence se maintiendra jusqu'au milieu du 19e siècle. La pente de la droite rang-taille passe de 0,55 en 1600 à 1,03 en 1900 et ce passage est interprété comme le résultat d'une part du développement des infrastructures de transport qui vont faciliter les échanges entre les villes, et d'autre part d'une spécialisation plus accentuée qui va contribuer à favoriser la croissance des échanges entre les villes. Le coefficient correspondant à la pente descend ensuite à 0,7 en 1990, ce qui est interprété comme une augmentation des problèmes de congestion, freinant la croissance des plus grandes villes.

3.3. Point de vue ontologique sur la relation rang-taille

Les résultats empiriques d'une analyse rang-taille dépendent en premier lieu de la nature des entités que l'on observe, de l'ensemble que l'on considère, et de la façon dont on mesure les tailles respectives des entités. Pour identifier les villes par exemple doit-on utiliser des critères administratif, morphologique ou fonctionnel ? Comment délimite-t-on l'ensemble étudié afin de l'appréhender comme un système de villes qui fasse sens ? Schaffar (2009) rappelle que dans sa première application aux villes australiennes en 1949, Zipf avait interprété la déviation relativement à une distribution de Pareto par le fait qu'étaient assemblés deux ensembles de nature différente, les « communautés urbaines et rurales ». Haggett (1965), dans une critique du modèle de Berry de 1961, souligne que la loi rang-taille n'est valide que pour la partie « urbaine » du système de peuplement, et qu'en deçà d'un certain seuil de taille, elle n'a plus de sens. Pour boucler la boucle, Berry (2011), reprenant les grandes phases de la recherche sur les distributions rang-taille, remarque que l'attention des économistes de la NEG porte principalement aujourd'hui sur la validité de la loi de Gibrat et sur les qualités respectives des lois log-normale et de Pareto pour décrire la distribution des tailles des villes, occultant la question qui lui paraît essentielle: « What are the appropriate urban-regional units to which the size distribution models should be fitted ? ». Cette question de nature ontologique mobilise davantage la communauté des géographes, particulièrement sensible aux effets d'échelle. Berry reproche ainsi aux économistes d'utiliser dans leurs applications empiriques des entités ne correspondant pas aux aires de fonctionnement des villes, notamment pour le haut de la hiérarchie urbaine. Il montre ainsi l'intérêt de considérer des mégalopoles ou des régions urbaines composées de plusieurs unités urbaines. Les travaux de Bretagnolle et al. (2008) vont dans ce sens, utilisant des analyses d'accessibilité pour reconstruire des entités urbaines qui aient un sens comparable au cours du temps pour les Etats-Unis.

Les archéologues travaillent à de toutes autres échelles spatiales. La plupart de leurs travaux concernent l'échelle régionale, et certains de tout petits habitats. La superficie des sites est le plus souvent utilisée pour approximer la taille des villes (Marzano, 2011). Reprenant la littérature archéologique, Smith (2005) souligne que la loi rang-taille est souvent appliquée pour étudier des régions trop petites, dans lesquelles n'existe pas un fonctionnement de places centrales, condition nécessaire selon lui pour que la régularité rang-taille ait un sens. Il estime que certains archéologues ont ainsi utilisé cet outil dans des contextes non appropriés. Pearson (1980), s'intéressant aux systèmes de peuplement préhistoriques, souligne au contraire que les archéologues ont justement la capacité de s'intéresser plus particulièrement à ce qui se passe sous ces seuils de l'urbain et que la relation rang-taille est un outil opérationnel également pour ces objets là. Travaillant sur le peuplement de la Mésopotamie au 2e millénaire av. J.C., Ristvet (2008) montre quant à elle que les seuls vestiges matériels se révèlent insuffisants pour parvenir à délimiter un système de peuplement de manière cohérente et met en évidence la nécessité de considérer également le contexte politique et économique de la période considérée.

Ces exemples illustrent le rôle de l'échelle à laquelle on saisit un phénomène et l'absence de consensus dans ce domaine. La petitesse du territoire ou la prise en compte d'une partie seulement du système de peuplement sont souvent évoqués comme des explications d'une distribution primatiale (Grove, 2011). Pour Morrill (cité par Pearson, 1980), la distribution primatiale est d'ailleurs la configuration la plus économique pour occuper un petit territoire. La combinaison de plusieurs systèmes de peuplement indépendants, dont l'union ne constitue pas un véritable système (et présente de ce fait un niveau faible d'intégration) conduit au contraire à une distribution convexe (Grove,

2011 ; Johnson, 1980). C'est également le cas d'un système incomplet, dont les frontières sont par exemple situées à l'extérieur de la zone considérée (les villes d'une colonie par exemple). Avec l'hypothèse que le degré d'intégration est la clé de compréhension de la régularité de Zipf, l'échelle à laquelle on saisit un système ainsi que la délimitation des entités considérées jouent un rôle déterminant sur le résultat. Une conceptualisation poussée de ce qu'est le système s'avère ainsi incontournable avant toute application empirique de la relation rang-taille.

4. VERS DES EXPLICATIONS GÉNÉRIQUES : MODÈLES INSPIRÉS DES SYSTÈMES COMPLEXES

Les approches modélisatrices adoptées par les chercheurs pour rendre compte de l'existence et/ou de l'émergence d'une distribution de tailles de villes correspondant à la loi de Zipf sont de nature diverse, tant en termes d'hypothèses que de formalisme. En simplifiant le trait, une première distinction oppose les modèles statistiques de type Gibrat qui « fonctionnent » parfaitement dans la mesure où ils reproduisent des organisations rang-taille conformes à la loi de Zipf, mais sans expliquer pourquoi de telles distributions sont récurrentes, et les modèles micro-économiques, intégrant au contraire de nombreuses hypothèses explicatives en termes de comportements des agents économiques, mais ne réussissant pas à reproduire la distribution voulue. Un fait particulièrement perturbant pour les économistes est ainsi que les modèles qui produisent les distributions rang-taille les plus conformes à la loi reposent sur l'hypothèse que le taux de croissance est indépendant de la taille des villes alors que tous les modèles économiques de croissance stipulent l'inverse : « ... all existing economic models of cities involve returns that are anything but constant » (Fujita et al., 2001). Comparant différents modèles issus de la théorie urbaine, ces auteurs constatent que le modèle de Henderson (1988) ne conduit pas à une loi rang-taille, alors que d'autres, moins conformes aux théories néoclassiques, tel celui de Simon (1955), le font. L'objectif des économistes est de raccrocher la loi de Zipf à un modèle d'équilibre général, en rajoutant à celui-ci le mécanisme nécessaire. Brackman et al. (1999) montrent ainsi qu'en ajoutant des effets de congestion au modèle classique de la NEG, ils peuvent, grâce à la simulation (leur modèle n'a pas de solution analytique), reproduire la distribution souhaitée. Shepard a fait un constat critique de nature similaire à celui de Fujita et al. (2001) à propos de la place des interactions entre les villes dans les modèles plus agrégés développés en géographie. Il souligne que les modèles prenant en compte les effets des interactions spatiales pour expliquer les croissances différentielles entre les villes, ne conduisent pas nécessairement à une distribution rang-taille, alors que ces interactions jouent un rôle clé dans les hypothèses avancées par les géographes sur la croissance urbaine (Sheppard, 1982). Constatant que « ... the rank-size relationshipo can be arrived at from a wide range of specific situations », Shepard souligne ensuite l'importance de rechercher des mécanismes explicatifs plus génériques.

L'échec des modèles analytiques, qu'ils soient d'inspiration économique ou géographique, développés au niveau micro-économique ou agrégé (Grove, 2010 ; Wong et Fotheringham, 1999), a amené de nombreux auteurs à explorer d'une part la voie de la simulation (Axtell et Florida, 2006 ; Batty, 2001 ; Sanders et al., 1997) et d'autre part les apports théoriques des systèmes complexes (Griffin, 2011 ; Grove, 2010, 2011 ; Wong et Fotheringham, 1999 ; Pumain, 2007). Des processus très variés pouvant mener à l'émergence d'une relation rang-taille, plusieurs auteurs préconisent en effet d'adopter une démarche générique inspirée des théories des systèmes complexes, où les phénomènes de loi puissance sont nombreux. Il s'agit alors de confronter les lois associées à l'évolution de ces phénomènes à ce que l'on sait du fonctionnement des systèmes de peuplement, des points de vue empirique et théorique. L'esprit de la démarche de Shepard (1982) se retrouve ainsi dans nombreux travaux récents, ayant accès à d'autres formalismes (en particulier les systèmes multi-agents (SMA) et les automates cellulaires (AC)) et à d'autres concepts (systèmes complexes). Parmi les nombreux modèles existants, le choix a été fait ici de se concentrer sur les modèles mettant en jeu des hypothèses sur le rôle des interactions entre des agents économiques ou entre entités spatiales ou encore par l'intermédiaire de l'environnement, selon les approches. Ce choix offre une cohérence avec les interprétations abordées dans la partie précédente, centrées sur le lien entre la forme de la distribution rang-taille et le niveau d'intégration d'un système de peuplement.

4.1. Mobilité des individus, principes gravitaires et chaos borné

Wong et Fotheringham (1990) mobilisent le concept de chaos borné pour décrire les systèmes urbains, mettant en avant que la croissance de chaque ville relève d'une multitude de décisions (« the product of innumerable and often unpredictable decisions ») qui la rendent unique et imprévisible, alors que les types de configurations des systèmes urbains sont en nombre limité. Les auteurs interprètent la dimension fractale associée à la distribution des tailles de villes d'un système urbain comme une mesure du "degré d'imprédictibilité du processus sous-jacent". Faisant le lien entre la dimension fractale et le coefficient de Pareto, ils montrent que la valeur 1 associée à la loi de Zipf, correspond à une dimension fractale de 0.5 qui révèle un fort degré d'imprédictibilité.

Prenant appui sur cette argumentation théorique, ils proposent un modèle où la croissance des villes est issue d'un processus stochastique de migration rural-urbain. Procédant à plusieurs simulations, ils aboutissent à autant de situations finales, mais chacune de celles-ci correspond à la même distribution rang-taille, résultat cohérent avec ce que fait attendre un système au chaos borné. Le modèle est fondé sur les principes gravitaires dans la mesure où un migrant potentiel est « projeté » en une localisation choisie au hasard, un modèle de choix spatial permettant de déterminer son choix de destination en fonction de la taille des villes et de leurs proximités respectives. Notons que dans ce modèle, les mécanismes d'agglomération sont ainsi introduits explicitement, mais s'il s'inspire effectivement des principes gravitaires, ce modèle n'intègre aucune interaction directe entre les villes.

4.2. Modèle de fission/fusion et criticalité auto-organisée

Griffin (2011) et Grove (2011), de façon indépendante (pas de citations réciproques), fondent leur interprétation de la taille des groupes humains sur une réflexion à partir du modèle de fusion-scission qui manifeste des propriétés de criticalité auto-organisée[1] (Bak et al., 1987). Le premier s'inspire du modèle de feu de forêt, un des modèles emblématiques (avec celui du tas de sable) de la criticalité auto-organisée, dont une des signatures est la distribution puissance avec exposant -1 de la fréquence d'un phénomène (le nombre de feux par exemple) en fonction de son importance (le nombre de cellules touchées par le feu). Il fait un parallèle entre la dynamique produite par un modèle de diffusion du feu et les cycles de fusions (phase d'extension et de consolidation), et scissions (conflits de pouvoir, fragmentation politique) enregistrés par des communautés humaines (chefferies). Le peuplement est réparti sur une grille, les cellules vides représentant des territoires non contrôlés, séparant des ensembles de cellules adjacentes sous le contrôle du même groupe. Les groupes s'étendent spatialement et fusionnent lorsque leurs territoires se rejoignent. Tout comme l'étincelle allume le feu en une cellule (choisie de manière aléatoire dans un modèle AC) dans le modèle de feu de forêt, les mouvements de contestation interne émergent par hasard dans une communauté, conduisant à des scissions. Ce modèle permet de reproduire par simulations des distributions rang-taille oscillant entre forme convexe (après une scission) et primatiale (juste avant la scission), succession correspondant à ce que les archéologues ont pu reconstituer dans la vallée de Tiwanaku. Durant une période comprise entre 1500 av. J.C. à 100 après J.C. les centres urbains sont en formation et leur distribution est convexe, alors qu'entre 800 et 1000 ap. J.C. il y a une densification urbaine et un système bien intégré a émergé. Cette période est suivie par une nouvelle phase convexe, correspondant à une dispersion du peuplement après le déclin de Tiwanaku. Des oscillations du même type ont pu être observées ailleurs et l'auteur interprète la transition entre des distributions primatiale et convexe qu'il simule, comme le passage d'un système de peuplement présentant un fort niveau d'intégration entre le centre principal et les autres, à un peuplement se dispersant à partir du centre.

Grove se réfère également au modèle de fusion-scission, mais dans une perspective différente du point de vue des processus sociaux sous-jacents. Que ce soit dans les sociétés de chasseurs-cueilleurs ou dans les groupes sédentarisés, il existe plusieurs niveaux auxquels les groupes s'agrégent ou se séparent en différentes circonstances de la vie sociale, l'unité de base étant la cellule familiale. S'inspirant de travaux sur la taille des groupes formant différents réseaux sociaux (Zhou et al., 2005), il analyse, à partir de vestiges archéologiques, l'organisation sociale de la période du Bronze en Irlande. Pour caractériser la taille des groupes il utilise la circonférence des cercles de pierre (mégalithiques). Il montre la validité de la loi de Zipf pour l'âge de bronze (1600-800

[1] Il s'agit d'une théorie permettant d'interpréter des changements brusques dans un système, sans intervention de contrôle, sous l'effet du cumul de fluctuations aléatoires de faible ampleur. Cf. article de D. Provitolo dans Hypergeo : http://www.hypergeo.eu/

av. J.C.), et il conclut à l'existence d'une « hierarchically nested social system ». Contrairement aux autres exemples évoqués, il ne s'agit pas ici de lieux de vie, mais plutôt de réunions saisonnières, les cercles les plus larges correspondant aux réunions les plus rares, mais aussi les plus importantes (en nombre de participants et en portée géographique). Hamilton et al. (2007) suivent un raisonnement similaire pour appréhender l'organisation sociale des chasseurs-cueilleurs. Considérant une hiérarchie d'agrégats périodiques de ces populations en six niveaux (famille étendue, cérémonies, échanges matrimoniaux), ils s'intéressent au rapport entre la taille des groupes correspondant à deux niveaux successifs dans cette hiérarchie. Ils interprètent la constance de ce rapport comme la signature d'une structure auto-similaire, signifiant que la taille des groupes est issue d'un processus d'auto-organisation qui optimise les flux d'énergie, de matériaux, d'information entre les membres du groupe.

Ces auteurs suggèrent ainsi que la loi rang taille serait la signature d'un mécanisme sous-jacent de scission-fusion, ou de l'existence d'une structure sociale multi-niveaux plutôt que d'un processus d'urbanisation ou de centralisation du pouvoir. Ces auteurs concluent que l'analyse de la distribution rang-taille représente un excellent outil, dans une perspective dynamique, pour repérer le jeu de tels mécanismes.

4.3. Interactions bottom-up : une *condition suffisante* pour faire émerger une organisation rang-taille hiérarchisée

Les systèmes multi-agents (SMA) permettent de simuler l'émergence de structures spatiales et hiérarchiques à partir des interactions entre les agents de niveau élémentaire. Ils représentent donc une méthode privilégiée pour simuler l'émergence d'une distribution correspondant à la relation rang-taille, à partir de la formalisation des interactions entre individus ou agents économiques. Ces interactions peuvent opérer suivant différents intermédiaires, les ressources dans le modèle proposé par Batty (2001), les firmes pour celui de Axtell et Florida (2006) par exemple.

Le modèle de Batty repose sur un processus de marche aléatoire associé à des mécanismes d'apprentissage. Les agents se déplacent sur une grille où se trouvent des ressources. Celles-ci étant repérées ils retournent à leur lieu d'origine, en laissant une trace sur leur passage. Dans un système en croissance, les nouveaux agents (des migrants) doivent "apprendre" où se trouvent les ressources à partir de ces "traces". L'agent se déplace toujours dans le sens où l'interaction est la plus forte, i.e. là où les traces sont les plus nombreuses. D'abord émergent les chemins (avec une compétition entre les chemins), puis les concentrations d'agents (regroupements de cellules interprétés comme des zones urbaines). L'hypothèse est que ce sont les actions répétées, les petits feedback accumulés qui aboutissent à terme à une distribution en loi puissance du peuplement et à l'émergence d'une organisation « polynucleated » au niveau régional (Batty, 2001).

Dans le modèle de Axtell et Florida (2006), ambitionnant « to find out the first behaviorally-plausible, microscopic explanation of the city size distribution.. », les interactions entre les agents se font par l'intermédiaire des firmes. Les agents (1 million), hétérogènes quant à leur attrait pour les revenus et les loisirs, sont répartis sur 100 cellules. La distribution initiale est aléatoire : chaque agent a sa firme et un réseau social fixe de deux autres agents. Les agents changent de firme en fonction de leur utilité. Les simulations conduisent à l'émergence de « villes », correspondant aux cellules enregistrant une forte concentration d'agents et de firmes, dont la distribution des tailles est régulière.

Ces deux exemples illustrent comment des mécanismes sociaux différents mais reposant sur des interactions opérant au niveau individuel sont suffisants pour conduire à l'émergence d'une organisation rang-taille. Sans connaître les travaux de Batty, Axtell et Florida (2006) suggèrent dans leur conclusion que si d'autres modèles doivent conduire à l'émergence de la loi de Zipf, ils reposent sur les interactions au niveau micro entre des agents hétérogènes, stipulant que : « ...microeconomically distinct yet macroeconomically similar mechanisms is a consequence of *universality.* »

4.4. Interactions entre unités de peuplement : une *condition nécessaire* pour reproduire une hiérarchie rang-taille dans l'approche SimPop

Le modèle SimPop[2], développé avec un SMA, a pour objectif de simuler l'émergence progressive d'un système de villes hiérarchisé aux fonctions diversifiées en partant d'une situation initiale théorique représentant une répartition à peu près régulière de la population (Bura et al., 1996 ; Sanders et al., 1997). Ce modèle repose sur le concept d'agent-ville (Pumain et al., 2009 ; Sanders, 2010) et les règles sont définies au niveau de ces agents (interactions, échanges) et non d'agents-individus comme dans la plupart des applications des SMA en sciences sociales. La pente de la droite rang-taille avait été utilisée pour suivre le rythme du processus de hiérarchisation. La construction du modèle, en versions successives, a permis de repérer quels mécanismes étaient nécessaires et suffisants pour faire émerger et se maintenir une organisation rang-taille de type Zipf :

- la toute première version ne comportait pas d'interactions entre les entités de peuplement, celles-ci croissaient suivant un taux de croissance tiré aléatoirement dans une loi Normale de même moyenne. Les entités de peuplement atteignant un certain seuil acquéraient le statut de ville, et puisaient alors leurs taux de croissance dans une loi Normale ayant une moyenne un peu plus forte. Les villes atteignant un nouveau seuil, acquéraient un statut de ville de niveau supérieur, associé à un taux de croissance encore un peu plus élevé, etc. 2000 itérations de ce modèle très simple ne permettaient pas d'aboutir à une distribution rang-taille correspondant à la loi de Zipf, la pente de la loi rang-taille restait en effet très faible. Ce résultat se rapproche de celui de Bretagnolle et al. (1999), qui choisissent de se concentrer sur des simulations partant d'une situation initiale correspondant à la loi log-normale, i.e. déjà structurée, après avoir constaté qu'il était impossible de simuler l'émergence d'une loi de Zipf avec

[2] Développé au sein du laboratoire Géographie-cités : www.simpop.parisgeo.cnrs.fr

des *valeurs réalistes* de paramètres sur une période de 300 ans (alors qu'en théorie, la loi de Zipf émerge de n'importe quelle distribution initiale).

- dans une deuxième version, le taux de croissance des villes dépend de leurs échanges commerciaux. A chaque itération, chaque agent-ville propose sa production à l'ensemble des entités de peuplement se trouvant à sa portée (dont l'étendue dépend de son niveau de fonction), et chacun de ceux-ci fait état de sa demande à l'ensemble des villes productrices auxquelles elle a accès. Les portées des villes conduisent à des superpositions de leurs aires d'influence, ce qui se traduit par une concurrence entre les villes au sein du marché d'échanges. Ce modèle donne lieu à une hiérarchisation progressive des villes. Au bout d'un certain nombre d'itérations cependant, le degré de hiérarchisation se stabilise, et cette stabilisation s'accompagne d'une stagnation du système.

- dans une troisième phase, la possibilité d'acquérir de nouvelles fonctions a été introduite dans le modèle, entraînant la poursuite du processus de hiérarchisation, avec une pente de la droite rang-taille continuant d'augmenter.

Les résultats des simulations étaient variés, dépendant des conditions initiales et des valeurs des paramètres, mais les constantes étaient les suivantes :

- sans interactions entre les entités de peuplement, le processus de hiérarchisation ne se mettait pas en place et les pentes restaient toujours très faibles ;

- l'introduction d'interactions et de leurs effets sur le taux de croissance conduit toujours à une hiérarchisation, qui s'estompe seulement quand le système n'offre plus la possibilité d'acquérir un nouvel avantage dans la compétition pour la croissance. La possibilité d'acquérir de nouvelles fonctions différenciatrices conduit en revanche le système à poursuivre le processus de hiérarchisation. Ce résultat est cohérent avec les résultats empiriques montrant la faible hiérarchisation des systèmes où les taux de croissance des villes sont peu différenciés (Dittmar, 2010).

CONCLUSION

La diversité des travaux, tant empiriques que s'inspirant des théories des sciences de la complexité, met en évidence l'intérêt d'adopter une approche combinant plusieurs points de vue. La plupart des travaux évoqués dans cette contribution cherchent à expliquer la forme (ou le changement de forme) d'une distribution rang-taille donnée, qu'elle suive la loi de Zipf ou qu'elle soit significativement primatiale ou convexe. Ces travaux suggèrent qu'une réflexion se fondant sur un cheminement entre plusieurs niveaux d'abstraction devrait permettre une interprétation plus subtile que celle s'inscrivant dans un niveau unique, même s'il s'agit du plus universel. Par ailleurs, lorsque l'on s'intéresse à un système de peuplement, on aurait avantage à considérer la relation de Zipf comme un critère parmi d'autres, ce qui conduirait à mettre davantage l'accent sur ces autres. Que les sources soient des vestiges archéologiques ou des données statistiques, l'organisation spatiale des entités en fonction de leur taille est un facteur à prendre en compte, tout autant que l'intensité et la nature des différentes formes d'interactions opérant entre elles, que l'information soit qualitative ou quantitative. Les pratiques des différentes disciplines sont source d'inspiration pour diversifier les approches, qu'il s'agisse d'expliquer la récurrence d'une relation rang-taille ou de décrire empiriquement les caractéristiques d'un système de peuplement.

REFERENCES

Auerbach F., 1913, Das Gesetz der Bevölkerungskonzentration, *Petermanns Geographische Mitteilungen*, 59, 74-76.

Bak P., Tang C. and Wiesenfeld K., 1987, "Self-organized criticality: an explanation of 1/f noise", *Physical Review Letters*, 59, 4, 381-384.

Axtell R., Florida R., 2006, Emergent cities: micro-foundations of Zipf's law, Working Paper. http://creativeclass.com/rfcgdb/articles/Emergent_Cities.pdf

Batty M., 2001, Polynucleated Urban Landscapes, *Urban Studies*, vol. 38, 4, 2001, 635-655.

Berry B.J.L., 1961, City Size Distribution and Economic Development, *Economic Development and Cultural Change*, 9, 4, Part 1, 573-588.

Berry B.J.L, Okulicz-Kozaryn A., 2011, The city size distribution debate: Resolution for US urban regions and megalopolitan areas, *Cities*.

Brakman S., Garretsen H., Van Marrewijk C., van den Berg M., 1999, The return of Zipf: towards a further understanding of the rank-size distribution, *Journal of Regional Science*, 39, 1, 183-213.

Bretagnolle A., Mathian H., Pumain D., Rozenblat, 1999, Long-term dynamics of European towns and cities: towards a spatial model of urban growth, *Cybergeo: European Journal of Geography*, article 131. http://cybergeo.revues.org/566

Bretagnolle A., Giraud T., Mathian H., 2008, « La mesure de l'urbanisation aux Etats-Unis, des premiers comptoirs coloniaux aux *Metropolitan Areas* (1790-2000) », *Cybergeo : European Journal of Geography*, article 427. http://cybergeo.revues.org/19683

Bura S., Guérin-Pace F., Mathian H., Pumain D., Sanders L., 1996, Multi-agents system and the dynamics of a settlement system, *Geographical Analysis*, vol 28, n°2, 161-178.

Carroll G.R., 1982, National city-size distributions: what do we know after 67 years of research?, *Progress in Human Geography*, 6, 1-43.

Dimou M., Schaffar A., 2007, Evolutions des hierarchies urbaines et loi de Zipf: le cas des Balkans, *Région et Développement*, 25.

Dittmar J., 2010, Cities, Institutions, and Growth: The Emergence of Zipf's Law, Working Paper. http://www.jeremiahdittmar.com/files/Zipf_Dittmar.pdf

Drennan R., Peterson C., 2004, Comparing Arhaeological settlement systems with rank-size graphs: a measure of shape and statistical confidence, *Journal of Archaeological Science*, 31, Issue 5, 533-549.

Fujita M., Krugman P., Venables A.J., 2001, *The spatial economy: Cities, regions and international trade*, MIT Press, 381p.

Gabaix X., 1999, Zipf's law for cties: an explanation, *The Quaterly Journal of Economics*, 739-767.

Griffin A., 2011, Emergence of fusion/fission cycling and self-organised criticality from a simulation model of early complex polities, *Journal of Archaeological Science*, 38, 873-883.

Grove M., 2009, Hunter-gatherer movement patterns: Causes and constraints, *Journal of Anthropological Archaeology*, 28, 222-233.

Grove M., 2010, Stone circles and the structure of Bronze Age society, *Journal of Archaeological Science*, 37, 2612-2621.

Grove M., 2011, An archeological signature of multi-level social systems: The case of the Irish Bronze Age, *Journal of Anthropological Archaeology*, 30, 44-61.

Guérin-Pace F., 1995, Rank-size distribution and the process of urban growth, *Urban Studies*, 32, 551-562.

Haag G., Max H., 1995, Rank-size distribution of settlement systems: a stable attractor in urban growth, *Papers in Regional Science*, 74, 3, 243-258.

Haggett P., 1965, *Locational analysis in human geography*. London: Edward Arnold.

Hamilton M., Milne B., Walker R., Burger O., Brown J., 2007, The complex structure of hunter-gatherer social networks, *Proceedings of Biological Sciences*, 274, n°1622.

Henderson J.V., 1988, *Urban Development: Theory, Fact and Illusion*, Oxford University Press.

Johnson G., 1980, Rank-Size Convexity and System Integration: A View from Archaeology, *Economic geography*, 56, 3, 234-247.

Kowalewski S.A., 1990, The evolution of complexity in the Valley of Oaxaca, *Annual Review of Anthropology*, 19, 39-58.

Krugmam P., 1996, Confronting the Mystery of Urban Hierarchy, *Journal of the Japanese and international Economies*, 10, 399-418.

Lotka A., 1941, The law of urban concentration, *Science*, 94, 164.

Marzano A., 2011, Rank-size analysis and the Roman cities of the Iberian Peninsul and Britain, in Bowman A et Wilson A., *Settlement, Urbanisation and Population*, Oxford University Press.

Moriconi-Ebrard F., 1993, *L'urbanisation du monde depuis 1950*, Paris, Anthropos.

Pearson C., 1980, Rank-Size Distributions and the Analysis of Prehistoric Settlement Systems, *Journal of Anthropological Research*, 36, 4, 453-462.

Pumain D., 1982, *La dynamique des villes*, Economica, Paris.

Pumain D., 2006, Alternative explanations of hierarchical differentiation in urban systems, in Pumain D. (ed.) *Hierarchy in natural and social sciences*, Springer, Methodos series 3, 169-222.

Pumain D., 2007, Les villes et le paradigme de la complexité, in A. Da Cunha et L. Matthey, *La ville et l'urbain : des savoirs émergents*, Presses Polytechniques et universitaires romandes, 35-60.

Pumain D., Sanders L., Bretagnolle A., Glisse B., Mathian H., 2009, The future of urban systems: exploratory models in Lane, van der Leeuw, West, Pumain (eds), *Complexity perspectives on innovation and social change*, Springer, Methodos series, 331-359.

Ristvet L., 2008, Legal and archaeological territories of the second millennium BC in northern Mesopotamia, *Antiquity*, 82, 585-599.

Rosen K., Resnick M., 1980, The Size Distribution of Cities: an Examination of the Pareto Law Primacy, *Journal of Urban Economics*, 8, 165-186.

Sanders L., 2010, Les villes comme agents: simulation des futurs possibles du système urbain européen, *NPSS (Nouvelles Perspectives en Sciences Sociales*), Volume 5, numéro 2, mai 2010, 153-180.

Sanders L., Pumain D., Mathian H., Guérin-Pace F., Bura S., 1997, SIMPOP: a multi-agents system for the study of urbanism, *Environment and Planning*, B, vol. 24, 287-305.

Savage S., 1997, Assessing Departures from Log-Normality in the Rank-Size Rule, *Journal of Archaeological Science*, 24, 233-244.

Schaffar A., 2009, La loi de Zipf dans la science régionale: entre anciennes controverses et nouvelles perspectives, *Cybergeo*, document 450.

Sheppard E., 1982, City size distribution and spatial economic change, *International Regional Science Review October*, 7, 2, 127-151.

Simon H.A., 1955, On a class of skew distribution functions, *Biometrika*, 42, 425-440.

Smith M., 2005, City size in late postclassic Mesoamerica, *Journal of Urban History*, 31, 4, 403-434.

Wong D., Fotheringham A., 1990, Urban Systems as Examples of Bounded Chaos: Exploring the Relationship between Fractal Diemnsion, Rank-Size, and Rural-to-Urban Migration, *Geografiska Annaler*, Series B, Human Geography, 12, n°2/3, 89-99.

Young D., 2002, A New Space-Time Computer Simulation Method for Human Migration, *American Anthropologist*, New series, 104, 1, 138-158.

Zhou W.-X., Sornette D., Hill R., Dunbar R., 2005, Discrete hierarchical organization of social group sizes, *Proceedings of Biological Sciences*, 272, 1561, 439-444.

Zipf G.K., 1949, *Human behavior and the principles of least effor*t, Cambridge, Mass, Addinson-Wesley Press, Cambridge.

INTERDISCIPLINARY REGARDS ON HUMAN SETTLEMENTS HIERARCHICAL DISTRIBUTION: FROM EMPIRICAL EVIDENCE TO COMPLEX SYSTEMS

Abstract **-** *The hierarchical organization of human settlements is a key-subject for various studies from different scientific areas in regional science such as economics, geography, sociology or even archeology. The aim of this paper is to consider contributions from different scientific fields in order to build a theoretical framework for understanding the Zipf law for cities. Firstly, it shows that historical factors should be included when analyzing the evolution of urban systems, which should be seen as complex systems. This goes along when examining the validity or not of a distributional form for cities' sizes such as the Pareto or the lognormal. Secondly, the paper simulates urban growth patterns that lead, under certain conditions, on city-size distribution that obeys the Zipf's law for cities. This contribution focuses on urban hierarchies and settlements distributions on different scales, time-periods and environment.*

Key-words - HUMAN SETTLEMENTS, ZIPF'S LAW, COMPLEX SYSTEMS, SPATIAL INTERACTION, ARCHEOLOGY

ZIPF'S LAW: MAIN ISSUES IN EMPIRICAL WORK

Rafael GONZÀLEZ-VAL*

Abstract - *One of the stylised facts in Urban Economics is Zipf's law, according to which city size distribution in many countries can be approximated by a Pareto distribution, whose exponent is equal to one. In this paper we point out the three main issues in any empirical work on city size distribution and Zipf's law: city definition, sample size, and the choice of the estimator. We review the more recent developments, especially those related to the relationship between the geographical unit chosen and sample size, and the features of the different methods to estimate the Pareto exponent. We illustrate the arguments, providing empirical examples using actual data from the city size distribution in the United States.*

Keywords: CITY SIZE DISTRIBUTION; ZIPF'S LAW

JEL Classification: R00, R12, C16

Acknowledgements - *The author acknowledges financial support from the Spanish Ministerio de Educación y Ciencia (ECO2009-09332 and ECO2010-16934 projects) the DGA (ADETRE research group) FEDER and the Generalitat (2009SGR102).*

* Universitat de Barcelona & Institut d'Economia de Barcelona.

INTRODUCTION

Since the seminal work by Auerbach in 1913 researchers from many fields (economics, statistics, physics and geography) have been fascinated with the striking empirical regularity that establishes a linear and stable relationship between city size and rank. Later this empirical regularity became known as Zipf's law (Zipf, 1949), although what Zipf's law establishes is just a particular case of that linear relationship where the second-largest city in a country is exactly half the size of the largest one, the third-largest city is a third the size of the largest, etc. Over the last 100 years there have been a lot of studies testing the validity of this law (see the surveys by Cheshire, 1999, and Nitsch, 2005) for many different countries; to mention only a few, there are studies for France (Guérin-Pace, 1995), Greece (Petrakos et al., 2000), China (Song and Zhang, 2002), Malaysia (Soo, 2007) and the United States (Ioannides and Overman, 2003; Black and Henderson, 2003).

There has been a revival of interest in city size distributions and Zipf's law in the last years from urban economists, especially after the New Economic Geography by Krugman. Starting from the wide empirical literature, some theoretical models have been proposed recently to explain the law, with different economic foundations: productivity or technology shocks (Duranton, 2007; Rossi-Hansberg and Wright, 2007) or local random amenity shocks (Gabaix, 1999). These models justify Zipf's law analytically, associate it directly with an equilibrium situation, and connect it to proportionate city growth (Gibrat's law), another well-known empirical regularity which postulates that the growth rates of cities tend to be independent of their initial sizes. In both the theoretical and empirical literature, Zipf's law is seen as a reflection of a steady-state situation.

To obtain Zipf's law we must assume a particular statistical function for describing city size distribution, the Pareto distribution. Let S be the city size (population); if it is distributed following a Pareto distribution, also known as power law, the density function is $p(S)=\frac{a\underline{S}^{a}}{S^{a+1}}$ $\forall S \geq \underline{S}$ and the cumulative density function $P(S)$ is $P(S)=1-\left(\frac{\underline{S}}{S}\right)^{a}$ $\forall S \geq \underline{S}$ (Eeckhout 2004) where $a>0$ is the Pareto exponent and $\underline{S}$ is the population of the city at the truncation point. The relationship with the empirically observed rank R (1 for the largest, 2 for the second largest, and so on) is $R=\underline{N}\cdot(1-P(S))=\underline{N}\cdot\left(\frac{\underline{S}}{S}\right)^{a}$, where $\underline{N}$ is the number of cities above the truncation point (minimum population threshold $\underline{S}$). Making $A=\underline{N}\cdot\underline{S}^{a}$ we obtain the simple expression $R=A\cdot S^{-a}$. Taking natural logarithms, we obtain the linear specification that is usually estimated:

$$\ln R=\ln A-a\ln S+u \tag{1}$$

where u represents a standard random error ($E(u)=0$ and $Var(u)=\sigma^2$) and ln A is a constant $\ln A = \ln \underline{N} + a \ln \underline{S}$. Zipf's law is an empirical regularity, which appears when the Pareto exponent of the distribution is equal to unity ($\hat{a}=1$) and means that, ordered from largest to smallest, the size of the second city is half that of the first, the size of the third is a third of the first, and so on (the law is also known as the rank–size rule, although they are not exactly the same; see Gabaix and Ioannides, 2004).

Moreover, the greater the coefficient, the more homogeneous the city sizes. A growing evolution over time means a process of convergence in city sizes. Also, the smaller the coefficient the less homogeneous the city sizes, and a decreasing evolution would mean a process of divergence. Therefore it is interesting to study not only the value of the exponent, but also its evolution over time, although changing boundaries make it difficult to carry out a long-term analysis with consistent boundaries. Pareto exponents are not the perfect instrument to analyse the degree of inequality within the distribution because they impose a specific size distribution (Pareto) although there is a statistical relationship between Zipf's law and the main concentration indices: Gini, Bonferroni, Amato and the Hirschman–Herfindahl index (Naldi, 2003).

Figure 1. Rank-Size Plot (ln scale) US MSAs in 2010

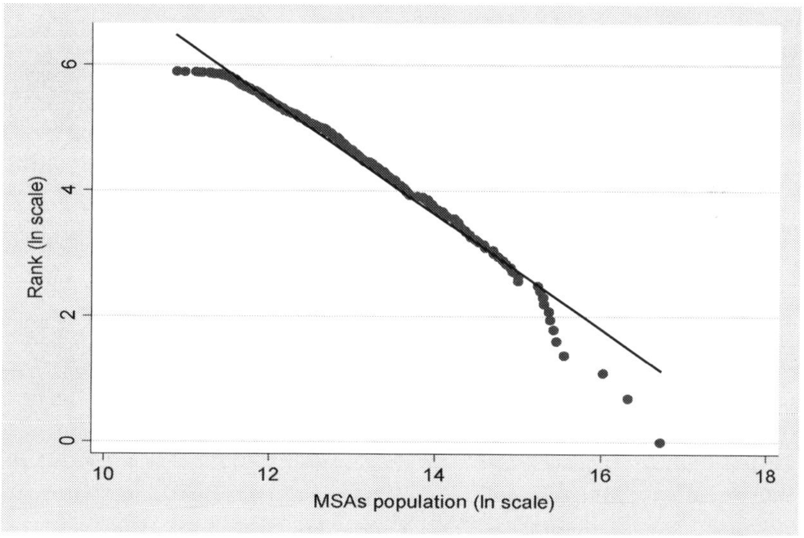

Note: The slope of the line fitted by OLS is 0.911 (see Table 4). $R^2 = 0.978$.

Eq. (1) can be represented as a graph, called Zipf plot in the specialised literature. Figure 1 shows the Zipf plot for the year 2000 using US Metropolitan Statistical Areas. Data are fitted by a power law, and its exponent is estimated by using the OLS estimator (more on this in the following). Eq. (1) provides a very good fit to the real behaviour of the distribution with an estimated Pareto exponent of 0.911. Similar graphs can be found in Krugman (1996) and Gabaix

(1999); they use data from metropolitan areas from the Statistical Abstract of the United States and conclude that for 1991 Pareto's exponent is exactly equal to 1.005, thus finding evidence supporting Zipf's law for this year in the US.

There are two excellent surveys that cover most of the issues related to Zipf's law, Cheshire (1999) and Gabaix and Ioannides (2004). Newman (2006) also reviews some of the empirical evidence from a more interdisciplinary point of view. This paper is simpler and shorter than these previous surveys and its aim is very specific, to point out the three main issues that every researcher faces in any empirical work on Zipf's law: the choice of the spatial units, the sample size, and the choice of the estimator.

Next section provides the explanation and consequences for these three issues. Subsections 1.1 and 1.2 expand the discussion in González-Val (2010) and González-Val (2011) about data selection. To illustrate the arguments, empirical examples using US data are provided in Section 2.

1. THE THREE MAIN ISSUES

There are three main issues in every study on city size distribution: city definition (Rosen and Resnick, 1980; Cheshire, 1999; Soo, 2005), sample size (Parr and Suzuki, 1973; Rosen and Resnick, 1980; Eeckhout, 2004) and the choice of the estimator (Gabaix and Ioannides, 2004; Nishiyama et al., 2008; Gabaix and Ibragimov, 2011).

1.1. City definition: What is a city?

Any study on city size distribution and Zipf's law faces the problem of what is meant by the term "city", as there are various ways to define a city. This first decision, the choice of the spatial unit, is not trivial. As Rosen and Resnick (1980) point out, "whether a study uses urban place,s legal cities or urban agglomerations may affect the value of the observed Pareto exponent and the closeness of the fit."

The two basic alternatives are the administratively defined cities (legal cities) and the metropolitan areas. Both units have advantages. As Glaeser and Shapiro (2003) indicate, metro areas represent urban agglomerations, covering huge areas that are meant to capture labour markets. Metropolitan areas are attractive because they are more natural economic units. Legal cities are political units that usually lie within metropolitan areas and their boundaries make no economic sense. But some factors, such as human capital spillovers, are thought to operate at a very local level (Eeckhout, 2004).

Which one is the best alternative? The answer depends basically on two aspects. First data availability; metro area definitions are not available in some countries (e.g. many European countries do not have official definitions for metropolitan areas), while data on legal cities are probably easier to get through official census and national statistical services. Moreover, if the objective is to carry out a dynamic analysis, both units can have problems of changing boundaries over time. Secondly and probably more important, is what Eeckhout (2004) calls "the research objective." What do you want to study? The economic area of influence of labour markets and big infrastructure projects like airports exceeds the boundaries of single legal cities, while the geographical influence of factors, such as public services (schools public transportation etc.) and local externalities is more reduced. However, from a statistical point of view, there is a reason that recommends the use of cities (untruncated data), rather than metro areas; the next subsection deals with this issue.

1.2. Sample size: How many cities?

Usually sample size depends on data availability. However, in many cases research focuses only on upper-tail distribution. This approach is reasonable as the largest cities represent most of the population of a country and the behaviour of the upper-tail distribution can be different from that of the entire distribution (Levy, 2009). In any case, some kind of rule is necessary to decide the number of cities in the sample.

Cheshire (1999) summarises three possible criteria for sample size selection: a fixed number of cities, a size threshold (Rosen and Resnick, 1980) or a size above which the sample accounts for some given proportion of the country's population (Wheaton and Shishado, 1981; Black and Henderson, 2003). Against this background, Eeckhout (2004) demonstrates the statistical importance of considering the whole sample. In proposition 1 of his paper, he states that "if the underlying distribution is the lognormal distribution, then the estimate of the parameter $\hat{a}$ of the Pareto distribution is increasing in the truncation city size ($d\hat{a}/d\underline{S} > 0$) and decreasing in the truncated sample population ($d\hat{a}/d\underline{N} < 0$)." As we will see in Section 3, estimation results using subsamples support that proposition. This also implies that the Pareto exponent for spatial units constructed aggregating smaller units will be higher (and closer to Zipf's law).

Therefore, if any truncation point is imposed the estimates of the Pareto exponent may be biased. However when all cities are considered often nonlinear behaviours appear leaving the fulfilment of Zipf's law only for the largest cities. New statistical distributions have been proposed instead of the Pareto distribution to explain the behaviour of the entire distribution: lognormal distribution (Parr and Suzuki, 1973; Eeckhout, 2004), q-exponential distribution (Malacarne et al., 2001; Soo, 2007), the double Pareto lognormal distribution (Reed, 2002; Giesen et al., 2010), or even a new distribution function that switches between a lognormal and a power distribution (Ioannides and Skouras, 2009).

Moreover, the geographical unit chosen is also closely related to sample size. For example, if data come from metropolitan areas, you are imposing an implicit truncation point because in many countries, metro areas are defined according to some minimum population threshold (e.g. in the US, the central city needs to have 50 000 or more inhabitants and a total metropolitan population of at least 100 000). So, once the decision about the geographical unit is made, the sample size (and the truncation point) may be determined as a consequence of the spatial definition of units.

1.3. Estimators of the Pareto exponent: How do I estimate $\hat{a}$?

Obviously, there are statistical tests to check whether the distribution is Pareto (Urzúa, 2000; Malevergne et al., 2011) without applying Eq. (1), but as Gabaix and Ioannides (2004) suggest, "estimate don't test." They argue that the main question should be how well a theory (Zipf's law) fits rather than whether or not it fits perfectly.

From Figure 1, it seems easy to estimate the Pareto exponent, because it is just the slope of the line fitted by OLS. This has been the method used in many works, until recent years (Nitsch, 2005, carried out a meta-analysis, with the results of a list of studies until the year 2002). However, it is not the only option; more methods have been proposed to try to solve some of the problems associated with OLS and accommodate the estimates of the exponent to nonlinear behaviours.

Table 1 summarises the main methods. The first one is the simple OLS estimator and the baseline equation is Eq. (1). The OLS estimate presents some problems (Nishiyama et al., 2008). The main one is that the Hill (Maximum Likelihood) estimator is more efficient, if the underlying stochastic process is really a Pareto distribution (Gabaix and Ioannides, 2004; Goldstein et al., 2004). Furthermore, as Gabaix and Ioannides (2004) point out, this "OLS regression underestimates the true standard error on the estimated coefficient", thus "taking the OLS estimates of the standard errors at face value will lead one to reject Zipf's law much too often." Finally, this procedure is strongly biased in small samples (Gabaix and Ibragimov, 2011). To correct this last pitfall, Gabaix and Ibragimov (2011) propose specifying Eq. (1), by subtracting 1/2 from the rank, to obtain an unbiased estimation of the exponent. Their numerical results demonstrate the advantage of this approach over the standard OLS estimation procedures, especially in small samples. However, again if the underlying stochastic process is really a Pareto distribution, the Hill estimator is more efficient.

The Hill estimator assumes the null hypothesis of the power law, so the procedure does not estimate Eq. (1); it is based on the maximisation of the log-likelihood function. The problem in this case is that, when the size distribution of cities does not follow a Pareto distribution, the Hill estimator may be biased (Soo, 2005). In particular, Gabaix and Ibragimov's preliminary results suggest that their specification is more robust than Hill's estimator under deviations from power laws.

The next two methods try to incorporate nonlinear behaviours basically augmenting Eq. (1) introducing new terms. Rosen and Resnick (1980) added $b(\ln S)^2$ to the specification; a $\hat{b}$ coefficient significantly different from zero is interpreted as a deviation from the Pareto distribution and Zipf's law. Fan and

Casetti (1994) introduced $c \cdot S \ln S$ in the equation; again, this term tries to capture departures from Zipf's law and how deviations depend on the size of the city. These specifications have fallen into disuse, because the significance of these coefficients may be spurious. Gabaix and Ioannides (2004) perform Monte Carlo simulations and find that, with the OLS regression in Rosen and Resnick's equation, one will often find a statistically significant coefficient $\hat{b}$, even if Zipf's law holds perfectly by construction.

Table 1. Estimators of the Pareto Exponent

Method	Equation	Estimator
Simple OLS	$\ln R = \ln A - a \ln S + u$	OLS
Gabaix and Ibragimov (2011)	$\ln\left(R - \frac{1}{2}\right) = \ln A - a \ln S + u$	OLS
Hill (Maximum likelihood)	Log-likelihood function	$\hat{a} = \frac{N-1}{\sum_{i=1}^{N-1}(\ln S_i - \ln S_N)}$
Rosen and Resnick (1980)	$\ln R = \ln A - a \ln S + b(\ln S)^2 + u$	OLS
Fan and Casetti (1994)	$\ln R = \ln A - a \ln S + c \cdot S \ln S + u$	OLS
Ioannides and Overman (2003)	$a(S) = 1 - 2 \cdot \frac{\mu(S)}{\sigma^2(S)} + \frac{\partial \sigma^2(S)/\sigma^2(S)}{\partial S/S}$	Nonparametric

Finally, Ioannides and Overman (2003) developed a nonparametric method to estimate the Pareto exponent, based on the statistical explanation of Zipf's law for cities, offered by Gabaix (1999). The nonparametric estimate of the exponent $a(S)$ is calculated, using nonparametric estimates of the mean growth rates $\mu(S)$ and of the variance of growth rates $\sigma^2(S)$. This allows us to test whether Gibrat's law holds. The drawback of this procedure is that it requires a big sample size, because when there are few observations sparsity in the data, it can make the estimates of the Zipf exponent fluctuate considerably.

2. AN EMPIRICAL EXERCISE: US CITY SIZE DISTRIBUTION

2.1. Data

The US city size distribution has been the focus of attention of many researchers: Dobkins and Ioannides (2000, 2001), Overman and Ioannides (2001), Black and Henderson (2003), Ioannides and Overman (2003), Eeckhout (2004) and González-Val (2010), among others. In this wide literature, different spatial units, time periods, and statistical and econometrics methods are considered.

The US Census Bureau offers information for many different geographical levels, so the choice is not only between legal cities and metro areas. There are studies using data from states (Soo, 2011), counties (Beeson et al., 2001; Michaels et al., 2012), minor civil divisions (Michaels et al., 2012), metropolitan areas (Ehrlich and Gyourko, 2000; Dobkins and Ioannides, 2000, 2001;

Black and Henderson, 2003; Ioannides and Overman, 2003), places (Eeckhout, 2004, 2009; Levy, 2009; Giesen et al., 2010; González-Val, 2010), urbanized areas (Garmestani et al., 2005; Garmestani et al., 2008) or the economic areas recently defined by Rozenfeld et al. (2011), using the city clustering algorithm. Berry and Okulicz-Kozaryn (2011) argue that the best units are the economic areas, defined by the Bureau of Economic Analysis.

For illustrative purposes, we will only focus on some of these units: states, counties, metropolitan areas, urbanized areas and places. Table 2 shows the descriptive statistics for the year 2000. The data source is the US Census Bureau (www.census.gov). To show the effect of sample size, we consider three different samples: all units, top 100 and top 250. Obviously, when the minimum population size at the truncation point ($\underline{S}$) increases, the smaller the sample size is, in any case.

Table 2. Descriptive Statistics by Unit

Units	Sample Size (N)	% of Total US Population	Mean	Standard Deviation	Minimum ($\underline{S}$)	Maximum ($\underline{S}$)
States	All (50)	99.78%	5 615 899.48	6 186 487.80	493 782	33 871 648
Counties	All (3 114)	99.79%	90 183.01	293 622.20	67	9 519 338
	Top 100	42.39%	1 193 056.72	1 111 938.54	556 678	9 519 338
	Top 250	61.03%	687 006.92	817 484.23	226 778	9 519 338
Metropolitan Statistical Areas	All (362)	82.64%	642 486.02	1 485 743.37	52 457	18 323 002
	Top 100	64.65%	1 819 293.54	2 467 957.00	446 997	18 323 002
	Top 250	78.23%	880 572.32	1 736 721.06	145 666	18 323 002
Urbanized Areas	All (463)	66.40%	403 591.39	1 237 112.01	665	17 799 861
	Top 100	53.39%	1 502 442.81	2 360 044.21	292 637	17 799 861
	Top 250	62.15%	699 611.67	1 627 212.92	95 766	17 799 861
Places	All (25 358)	74.17%	8 231.54	68 390.23	1	8 008 278
	Top 100	20.19%	568 308.67	906 644.82	194 973	8 008 278
	Top 250	27.38%	308 237.96	610 371.80	99 216	8 008 278

Note: Data in 2000. Total US population data are taken from the US Census reau. http://www.census.gov/population/censusdata/table-4.pdf.

States are the primary legal subdivision of the United States; there are 50 states and they are very big units with similar sizes to some European countries.

Therefore, states do not seem to be the most appropriate approximation to urban agglomerations, although empirical studies on Zipf's law exist even at the country level (Rose, 2006; González-Val and Sanso-Navarro, 2010). There are good reasons to study state size distribution. As Soo (2011) argues, states cover the entire population of the country, whereas cities do not and states are the administrative level at which many policies vary. Recent works relate the fulfillment of Zipf's law in city size distribution, at the regional and national level (Gabaix, 1999; Giesen and Südekum, 2011).

Counties are the primary legal subdivision of most states. At first glance, counties do not seem to impose a truncation point, as there were 3, 114 counties in the year 2000 with populations between 67 and 9 519, 338. Moreover, counties cover the entire population and land area of the country as they are administrative subdivisions of states. Beeson et al. (2001) explain the additional advantages of counties, while Michaels et al. (2012) point out some of the disadvantages, including that counties often pool together urban centers with their surrounding countryside, clouding the distinction between urban and rural areas.

Metropolitan Statistical Areas (MSAs) are geographic entities, defined by the federal Office of Management and Budget, based on the concept of a core area with a large population nucleus (central city), plus adjacent communities having a high degree of economic and social integration with that core. To qualify as an MSA, the presence of a central city with 50, 000 or more inhabitants is required or the presence of an urbanized area and a total population of at least 100, 000 (75, 000 in New England). That is why, there were only 362 MSAs in the year 2000 and the minimum population in the sample is 52 457, always higher than the minimum population threshold. MSAs are multi-county units; the county or counties containing the largest city and surrounding densely settled territory are the central counties of the MSA.

Table 3. Incorporated Places: Number of Cities and Descriptive Statistics by Year

Year	Cities	Mean	Standard Deviation	Minimum	Maximum
1900	10 596	3 376.04	42 323.90	7	3 437 202
1910	14 135	3 560.92	49 351.24	4	4 766 883
1920	15 481	4 014.81	56 781.65	3	5 620 048
1930	16 475	4 642.02	67 853.65	1	6 930 446
1940	16 729	4 975.67	71 299.37	1	7 454 995
1950	17 113	5 613.42	76 064.40	1	7 891 957
1960	18 051	6 408.75	74 737.62	1	7 781 984
1970	18 488	7 094.29	75 319.59	3	7 894 862
1980	18 923	7 395.64	69 167.91	2	7 071 639
1990	19 120	7 977.63	71 873.91	2	7 322 564
2000	19 296	8 968.44	78 014.75	1	8 008 278

Note: Excluding Alaska Hawaii and Puerto Rico.
Source: Table 1 in González-Val (2010).

An urbanized area consists of a central place(s) and adjacent territory, with a general population density of at least 1, 000 people per square mile of land area, that together have a minimum residential population of at least 50, 000 people. An urbanized area comprises a central place and the urban fringe (Garmestani et al., 2005; Garmestani et al., 2008). As in the case of MSAs, urbanized areas are meant to capture economic areas, although they are smaller than MSAs.

Finally, places are concentrations of populations, either legally bounded as an incorporated place or identified as a Census Designated Place. Incorporated places are the legal cities, incorporated under state Law as cities towns (except in the states of New England, New York and Wisconsin), boroughs (except in Alaska and New York) or villages, which have legally established limits powers and functions. These places have been used recently in the empirical analyses of American city size distribution (Eeckhout, 2004, 2009; Levy, 2009; Giesen et al., 2010; González-Val, 2010) and their main advantage is that they do not impose any truncation point (populations range from 1 to 8, 008, 278 inhabitants). As an example of a long-term analysis of Zipf's law, we will also consider a sample of all incorporated places, without any size restriction for each decade of the 20th century. From a long-term perspective, units such as MSAs or urbanized areas are excluded, as they were introduced in the middle of the 20th century. The data are the same as those used by González-Val (2010); Table 3 shows the number of cities and descriptive statistics by year.

Figure 2. Estimated Density Functions (ln scale) by Unit

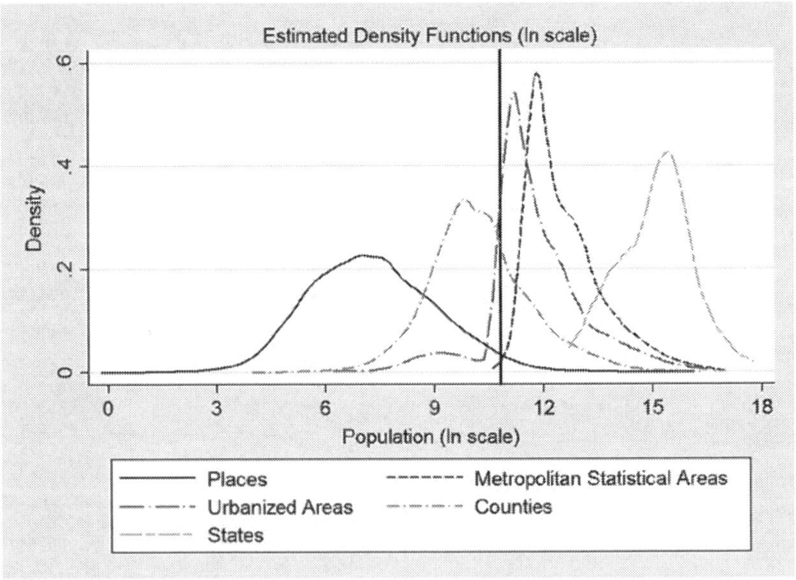

Note: Data in 2000. The vertical black line represents the minimum population threshold of 50 000 inhabitants (10.82 in logarithmic scale).

Figure 2 shows how the choice of the geographical definition of city is related to the sample size. The vertical black line represents the minimum threshold of 50, 000 inhabitants and we can observe how MSAs and urbanized areas distributions are to the right of that cut-off point, while most of the places and counties distributions are to the left. This minimum population threshold represents the main inconvenience of MSAs and urbanized areas (besides changing boundaries, which is a common problem in long-term analysis for all units, except states), because it implies that only the largest cities (upper-tail distribution) are represented in the samples, leading to biased results in the estimates of the Pareto exponent (Eeckhout, 2004), while other units, such as places or counties, cover the entire distribution, including even the smallest units.

2.2. Results

Table 4 shows the estimates of the Pareto exponent for the different geographical units, using the simple OLS regression, Gabaix and Ibragimov's (2011) Rank $-1/2$ estimator and the Hill (maximum likelihood) estimator. We consider three sample sizes: all units, top 100, and top 250. We can obtain several conclusions from these results.

Table 4. Estimated Pareto Exponents by Unit

Units	Sample Size (*N*)	OLS	Gabaix-Ibragimov (2011)	Hill
States	All (50)	0.797	0.857	0.513
		(0.159)	(0.171)	(0.073)
Counties	All (3 114)	0.660	0.662	0.166
		(0.017)	(0.017)	(0.003)
	Top 100	1.763	1.871	1.730
		(0.249)	(0.265)	(0.173)
	Top 250	1.444	1.487	1.206
		(0.129)	(0.133)	(0.076)
Metropolitan Statistical Areas	All (362)	0.911	0.930	0.582
		(0.068)	(0.069)	(0.031)
	Top 100	1.117	1.177	1.022
		(0.158)	(0.166)	(0.102)
	Top 250	0.974	1.001	0.877
		(0.087)	(0.090)	(0.055)
Urbanized Areas	All (463)	0.630	0.641	0.191
		(0.041)	(0.042)	(0.009)
	Top 100	0.984	1.036	0.914
		(0.139)	(0.147)	(0.091)
	Top 250	0.897	0.923	0.851
		(0.080)	(0.083)	(0.054)
Places	All (25 358)	0.526	0.526	0.137
		(0.005)	(0.005)	(0.001)
	Top 100	1.340	1.424	1.410
		(0.190)	(0.201)	(0.141)
	Top 250	1.352	1.397	1.377
		(0.121)	(0.125)	(0.087)

Notes: Data in 2000. Pareto exponents are estimated using OLS Gabaix and Ibragimov's (2011) Rank - 1/2 estimator and the Hill (maximum likelihood) estimator. Values in parenthesis are the standard errors; in the case of OLS and Gabaix and Ibragimov's estimators, they are calculated applying Gabaix and Ioannides's (2004) corrected standard errors: $\text{GI s.e.} = \hat{a} \cdot (2/N)^{1/2}$, *where N is the sample size.*

Figure 3. Evolution of the Estimated Pareto Exponents (Incorporated Places) by Year

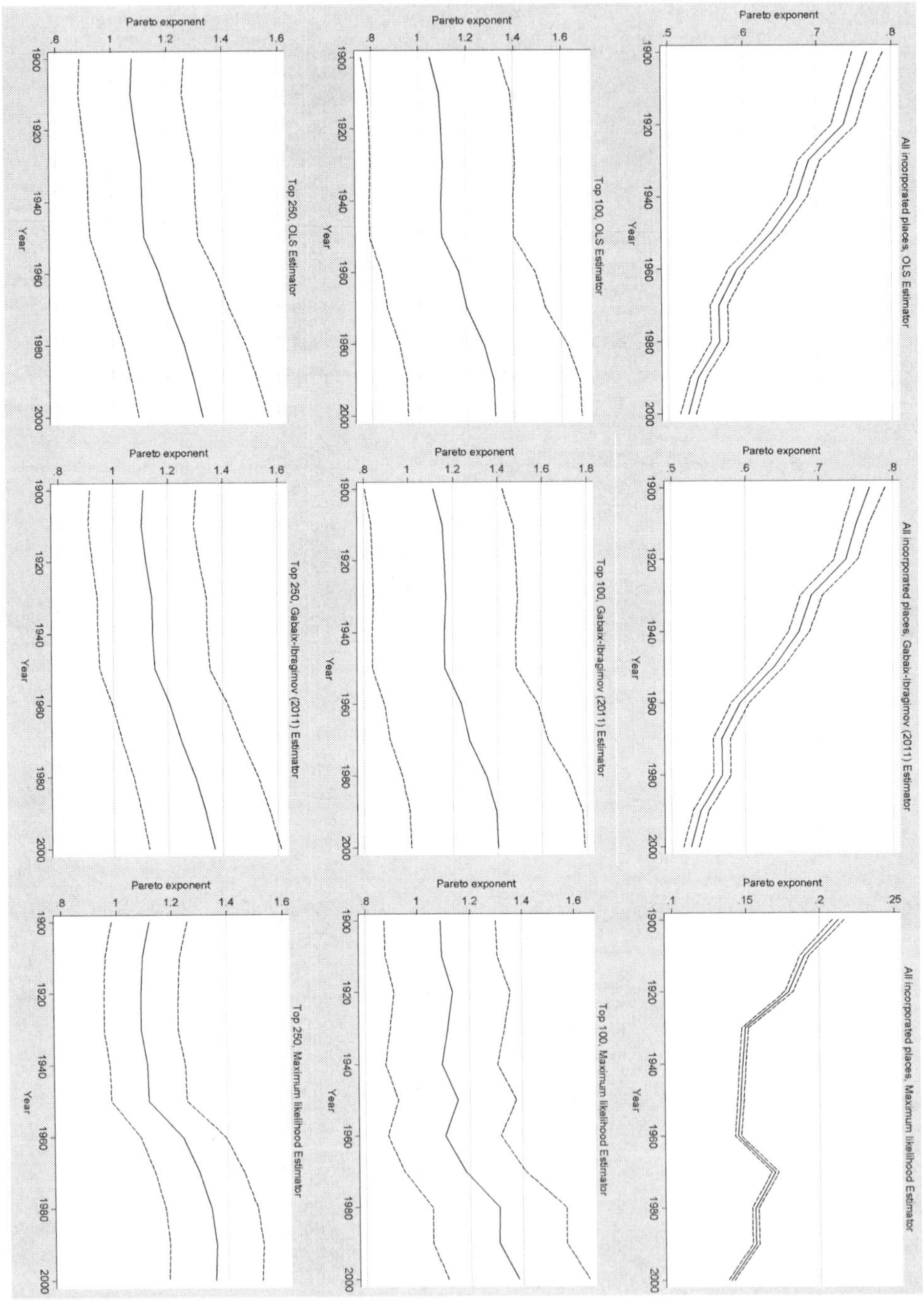

First, the results using simple OLS regressions (Eq. 1) and Gabaix and Ibragimov's estimator are equal (or almost the same), when the sample size is large enough; see the results for all places (25, 358 observations), all counties (3 114) or all urbanized areas (463). The reason is that Gabaix and Ibragimov's estimator performs better in small samples but when the sample size is large, there are not significant differences. Therefore, results are different when only the upper-tail distribution is considered; this is the case for states and top samples. The gap between both estimators in those cases is the bias from simple OLS regressions.

Second, the values estimated using the Hill estimator are always much lower, probably indicating that the null hypothesis of the power law is not fulfilled. Remember that the Hill estimator is more efficient only if the underlying stochastic process is really a Pareto distribution, but when this assumption does not hold, the Hill estimator may be biased (Soo, 2005). The latter seems to be the case, given the much lower values estimated in most cases. However, for the top samples the differences with the other estimators are smaller, pointing to clearer power law behaviour in the upper-tail distribution.

Third, the estimated values of the Pareto exponent increase with the truncation point (*N*) for all the geographical units using any of the estimators, supporting Eeckhout's (2004) claim that the estimated value of Pareto's exponent depends negatively on the cut-off point. Therefore, when all units are considered (samples with no truncation point), the estimated coefficients are the lowest ones. Fourth Zipf's law only holds for Metropolitan Statistical Areas and top urbanized areas; in the rest of the cases, the estimates are significantly different from the value one. This indicates that city definition really matters in the fulfilment of Zipf's law (Rosen and Resnick, 1980).

Figure 3 displays an example of the evolution of the Pareto exponent over time, using the untruncated sample of incorporated places, summarised in Table 3. Again the three estimators are applied (simple OLS, regressions Gabaix and Ibragimov's estimator, and the Hill estimator). The same explanations about the differences between estimators apply (e.g. when all incorporated places are considered with no truncation point, results from simple OLS regressions and Gabaix and Ibragimov's estimator are the same, while Hill's estimates are much lower). The evolution of the Pareto exponent is similar with the three estimators: decreasing over time for all incorporated places and increasing for top samples. This would indicate that for the entire sample (including all the incorporated places for each year), a divergent behaviour was produced, while for the biggest incorporated places, the trend has been convergence: they have become closer in size. González-Val (2010) obtains the same conclusion, using Gini coefficients.

Figure 4 shows the estimates of the Pareto exponent, applying the innovative Ioannides and Overman's (2003) nonparametric methodology, considering a pool over the whole century, with all incorporated places in Table 3 (162, 698 observations); some observations with extreme values are excluded, see González-Val (2012). To calculate the nonparametric estimates of the conditional mean variance of growth on city size and the derivates (see the expression in Table 1), we apply the LOcally WEighted Scatter plot Smoothing algorithm. Results are shown until city sizes with a normalised population of 0.016, because of one technical problem with this procedure: the sparsity of data at the upper tail of the distribution, which produces extreme values of the estimations (Ioannides and Overman, 2003). The dotted lines are bootstrapped: 95% confidence bands calculated, using 500 random samples with replacement.

Figure 4. Nonparametric estimate for all the 20th century (Incorporated Places a pool of 162, 698 observations LOcally WEighted Scatter plot Smoothing (LOWESS) algorithm)

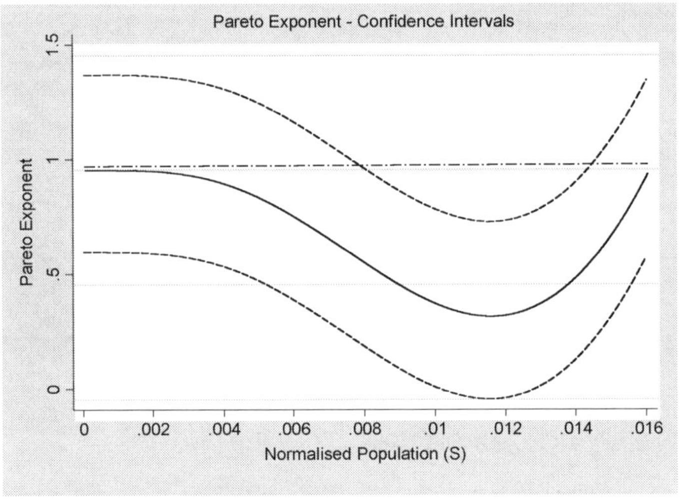

Note: This figure is obtained by applying the nonparametric procedure proposed by Ioannides and Overman (2003); this empirical strategy relies on the statistical foundation of Zipf's law offered by Gabaix (1999). The normalised population of city i is the population of city i divided by the contemporary total urban population. More information about the nonparametric estimations of the local Zipf exponent using data for all cities can be found in González-Val (2012). This graph is equivalent to Figure 3a in González-Val (2012).

The exponent decreases with city size until reaching the normalised size of 0.012, when it begins to grow to reach a value close to one. For most of the distribution of city sizes the value one falls within the confidence bands, indicating that Zipf's law holds for most of the city sizes (especially because most of the observations are concentrated in the lower tail of the distribution on the left side of the graph).

3. CONCLUSIONS

Zipf's law is an appealing empirical regularity. One of its main attractions is that it is easy to check – the estimation of the Pareto distribution can be carried out simply by fitting a line to data on city size (population). Moreover, Zipf plots provide a graphical tool to observe the quality of the fit to the real behaviour of the distribution. However, even this simple empirical exercise implies several choices that can affect the results. In this paper, we review the three main issues in any empirical work on city size distribution and Zipf's law: city definition, sample size and the choice of the estimator.

The choice of city definition depends on data availability and the research objective. The geographical unit chosen is also closely related to sample size and the sample size has a clear effect on the estimate of the Pareto exponent (Eeckhout, 2004). If any truncation point is imposed, the estimates of the Pareto exponent may be biased, but if all cities are considered, often nonlinear behaviours appear.

Finally, we carry out an empirical exercise with US city size distribution data to examine the features of several estimators of the Zipf exponent. To sum up, the Hill estimator is the best if the distribution actually follows a power law, but if you have doubts about the power law behaviour of your sample, the Gabaix and Ibragimov specification performs better than the others, especially for small samples.

REFERENCES

Beeson P. E. D. N. DeJong and W. Troesken (2001). Population Growth in US Counties 1840-1990. *Regional Science and Urban Economics* 31: 669–699.

Berry B. J. L. and A. Okulicz-Kozaryn (2011). The city size distribution debate: Resolution for US urban regions and megalopolitan areas. *Cities forthcoming.*

Black D. and V. Henderson (2003). Urban evolution in the USA. *Journal of Economic Geography* 3(4): 343–372.

Cheshire P. (1999). Trends in sizes and structure of urban areas. *In* Cheshire and E. S. Mills (eds.) *Handbook of Regional and Urban Economics* Vol. 3 P. Amsterdam: Elsevier Science Chapter 35 1339–1373.

Dobkins L. H. and Y. M. Ioannides (2000). Dynamic evolution of the US city size distribution. Included in Huriot J. M. and J. F. Thisse (Eds.) *The economics of cities. Cambridge: Cambridge University Press* 217–260.

Dobkins L. H. and Y. M. Ioannides (2001). Spatial interactions among US cities: 1900–1990. *Regional Science and Urban Economics* 31: 701–731.

Duranton G. (2007). Urban Evolutions: The Fast the Slow and the Still. *American Economic Review* 97(1): 197–221.

Eeckhout J. (2004). Gibrat's Law for (All) Cities. *American Economic Review* 94(5): 1429–1451.

Eeckhout J. (2009). Gibrat's Law for (all) Cities: Reply. *American Economic Review* 99(4): 1676–1683.

Ehrlich S. and J. Gyourko (2000). Changes in the scale and size distribution of US metropolitan areas during the twentieth century. *Urban Studies* 37(7): 1063–1077.

Fan C. C. and E. Casetti (1994). The Spatial and Temporal Dynamics of US Regional Income Inequality 1950–1989. *Annals of Regional Science* 28: 177–196.

Gabaix X. (1999). Zipf's law for cities: An explanation. *Quarterly Journal of Economics* 114(3): 739–767.

Gabaix X. and R. Ibragimov (2011). Rank-1/2: A simple way to improve the OLS estimation of tail exponents. *Journal of Business & Economic Statistics* 29(1): 24–39.

Gabaix X. and Y. M. Ioannides (2004). The evolution of city size distributions. *Handbook of urban and regional economics* Vol. 4 J. V. Henderson and J. F. Thisse eds. Amsterdam: Elsevier Science 2341–2378.

Garmestani A. S., C. R. Allen and K. M. Bessey (2005). Time-series Analysis of Clusters in City Size Distributions. *Urban Studies* 42(9): 1507–1515.

Garmestani A. S., C. R. Allen and C. M. Gallagher (2008). Power laws discontinuities and regional city size distributions. *Journal of Economic Behavior & Organization* 68: 209–216.

Giesen K. and J. Südekum (2011). Zipf's law for cities in the regions and the country. *Journal of Economic Geography* 11(4): 667–686.

Giesen K., A. Zimmermann and J. Suedekum (2010). The size distribution across all cities – double Pareto lognormal strikes. *Journal of Urban Economics* 68: 129–137.

Glaeser E. L. and J. Shapiro (2003). Urban Growth in the 1990s: Is city living back? *Journal of Regional Science* 43(1): 139–165.

Goldstein M. L., S. A. Morris and G. G. Yen (2004). Problems with fitting to the Power-law distribution. *The European Physical Journal B - Condensed Matter* 41(2): 255–258.

González-Val R. (2010). The Evolution of the US City Size Distribution from a Long-run Perspective (1900–2000). *Journal of Regional Science* 50(5): 952–972.

González-Val R. (2011). Deviations from Zipf's law for American cities: An empirical examination. *Urban Studies* 48(5): 1017–1035.

González-Val R. (2012). A nonparametric estimation of the local Zipf exponent for all US cities. Forthcoming in *Environment and Planning B: Planning and Design.*

González-Val R. and M. Sanso-Navarro (2010). Gibrat's Law for countries. *Journal of Population Economics* 23(4): 1371–1389.

Guérin-Pace F. (1995). Rank-Size Distribution and the Process of Urban Growth. *Urban Studies* 32(3): 551–562.

Ioannides Y. M. and H. G. Overman (2003). Zipf's law for cities: An empirical examination. *Regional Science and Urban Economics* 33: 127–137.

Ioannides Y. M. and S. Skouras (2009). Gibrat's Law for (All) Cities: A Rejoinder. *Discussion Papers Series Department of Economics* Tufts University 0740 Department of Economics Tufts University.

Krugman P. (1996). The Self-organizing economy. *Cambridge: Blackwell.*

Levy M. (2009). Gibrat's Law for (all) Cities: A Comment. *American Economic Review* 99(4): 1672–1675.

Malacarne L. C., R. S. Mendes and E. K. Lenzi (2001). q-exponential distribution in urban agglomeration. *Physical Review E* 65 017106.

Malevergne Y. V. Pisarenko and D. Sornette (2011). Gibrat's Law for cities: Uniformly most powerful unbiased test of the Pareto against the lognormal. In press in *Physical Review E.* arXiv:0909.1281v1 [physics.data-an].

Michaels G., F. Rauch and S. J. Redding (2012). Urbanization and Structural Transformation. Forthcoming in *Quarterly Journal of Economics.*

Naldi M. (2003). Concentration indices and Zipf's law. *Economics Letters* 78: 329–334.

Newman M. E. J. (2006). Power laws Pareto distributions and Zipf's law. *Contemporary Physics* 46: 323–351.

Nishiyama Y. S. Osada and Y. Sato (2008). OLS estimation and the t test revisited in rank-size rule regression. *Journal of Regional Science* 48(4): 691–715.

Nitsch V. (2005). Zipf zipped. *Journal of Urban Economics* 57: 86–100.

Overman H. G. and Y. M. Ioannides (2001). Cross-Sectional evolution of the US City Size Distribution. *Journal of Urban Economics* 49: 543–566.

Parr J. B. and K. Suzuki (1973). Settlement populations and the lognormal distribution. *Urban Studies* 10: 335–352.

Petrakos G., P. Mardakis and H. Caraveli (2000). Recent Developments in the Greek System of Urban Centres. *Environment and Planning B: Planning and Design* 27(2): 169–181.

Reed W. J. (2002). On the rank-size distribution for human settlements. *Journal of Regional Science* 42(1): 1–17.

Rose A. K. (2006). Cities and countries. *Journal of Money Credit and Banking* 38(8): 2225–2245.

Rosen K. T. and M. Resnick (1980). The Size Distribution of Cities: An Examination of the Pareto Law and Primacy. *Journal of Urban Economics* 8: 165–186.

Rossi-Hansberg E. and M. L. J. Wright (2007). Urban structure and growth. *Review of Economic Studies* 74: 597–624.

Rozenfeld H. D., D. Rybski, X. Gabaix and H. A. Makse (2011). The Area and Population of Cities: New Insights from a Different Perspective on Cities. *American Economic Review* 101(5): 2205–2225.

Song S. and K. H. Zhang (2002). Urbanisation and City Size Distribution in China. *Urban Studies* 39(12): 2317–2327.

Soo K. T. (2005). Zipf's Law for cities: A cross-country investigation. *Regional Science and Urban Economics* 35: 239–263.

Soo K. T. (2007). Zipf's Law and Urban Growth in Malaysia. *Urban Studies* 44(1): 1–14.

Soo K. T. (2011). The size and growth of state populations in the United States. Working paper Lancaster University.

Urzúa C. M. (2000). A simple and efficient test for Zipf's law. *Economics Letters* 66: 257–260.

Wheaton W. C. and H. Shishado (1981). Urban concentration agglomeration economies and the level of economic development. *Economic Development and Cultural Change* 30: 17–30.

Zipf G. (1949). *Human Behaviour and the Principle of Least Effort*. Cambridge MA: Addison-Wesley.

LA LOI DE ZIPF : LES QUESTIONS FONDAMENTALES DES TRAVAUX EMPIRIQUES

Résumé - *La loi de Zipf figure parmi les régularités les plus singulières dans le domaine de l'économie urbaine. Selon cette loi, la distribution rang-taille des villes suit, dans un grand nombre de pays, une distribution de Pareto avec un coefficient de hiérarchisation égal à 1. Cet article examine trois questions importantes dans les travaux empiriques relatifs à la loi de Zipf : la définition de la ville et de l'unité géographique retenue, la taille de l'échantillon et le choix de la méthode d'estimation associée. A titre d'illustration, une application est proposée à partir de données récentes sur des villes américaines.*

Mots-clés : LOI DE ZIPF ; DISTRIBUTION RANG-TAILLE DES VILLES

KANGAROOS, CITIES AND SPACE: A FIRST APPROACH TO THE AUSTRALIAN URBAN SYSTEM

Daniel ARRIBAS-BEL[*]
Fernando SANZ GRACIA[**]
Domingo P. XIMENEZ-DE-EMBUN[**]

Abstract - *Australia shapes a unique urban system. This paper examines the Australian urban system using data for urban centers and localities in 1996 and 2001. A summary and a basic descriptive analysis of the database are provided, followed by an examination of whether the system follows Zipf's and Gibrat's laws. None of them are found to hold. An Exploratory Spatial Data Analysis (ESDA) as well as a confirmatory analysis are carried out by using some of the most recent developments in spatial econometrics (Heteroskedastic Consistent GM Estimation) to analyze the spatial dimension of city size and growth, finding no influence for the former but a significant one for the latter.*

Key-words: AUSTRALIAN URBAN SYSTEM, ZIPF'S LAW, GIBRAT'S LAW, ESDA (EXPLORATORY SPATIAL DATA ANALYSIS), SPATIAL GIBRAT.

JEL Classification: J11, R00, R12

For their helpful comments, the authors especially thank the ADETRE research group and Jesús Mur at University of Zaragoza and the GeoDa Center for Geospatial Analysis and Computation staff at Arizona State University, in particular to Luc Anselin, Sergio Rey, David Folch, Gianfranco Piras and Nancy Lozano-Gracia. While their help was substantial, any remaining errors are responsibility of the authors. This research was supported and funded by the Spanish Ministry of Education and Science (AP2006-3563 and ECO2009-09332).

[*] GeoDa Center for Geospatial Analysis and Computation, School of Geographical Sciences and Urban Planning, Arizona State University (USA) ; darribas@asu.edu.
[**] Department of Economic Analysis, Universidad de Zaragoza (SPAIN) ; fsanz@unizar.es, dpxe@unizar.es.

1. MOTIVATION

The case of Australia is a very interesting and particular one: with an extension of 7,741,220 Km^2, which represents 5.2% of the total world area, (the sixth largest country in the World), it hosts 22,466,224 people (Official Australian Population Clock, September 20th., 2010), only about 0.32% of the total world population, which sets it in the 53th. position. Taking both measures together, this implies the Australian population density is one of 2.6 people per Km^2, which makes it ranks as the seventh lowest density in the World. Australia is also one of the richest and most developed countries: by looking at the per capita GDP (nominal), it is within the first fifteen. Finally, its condition of an island as well as its special and very unique geography have shaped the distribution of population across space in a way that most people live by the coast (specially in the eastern one), leaving in the inner land an incredibly large empty space that may be called demographic desert.

On the other hand, there is a large branch in the urban economic literature analyzing both theoretically and empirically the distribution of the population within an urban system as well as its evolution over time, most of it using Zipf's and Gibrat's Law as tools to describe it. On the theoretical side, Cordoba (2008), Duranton (2007), and Gabaix and Ioannides (2004) are good examples; on the empirical side, although the main target of the studies is USA (Beeson *et al.*, 2001; Black and Henderson, 2003; Overman and Ioannides, 2001), several other countries have been chosen, such as China (Anderson and Ge, 2005), India (Sharma, 2003), Malaysia (Soo, 2007), Japan (Davis and Weinstein, 2002; Davis and Weinstein, 2008), France (Eaton and Eckstein, 1997), Austria (Nitsch, 2003), Germany (Bosker *et al.*, 2007; Bosker *et al.*, 2008; Brakman *et al.*, 2004), Spain (Lanaspa *et al.*, 2003; Lanaspa *et al.*, 2004) and even some cross-country analysis (Rosen and Resnick, 1980; Soo, 2005). However, very little papers have looked at Australia in a detailed fashion, despite its special characteristics, already noted by Rosen and Resnick (1980).

The present paper is thought to fill that (almost) empty space: it examines the whole Australian urban system in 1996 and 2001 in a detailed way displaying many features which set Australia far apart from other countries. While most of the results obtained for other countries show a Zipf coefficient around one, regressions in this paper show Australia has a much lower one, around 0.7, which means a more uneven population distribution among the cities of the system. When analyzing the relation between growth and city size, we also find Australia does not meet Gibrat's law. In addition, special emphasis is set in the spatial dimension of both variables (size and growth) to test to which extent we can speak of spatial association in the urban system. Related to this, an exploratory as well as a confirmatory spatial analysis are carried out being the main conclusion that while sizes do not show any kind of autocorrelation, urban growth does appear to be spatially related.

It is important to make a point regarding the methods used in this paper. While those employed in the non-spatial part are fairly common (i.e. adaptive kernel estimation or OLS regression), the ones that try to account for space combine visualization tools (i.e. the *Clustercart*) with some of the most recent advances in spatial econometrics to try to offer correct estimates in presence of spatial autocorrelation. This kind of framework, although very useful to include spatial effects into the analysis, has rarely been used when looking at city size distribution.

The remainder of the paper is organized as follows. Section 2 describes the data set, why it has been chosen this way and gives some very basic statistics to get a first feeling. Section 3 analyses the Zipf's relation in Australia, while Section 4 looks at the link between the city size distribution and urban growth, testing whether Gibrat's law holds for the sample or not. An exploratory spatial data analysis (ESDA) to urban population and growth is applied in Section 5 while the confirmatory analysis may be found in Section 6. Section 7 closes the paper by adding some conclusions and pointing to further steps to be taken.

2. DATASET

Since the main purpose of this paper is to analyze the Australian urban system, the spatial unit used will be the Australian Bureau of Statistics' (ABS) "Urban Center and Locality" (UC/L from now on), which groups Collection Districts (CD's from now on, they are the smallest ABS's spatial unit in the Australian Standard Geographical Classification) together to form defined areas according to population size criteria by using census counts. In broad terms, an Urban Center is considered to be a population cluster of 1.000 or more people while a Locality is a population cluster of between 200 and 999 people (thus it does not cover the entire Australia). Each UC/L has a clearly defined boundary and comprises one or more whole CDs[1]. The data set used for this paper contains census counts from the 2001 Census of Population and Housing and 1996 Census data based on 2001 Census geography.

Both the choice of UC/L as unit and the adjustment between 2001 and 1996 boundaries imply a drop in the final dataset size considered which makes the sample smaller than the total Australian population. We are using 86.42% and 88.39% of the total population in 1996 and 2001, respectively.

In the rest of the paper we use the absolute population of city i (S_i) divided by the mean (*relative size* or $\frac{S_i}{S^{av}}$) or the total population (*share* or $\frac{S_i}{\sum_i S_i}$). This allows to relate each nucleus behavior to that of the whole distribution. Finally, there is an additional reason to use relative measures, and it is that, as Gabaix and Ioannides (2004) put it, "talking about steady-state distributions requires a normalization of this type".

[1] For more information, refer to:
- Australian Standard Geographical Classification. July 2007,
- Australian Bureau of Statistics website (www.abs.gov.au).

Finally, we conclude this section with a non-parametric analysis. Figure 1 shows the estimation of the log of relative population density function for both 1996 (dotted line) and 2001 (straight line) by means of an adaptive kernel *à-la* Silverman (1986)[2].

We may observe two main features in the figure: one dealing with the general shape of both kernels and the other regarding the evolution from 1996 to 2001. The first one is that, in both years, most of the probabilistic mass is placed on the left of zero; provided it is log of the relative population, zero implies the city whose population is average and then we can observe most of the Australian cities have a size far below the average one. In relation to the evolution, as one might expect from a short period of time, the main conclusion is there are not big differences. However, if some, one might notice the peak has moved rightwards. This, together with the fact the average city has grown, comes from the general growth of Australian population (6.1%): as more people exist, it is logical to think cities will be bigger.

Figure 1. Kernel density plot

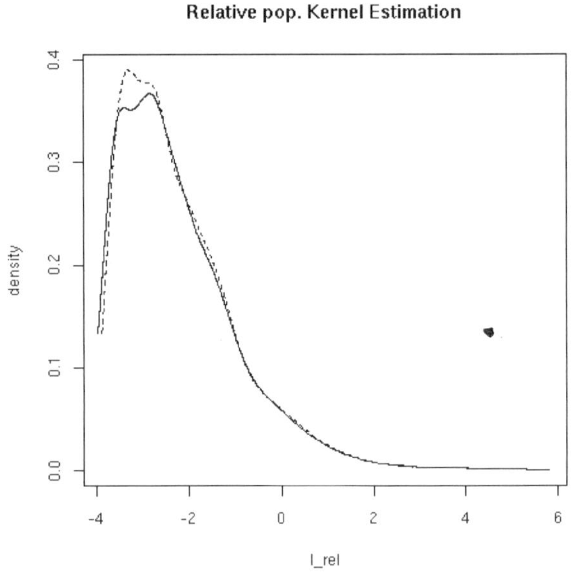

Dotted line corresponds to 1996 and the straight one to 2001.

3. ZIPF IN AUSTRALIA?

3.1. Zipf's Law

A common procedure widely used in the literature to rapidly characterize an urban system is to test how well the sample fits a power law. The theoretical basis of this practice comes from the statistical definition of Zipf's law, which

---

2 The kernel was estimated with R's package "quantreg", freely available in the CRAN repositories (http://CRAN.R-pro ject.org).

relates to the notion of Pareto distribution. An urban system is said to follow a power law if :

$$P(Size > S) = \frac{a}{S^{\alpha}} \tag{1}$$

After some easy algebra, from eq. 1 and the consideration of the empirical distribution, we have :

$$lnR_i = A - \alpha lnS_i \tag{2}$$

where A is a constant and R_i is the rank of city i (1 for the largest one, 2 for the second one, etc.), which is the common specification to test empirically Zipf's law. In (2), α can be understood as a measure of the degree of evenness in the system: extremely, if $\alpha = \infty$ the graph is a vertical line around a size and every city has that size; opposite, if $\alpha = 0$ the degree of unevenness is maximum. We call the "rank-size rule" when α is around 1 and, in such case, we consider Zipf's law holds, because the power law is just an approximation of the real Zipf's expression. As Gabaix and Ioannides (2004) put it: "even if Zipf's law holds perfectly, the rank-size rule would hold only approximately". In this situation, the second largest city is half the size of the first one, the third largest one is one third the first one, and so on.

In this section, some results on the power law for Australia are offered. Since (2) is invariant to increasing monotone transformations in Si , there is no difference between any of the three measures (absolute, relative and shares of the total) and hence only relative sizes will be extensively shown.

3.2. Basic Zipf

Figures 2(a) and 2(b) show the Zipf plots for both 1996 and 2001 for which expression (2) has been run and Table 1 displays the regression output for both years. As it can be observed, the standard error has been corrected following Gabaix and Ioannides (2004).

The parameter α, indicating the way the population is distributed across the cities in the system, shows always as significant and around 0.74, which implies a distribution very unequal and sets Australia far from meeting Zipf's law. Furthermore, there has been a decrease from 1996 to 2001, which would mean more inequality in the distribution. However, we cannot take this result as very sure since the time horizon is not long enough and urban evolution is a phenomenon which evolves basically in the long run. Also, this decrease in α might be due to the fact that we are taking only those settlements above 200 people. Since the population is increasing over time, the minimum value will be always 200 (thought there do exist smaller settlements, which are not included in the sample) but the maximum may increase. This, everything else hold constant, may cause this increase in the degree of unevenness.

Figure 2. Zipf Plots

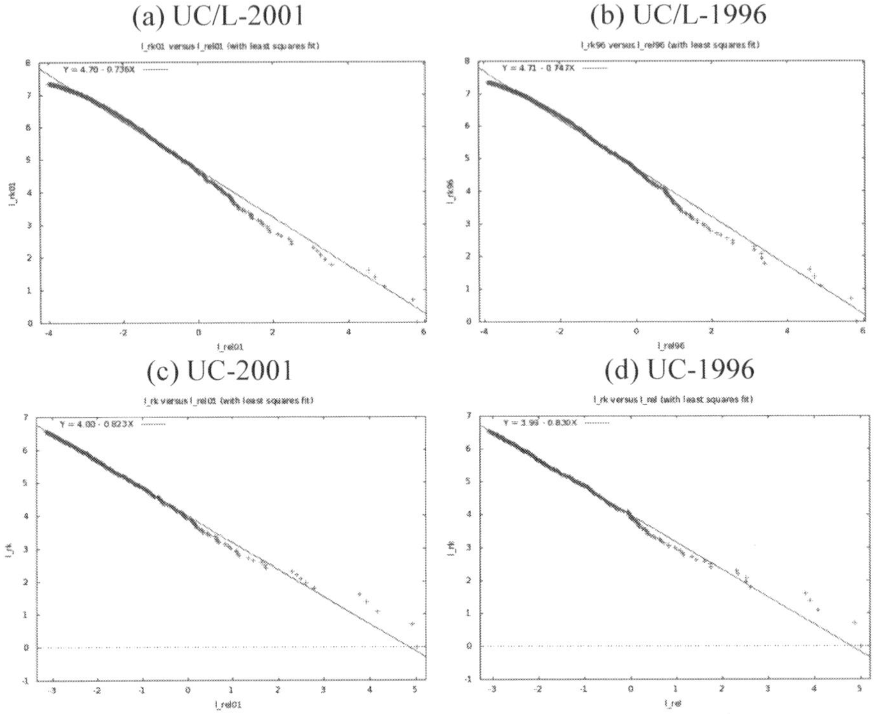

Horizontal axis represents the logarithm of the relative population and the vertical one the logarithm *of the rank.*

Table 1. Log of Australian relative population. OLS results

	2001					
	Coefficient	Std. Error	t -stat.	p-value	Adj. S.E.	t -Stat.
A	4.70264	0.00600962	782.5182	0.0000	-	-
α	0.736492	0.00230305	319.7901	0.0000	0.036	-20.458
	Unadj. R^2	0.985003		Adj. $\overline{R}^2$	0.984994	
	1996					
	Coefficient	Std. Error	t -stat.	p-value	Adj. S.E.	t -Stat.
A	4.70875	0.00554564	849.0899	0.0000	-	-
α	0.746700	0.00215998	345.6980	0.0000	0.036	-20.742
	Unadj. R^2	0.987139		Adj. $\overline{R}^2$	0.987131	

3.3. (Yet) more Zipf

By looking at the two first plots in Figure 2, we can also observe the actual distribution does not exactly fit a straight line but there are several deviations. Specially, there are downwards curves at the upper and lower extremes. These deviations from a straight line usually appear when not only the upper tail but the whole urban system is taken (when there is no cut-off), as Eeckhout (2004) states. Indeed, if we shorted the data-set so that only the biggest cities were considered (upper tail), the graph would look more like a straight line. Following Eeckhout (2004), this occurs because the underlying distribution is log-normal and not Pareto as it used to be assumed. Comparing Figure 2 (a)-(b) to Figure 2 (c)-(d) allows the reader to notice such phenomenon.

In addition, another feature of shortening the sample is that the line becomes steeper, that is, Zipf's parameter (α) increases. We can confirm this if we consider only the Urban Centers (settlements above 1000 people) instead of Urban Centers and Localities (above 200 people). By doing such experiment, we observe how α increases from around 0.74 up to about 0.83 (still far from Zipf's rule).

Furthermore, inspired by Ellis and Andrews (2001), the Australian urban system is divided into seven sub-regions[3] and Zipf's analysis is performed again to try to verify their argument. Their idea is that, due to the fact Australia has a relatively small population spread over a large area, "transport costs and political institutions may have induced multiple centers of economic activity", leading to a nationwide urban system made up of several state rank-size relations where the largest city is a primate (much larger than the rest) and the rest meet Zipf's Law. However, rank-size regressions were performed for each sub-region, finding roughly the same results as in the general case. The largest α coefficient was 0.75 (Southern Australia in 1996), which is still far from the unity. This leads to the conclusion there is not such a regionalization of Zipf, but rather a mirroring of the general picture.

Finally, we zoom out to the international context in Table 2. So far, we have described Australia as a *different* urban system; however, we have said nothing about other economies. Here our purpose is to confirm our suspects that it really shapes a different case. In order to compare results obtained for several different countries when applying a Zipf's regression, we pick examples spread around the world with some apparent similarities, such as area (Canada), population or GDP (Netherlands). As we can observe, Australia's coefficient scores as the lowest one. Since they do not take the same number of cities, nor the same cutoff, one should not directly compare results, but yet this can be taken

[3] Apparently, Ellis and Andrews divide it by States (which formally would make up 11 divisions, accounting for both States and Territories, according to Edwards (2001)). However, in this paper Australia has been divided only into seven sub-groups because of three reasons: the geoeconomic reasonability of the seven divisions, the small-sized the data sets would get otherwise and the fact the Australian Bureau of Statistics handles Urban Centers and Localities this way when offering the data.

as a sign that Australian population is distributed across the urban system very unevenly, especially when compared to other countries in the world.

Table 2. International comparison

Country	$\lvert\alpha\rvert$ coef.	Year	n	Reference
Algeria	1.351**	1998	62	Soo (2005)
Australia	0.8234***	2001	703	
Brazil	1.1341**	2000	411	Soo (2005)
Canada	1.2445**	1996	93	Soo (2005)
China	1.3**	1999	2651	Anderson and Ge (2005)
India	1.1876**	1991	309	Soo (2005)
Japan	1.3169**	1995	221	Soo (2005)
Malaysia	0.856***	2000	171	Soo (2005)
Netherlands	1.4729**	1999	97	Soo (2005)
USA	1.3781**	2000	667	Soo (2005)

*** Significant at 5% ; *** Significant at 1%.*

Data for other countries than Australia are taken from Junius (1999) and relate to 1990. Australia's index has been calculated for 1996 using the Urban Centers only.

This table tries to show the most comparable results, hence data from the UC sample are displayed for Australia and data from Soo (2005) are taken for USA. In the latter case, if we considered data from Gonzalez-Val *et al.* (2010) or Eeckhout (2004) instead, the coefficient happens to be much lower due to the fact these works use the whole distribution, which implies a much larger n.

4. DOES SIZE MATTER FOR SPEED? THE GIBRAT'S LAW

4.1. Gibrat's Law

So far, we have only analyzed the static relationship between size and rank and compared it over different points in time. Though the sample here is not the most suitable one for these purposes (only two years are certainly not enough to draw strong conclusions), it is also interesting to examine how an urban system has dynamically changed, if so. Traditionally, there are two ways in the literature to analyze dynamical processes in cities: the parametric and the non-parametric approach. The former consists of linear regressions *à-la* β-convergence, as in growth and development theory, while the later uses Markov's transition matrices or density kernels. Here we focus on the first one.

One question we might wonder about is whether the growth of a city depends on its initial size or it is independent of it. The situation of no relation between the growth rate of the city and its initial size is called of proportionate growth and if that is the case, Gibrat's Law is said to hold. The conceptual Gibrat's expression to estimate is as follows:

$$\Delta S_i = c + \beta S_i \tag{3}$$

where ΔS_i represents the growth rate of the city i. If Gibrat's law does not hold we can consider two possibilities: either there is a positive or a negative relationship between being big or not and growing fast or not. If such relation was positive, there would be a premium for bigger cities to attract people; on the contrary if smaller cities grew faster than bigger ones, the tendency would be to convergence among all of them. Finally, if there was proportionate growth, there would be no apparent relation between size and growth.

Gibrat's analysis tells us information about the evolution and direction of the urban system, and there are several implications for each scenario regarding economic or landscape-planning policy which make this kind of analysis of special interest to real world.

4.2. Gibrat and Australia: not quite good friends

In order to test Gibrat's Law, we consider two different specifications that we apply to the absolute and the relative populations, giving rise to the following four equations that we run:

$$\ln \frac{S_{01}}{S_{96}} = c + \beta \ln S_{96} + \varepsilon \tag{4}$$

$$\ln \frac{S_{01}}{S_{96}} = c + \beta \ln \frac{(S_{01} + S_{96})}{2} + \varepsilon \tag{5}$$

$$\ln \frac{\frac{S_{01}}{S_{01}^{av}}}{\frac{S_{96}}{S_{96}^{av}}} = c + \beta \ln \frac{S_{96}}{S_{96}^{av}} + \varepsilon \tag{6}$$

$$\ln \frac{\frac{S_{01}}{S_{01}^{av}}}{\frac{S_{96}}{S_{96}^{av}}} = c + \beta \ln \frac{\left(\frac{S_{01}}{S_{01}^{av}} + \frac{S_{96}}{S_{96}^{av}}\right)}{2} + \varepsilon \tag{7}$$

where the subindices refer to the year and ε is the innovation term. The reason why we have considered two different definitions of size is for robustness purposes.

Table 3. Gibrat's OLS

Coefficients	Estimate	Std. Error	t -stat.	P-value	
		$2^* \ln S_{96}$			
$\hat{c}$	-0.105667	0.023231	-4.549	5.82e-06	***
$\hat{\beta}$	0.021011	0.003242	6.480	1.22e-10	***
		$2^* \ln \frac{(S_{01}+S_{96})}{2}$			
$\hat{c}$	-0.051841	0.023542	-2.202	0.0278	**
$\hat{\beta}$	0.013398	0.003294	4.067	5e-05	***
		$2^* \ln \frac{S_{96}}{S_{96}^{av}}$			
$\hat{c}$	-0.029546	0.008554	-3.454	0.000567	***
$\hat{\beta}$	0.004164	0.003331	1.250	0.211519	
		$2^* \ln \frac{(\frac{S_{01}}{S_{01}^{av}}+\frac{S_{96}}{S_{96}^{av}})}{2}$			
$\hat{c}$	-0.009945	0.008533	-1.165	0.244	
$\hat{\beta}$	0.012964	0.003302	3.926	9.03e-05	***

*** *significant at 1% level;* ** *significant at 5% level;* * *significant at 10% level.*
The estimated equations correspond to those especified in equations 4 to 7.

Results are shown in Table 3. Just by a quick look at the p-values, we can already conclude it is not really clear Gibrat holds for this case. In fact, we may observe that in those three specifications where Gibrat's law does not hold (β being statistically different from zero), the sign for the size parameter is positive. There is one more remark regarding this finding: the signs seem to be in line with the conclusions obtained in the Zipf analysis. In the previous section, we have seen the α coefficient for the size decreased from 0.75 to 0.74, implying a more uneven city system. This could be partly explained because of the faster growth of bigger cities, which widened the difference between them and the smaller ones, leading to greater inequality in terms of populations.

5. WHERE? BRINGING SPACE INTO ACTION. EXPLORATORY ANALYSIS

This paper was started by pointing to the uniqueness of Australia as an urban system, especially due to its particular geography. We have seen many facts confirming the first statement, but no word about the latter one yet. The picture we have drawn of Australia is as follows. Although the average city size has increased by 8.45%, as many as 619 cities (out of 1559) decreased in population from 1996 to 2001. Moreover, if we looked at relative sizes, it was 1089 (out of 1559) cities that experienced a negative growth rate. This leaves us with a system becoming more uneven, with a few larger cities growing so as to push the average up, and many more cities declining in population.

With those numbers in mind, now we would like to be able to detect *where* such changes have happened. In this section we provide tools to visualize the spatial dimension of these phenomena by means of what is called Exploratory Spatial Data Analysis (ESDA) and look for patterns that we try to confirm later in Section 6 when we carry out the confirmatory analysis. But, before that comes, let us briefly explain the analytical framework that will help us go through the task.

5.1. Methodology

A very useful concept to step forward in this direction is that of *spatial dependence*. Following Anselin (1988, p.11), "spatial dependence can be considered to be the existence of a functional relationship between what happens at one point in space and what happens elsewhere". Translating that into our topic, if Australian geography played any role in explaining urban outcomes (in terms of either size or growth), we should be able to detect any type of spatial dependence. We can express the idea of spatial dependence in our case by means of a functional form:

$$S_i = f(S_j) \quad \forall i \neq j \tag{8}$$

or

$$gr_i = h(gr_j) \quad \forall i \neq j \tag{9}$$

where *gr* is the growth rate of the population of a city. One common way to introduce space into the formal analysis and account for the functional relation in (8) is by means of the *spatial weight matrix* (*W*). It is an *n* by *n* matrix and is usually constructed considering relations of either physical contiguity or distance, although it can also be designed to express more complex spatial linkages such as economic or cultural distance, for instance. Every element w_{ij} of W reflects the spatial connection (or absence of it) between the observations i and j. To construct a spatial weight matrix based on contiguity, we need the space to be divided into polygons, not spattered with points. Since we are dealing with cities (which are considered to be points in a map), the first step is to convert the points into polygons. For that purpose, we define a Thiessen/Voronoi lattice.

The matrices used here are binary in the sense that neighbors are weighted with 1 and the remainder receives a weight of 0. In this paper, we have used the *queen* criteria. Due to the great concentration of cities in the coast, especially in the East, the distance based weight matrix is not suitable for the Australian case as the average number of neighbors for everyone to have at least one is 623 (while the average in the *queen* case is 5.93).

Once we have obtained W, the next concept to introduce is that of *spatial lag*. Analytically, it is expressed as follows:

$$sl(y) = Wy \tag{10}$$

where sl stands for *spatial lag* and y is a variable. As Moreno and Vayá (2000, p. 27) put it: "the spatial lag consists of a weighted average of the values in the neighbor regions, taking the weights as fixed and given in an exogenous way". This lag can be understood as the analog for spatial econometrics of the time series' observation of the period t - 1 and in the same way the spatial dependence would correspond to the serial autocorrelation.

There are several tests to explore the presence of spatial dependence. Here we use the Moran's I (Moran, 1948) and Moran's scatter plot, two of the most common ways to test for the presence of spatial dependence. Moran's I can be seen as a measure of the correlation between each observation x_i and the rest of regions to which it is spatially linked.

There is one more analytical issue in relation to the global Moran's I: if the variable to be used is a rate, there is a variance instability problem (unequal precision) due to the use of rates as estimates for an underlying 'risk'. In order to correct for this problem, one can smooth the ratio by using several transformations proposed in the literature. Here we use the one following the Empirical Bayes (EB) principle, suggested by Assuncao and Reis (1999). Once the rate is transformed, the Moran's statistic can be applied as usual.

It is interesting to note that Moran's I is a global statistic and, as such, sum up in only one number the degree of spatial correlation among all the observations in the sample. However, it is not able to distinguish those situations in which such spatial correlation is homogeneously spread among the sample from those in which it is clustered in only a few observations. For that purpose, it is necessary to use local indicators of spatial association (LISA), which allow to *decompose* a global statistic of spatial correlation (such as the global Moran's I) into sub-indices for each observation, being very useful to identify clusters. In order to do that, the local test is computed for every observation in the sample, instead of computing a global measure of autocorrelation. Since the sample size may be large, the most common way to show the results is by means of a map in which different colors display different types of outcome.

Here we use the local version of Moran's I, proposed in Anselin (1995), whose expression is the following:

$$I_i = \frac{z_i}{\sum_i z_i^2 / N} \sum_{j \in J_i} w_{ij} z_j \tag{11}$$

where z_i is the standardized Moran's I for observation i and J_i is the group i's neighboring observations.

It is possible to assume the standardized I_i is distributed as a standard normal. Once standardized, positive (negative) values may be regarded as clusters of similar (dissimilar) values around the observation *i*.

As in the global case, if the variable to be used is a rate, the same instability in the variance is encountered. Then, there is a need to transform the variable in the same way as with the global Moran's I; namely the EB one.

5.2. Results

Once we have set up the theoretical background, we can delve into the Australian dataset and make use of the proposed toolbox[4]. In this section, only those results for absolute log-population and absolute growth rate are shown in order to improve clarity, especially as the conclusions do not differ very much from the other specifications.

Section 4 takes a deep look at the Zipf's relation in the Australian system. Now we wonder whether the variable size displays spatial correlation. In order to do so, we apply Moran's I to the absolute log-population. The effect seems clear: we cannot reject the null of no spatial correlation for both years 1996 and 2001. The result is showed in Table 4, the p-value is clearly larger than 0.01, implying that even at the 1% significance level and the null cannot be rejected. If we observe the graph in Figure 3 (a), we can see how the points are spread across the four quadrants and the fitted line mingles with the horizontal axis. This suggests there is no clear pattern for the size in the spatial configuration of the city system or, in other words, that cities are located in space without following any law regarding their sizes.

Table 4. Moran's I

Variable	Moran's I	Standard Moran's I	P-value
Log-population 1996	-0.001	-0.029	0.489
Log-population 2001	0.013	0.922	0.178
Absolute growth (EB transf.)	0.132	8.919	0.000

Section 4 tests the Gibrat's relation, which links the size of a city with its rate of growth, concluding there is no relation between both variables. Parallel to the Zipf's case, we try to put this phenomenon in space and detect if the way nearby cities evolve has any influence on a city's growth. The result, displayed in Table 4, seems to confirm the other side of the coin: Moran's I shows enough evidence to reject the null of no autocorrelation. This means the statistic is significantly different from zero. In fact, the sign is positive, implying the growth of a city and that of its nearby partners are positively correlated and, therefore, the growth tends to cluster in space giving room to the idea of loser and winner

[4] The spatial analysis was carried out with the open source package STARS (Rey et al., 2006), freely available at the REGAL's website : http://regionalanalysislab.org/index.php/Main/STARS and the free package GeoDa by Luc Anselin, available at the GeoDa Center for Geospatial Analysis and Computation's website (http://geodacenter.asu.edu).

areas. This relation can be observed graphically in Figure 3 (b): many points are located in the up-right and down-left quadrants, and the fitted line is clearly upwards.

Figure 3. Moran's scatter plots

(a) Absolute Log-Population: 2001 Growth (b) EB transf. Absolute Population

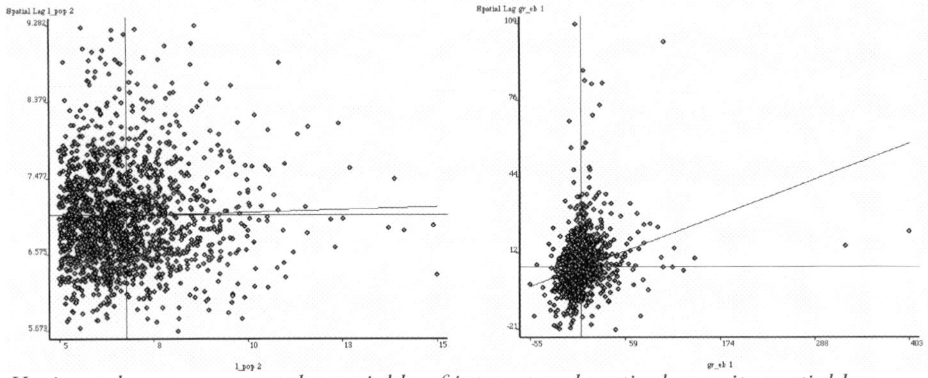

Horizontal axes represent the variable of interest and vertical ones its spatial lag.

Since the first spatial approach does not support the idea of the sizes being spatially correlated, it does not make much sense to try to look for the existence of cities with similar sizes grouped nearby, that is of actual clusters in the variable size. However, we have found the growth to be spatially dependent, which means there is some degree of spatial association for cities with similar growth rates. Therefore, it is interesting to take one step forward and try to look for the *hot* and *cold spots* of the Australian urban growth. We use the local indicators explained above (LISA) to do so. As said before, the usual way to present LISA results is by means of a map in which different colors imply different outcomes.

Due again to the spatial characteristics of the Australian urban system, we propose to use what we come to call a *ClusterCart*, a new alternative way of visualizing LISA indices that proves helpful in this sort of geographical layouts. Basically, the *ClusterCart* is the result of embedding the cluster results from the LISA statistics into a standard cartogram. We explain this idea more in detail below.

A cartogram is a map in which some thematic mapping variable is substituted for land area. As an example, Figure 4 (a) shows a standard cartogram of the Australian cities for a dummy variable of zeros. The polygons have turned to circles of the same size (due to the fact the variable each polygon represents is just a zero for each observation) which barely overlay each other. This produces an abstract representation which distorts the original shape of Australia but which, and this is why it is useful here, allows to see all the observations at a glance[5]. It also shows a great illustration of why a clustergram is useful in this case: the vast majority of points are located on the east side of the island and they all stand very close to each other. As said before, this feature cannot be recognized by looking at a Voronoi map as the polygons on the east are too small to be noticed. However, since the clustergram gives the same size (still allowing to thematically color it) to every city, this fact can rapidly be discovered and overcome.

Figure 4. *ClusterCart* and its composition

(a) Australian Cartogram (b) Bicolor LISA for growth

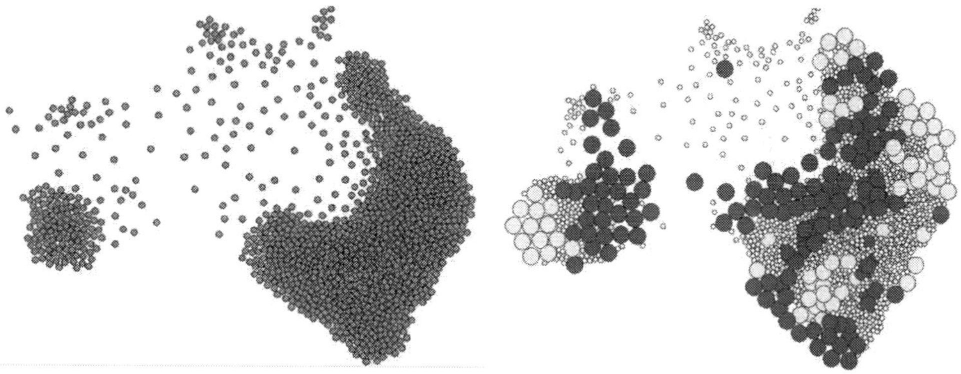

Figure 4 (b) shows the *ClusterCart*. To build it up we have created a cartogram using the cluster results so the light (dark) circles represent the cities with a high-high (low-low) outcome in the LISA and the transparent ones are the rest of the cities.

By looking at Figure 4 (b), we can extract some insights about the urban dynamics in Australia. The first one is that a vast part of the dark circles are not by the coast, except for some of them located in the South[6]. This suggests the Australian population is moving outwards, there is a "push-out" effect that makes cities in the inland decline their population. The follow-up obvious question is: "if population in Australia is growing over time and the inland is decreasing, *where is growth taking place?*" The answer can be found if we observe the lighter circles: basically, coastal and well-watered places are those displaying positive growth clusters, which is in line with the ideas stated in Hugo (2002). But, if we observe them more in detail, we can also detect most of the light clusters locate around some of the largest cities in the country: the one

[5] The reason why the map becomes distorted is because now the points cannot cover each other and, for that to happen, they need to be slightly moved from their original position in a standard map to leave room so they all fit in.

[6] However, the reader should note those points are located by Tasmanian coast, not the Australian one. This is due to the fact that the *ClusterCart* tends to group all the observations without distinction between one or another island.

in the West is around Perth's area, the one in the South around Melbourne's and the one in the East corresponds to Brisbane. This leads to conclude that it is in big metropolitan areas, rather than uniformly around the country, where the phenomenon of urban growth is taking place. This result also links to the findings in the non-spatial analysis of urban growth: we found that there seems to be a positive correlation between size and growth and, as it turns out when we spatially explore the data, the phenomenon of growth seems to be taking place in those areas where bigger cities are located. In addition, these results point to the power of larger cities to attract people around their *orbits of influence*, people who might or might not live in the inner city but who interact with it (e.g. commute for work). Looking for the reasons underlying such phenomena are beyond the aim of this study, but it certainly represents an interesting road to walk down for future research.

So far, this has only been a first attempt to explore whether space plays any role, but it does not provide any formal insight, nor tells anything about how Zipf's or Gibrat's analyses are affected. For the latter, we need to walk further and step into the confirmatory analysis. That is what next section is about.

6. DOES SPACE ACTUALLY MATTER? CONFIRMATORY ANALYSIS

One of the main results from the previous section is that while there is no apparent correlation between sizes, there seems to be spatial autocorrelation in the growth rates. If the former is true and there is some sort of spatial dependence, OLS alone is not the best method to estimate coefficients (Anselin, 1988, p. 58-59). In this section, we try to confirm the directions pointed in the previous section and detect if space actually plays any role in the generating process by performing a test on the residual spatial autocorrelation and the robust LM test, to check if there is spatial autocorrelation in the regression analysis. Lastly, for those specifications that suggest there is a spatial autoregressive model, we estimate it by means of the GMM (Generalized Method of Moments) estimator developed by Kelejian and Prucha (1998).

6.1. Testing for space in the regression analysis

The first step we take is to test against the possibility that the residuals of the OLS regression show spatial randomness. We do this by means of the Moran's I test for spatial autocorrelation in the residuals suggested by Cliff and Ord (1981), in which the null is spatial randomness. The results for every specification are shown in the first column of Table 5. As we can observe, the conclusion is clear: while most (three out of four) of the Zipf's specifications show spatial randomness, as we cannot reject the null, we always do it when it comes to the Gibrat analysis, meaning that the residuals are not randomly distributed across space. However, one of the main issues of this test is the absence of a clear alternative hypothesis. It is only useful when the null cannot be rejected, as it happens for the Zipf's case, because then there is no need to go further in the spatial analysis. For this reason, we consider as not relevant to continue analyzing urban size in a spatial context and, from now on, we only focus on urban growth and Gibrat's law[7].

Table 5. Tests on the Gibrat's and Zipf 's Analysis

	Model specification	Moran res. test	Rob. LM error test
Zipf			
	$\ln R_{01} \sim \ln S_{01}$	DNR	-
	$\ln R_{96} \sim \ln S_{96}$	***	-
	$\ln R_{01} \sim \ln \frac{S_{01}}{S_{01}^{av}}$	DNR	-
	$\ln R_{96} \sim \ln \frac{S_{96}}{S_{96}^{av}}$	DNR	-
Gibrat			
	$\ln \frac{S_{01}}{S_{96}} \sim \ln S_{96}$	***	***
	$\ln \frac{S_{01}}{S_{96}} \sim \ln \frac{(S_{01}+S_{96})}{2}$	***	***
	$\ln \frac{S_{01}/S_{01}^{av}}{S_{96}/S_{96}^{av}} \sim \ln \frac{S_{96}}{S_{96}^{av}}$	***	***
	$\ln \frac{S_{01}/S_{01}^{av}}{S_{96}/S_{96}^{av}} \sim \ln \frac{\left(S_{01}/S_{01}^{av} + S_{96}/S_{96}^{av}\right)}{2}$	***	***

**** significant at 1% level; ** significant at 5% level; * significant at 10% level; DNR Do Not Reject the hypothesis of not significant.*
In the model specification, Moran Res. Test refers to the Moran's residual test for spatial autocorrelation; and Rob. LM Error Test to the LM robust test for an error model.

In order to get a better insight about the underlying process, we perform the Lagrange Multiplier statistic for spatial dependence in the error. We use the variant which tests for the presence of spatial dependence in the error term and it is robust to the presence of a missing spatially lagged dependent variable[8]. The test considers the following structure for the error term:

$$u = \rho W u + \varepsilon \tag{12}$$

[7] Although there is one Zipf's specification rejecting the null, for the sake of focus on one issue (urban growth), we do not consider it any further in the analysis.

[8] The computations were performed with the R package 'spdep', freely available at the CRAN website (http://cran.r-project.org) and PySpace, also open-source available at http://geodacenter.asu.edu/software. For more information on the latter one, see Rey and Anselin (2007).

and the hypothesis considered as null is $\rho = 0$. Thus, if we reject it, we may say there is spatial autocorrelation in the error term.

Although it would also be desirable to test for the presence of a missing spatially lagged dependent variable as well, there is one reason why we have not. The usual procedure to estimate a model with a spatial lag is by means of the two steps least squares (2SLS) procedure, which uses instrumental variables (IV's) to correct for the endogeneity created by the dependent variable spatially lagged on the right hand side. Kelejian and Prucha (1998) set the conditions for this method to work and, as assumption 7b in their paper implies (p. 105), it requires at least one of the explicative variables (excluding the constant term) be significant. Since the main goal of Gibrat's analysis is to check whether size, as the only explicative variable, explains any of the growth, we cannot ensure *ex-ante* that is significant and thus that the 2SLS works. For this reason, we discard the introduction of a spatial lag in the equation.

The results of the LM test are shown in the second column of Table 5. As we can observe, the conclusion is clear as well: there seems to be an error model behind the scenes generating the data we actually see. This points to be the case for both specifications (the one considering the initial size and the one using the average of both periods) as well as for absolute and relative populations. Last, due to the choice of the robust variant of the test, the conclusions about the existence of the error model remain the same even in presence of a lag model as well, which is important here, given the particularities outlined above. Accounting for the spatial error structure and analyzing whether it has any implication in the final conclusions we may draw about Gibrat's law are the aims of the next subsection.

6.2. Introducing a spatial error model in the Gibrat analysis

We now turn to the actual modeling of the spatial effects the ESDA suggested and some tests performed before seem to point out. The equations to be estimated are the same as in equations 4 to 7 but now we substitute the innovation term by the one specified in equation 12.

The procedure we use to estimate the model is that proposed in Kelejian and Prucha (2010). They introduce a new class of consistent GM (Generalized Moments) estimators for the autoregressive disturbance process that allows for heteroskedastic innovations and, unlike the version in Kelejian and Prucha (1998), permits statistical inference in the autoregressive term. Although in tests not reported we have not found evidence of heteroskedasticity, the possibility to examine the statistical significance of the error parameter has led us to adopt this method. The spatial counterpart of Table 3 is presented in Table 6. There are in particular two key points to comment about it.

The first one relates to the robustness of the significance of the spatial parameter. The estimate of ρ proves to be statistically different from zero in every specification, which can be interpreted as an argument to state there is actually a spatial error model for Gibrat's law and that space plays a role in urban growth for Australia. The error term may be seen as a black box which captures to some extent the relevant variables that were not included in the regression as well as other measurement errors. In our estimates, the sign of such parameter is always positive, implying a process of positive spatial autocorrelation, which means similar values of the residuals tend to locate close to each other giving rise to a clustering pattern.

Table 6. GM Consistent Estimator with Heteroskedastik Disturbances

Variable	Coefficient	Std. error	t-Statistic	p-value	
		$\ln S_{96}$			
$\hat{c}$	-0.07160020	0.02125529	-3.36858218	0.000774	***
$\hat{\beta}$	0.01627260	0.00306525	5.30874311	0.000000	***
$\hat{\rho}$	0.34144198	0.03663266	9.32069863	0.000000	***
		$\ln \frac{(S_{01}+S_{96})}{2}$			
$\hat{c}$	-0.02075664	0.02148717	-0.96600127	0.334194	
$\hat{\beta}$	0.00907776	0.00308730	2.94035387	0.003327	***
$\hat{\rho}$	0.35340532	0.03617795	9.76852859	0.000000	***
		$ln \frac{S_{96}}{S_{96}^{av}}$			
$\hat{c}$	-0.03688607	0.00815158	-4.52501874	0.000006	***
$\hat{\beta}$	0.00062126	0.00319667	0.19434565	0.845931	
$\hat{\rho}$	0.36342201	0.03580290	10.15063088	0.000000	***
		$\ln \frac{(\frac{S_{01}}{S_{01}^{av}}+\frac{S_{96}}{S_{96}^{av}})}{2}$			
$\hat{c}$	-0.01876152	0.00853607	-2.19791072	0.028102	**
$\hat{\beta}$	0.00879073	0.00309128	2.84372391	0.004517	***
$\hat{\rho}$	0.35351934	0.03619188	9.76791865	0.000000	***

**** significant at 1% level; ** significant at 5% level; * significant at 10% level.*
In the model specifications, the names refer to equations 4 to 7 and the term ρ^ to that in equation 12.

The second one is that, although space proves to be significant via the error term, the main conclusions we withdrew in the OLS section do not change. Initial on averaged urban size is still statistically significant and, hereby, Gibrat's law does not hold when we account for spatial effects in the error term. In fact, the coefficients look very similar from one specification to the other one, being the parameter for the size also greater than zero, which means a positive relationship between size and urban growth; again, bigger cities grow faster. This is important because it is not always the case: the estimation by OLS of a model with spatially correlated errors may lead to conclude some parameters are significant when in fact they are not. However here, we have found how even when we consider such effects, the size of the city seems to be related to growth. We take these results as an extra argument for the deviation from Gibrat in Australia in the period analyzed.

7. CONCLUSIONS AND FUTURE STEPS

The present paper examines in both exploratory as well as confirmatory way the Australian urban system for the years 1996 and 2001. To do so, it uses the largest data set available so that the whole distribution (starting at 200 people) is covered and three different measures of the city size are used, namely the absolute population, the relative one and the size as a share of the total population. Also, for the confirmatory part, it applies some of the most recent developments in spatial econometrics. Australia is a very unique example of low population density, and its very special geography has shaped the distribution in a way that makes it very appealing for the urban researcher.

We first characterize the data set, and it already shows that, despite the short period chosen, some noticeable changes can be perceived. Then Zipf's analysis is carried out in order to test if the '*rank – size*' parameter is around one, but the evidence points to a much lower value (around 0.74), which implies a very uneven distribution of the population over the system and confirms what we had already sketched about Australia being a very unique case. A low parameter is related to a situation in which the sizes of the larger cities differ a great deal from the smaller ones. Moreover, we can observe how, from one year to another one, such coefficient has even decreased, deepening the inequality across cities.

After having realized Zipf does not hold for Australia, we examine the dynamic processes behind the city system to examine the relation between growth and size by means of Gibrat's law. We use different specifications to conclude that we cannot talk about *proportionate growth* in Australia for the period of study. City size coefficient always appears to be significant for population growth. In addition, there is a positive relation between both variables, so larger cities tend to grow faster than smaller ones. If we couple results from these two sections, we can visualize a system where, from 1996 to 2001, population has concentrated more in bigger cities, which increase their size more and more while the gap between them and the smaller ones tends to widen.

One of the main goals of this work is to explore the role space plays in urban population distribution and how the particular geography of Australia influences the outcome of its cities. The following step then has been to bring the spatial dimension into the analysis. To do so, we begin with an exploratory spatial data analysis (ESDA) procedure in which we try to determine whether there is any degree of global spatial dependence. The main conclusion is that although urban sizes are not spatially correlated, growth rates do show association in space. We then try to locate clusters of high and low growth by means of LISA indicators and an alternative visualization tool we call *ClusterCart*. This step shows declining cities are located mainly in the inland while the growing centers tend to cluster around large cities by the coast.

We follow the exploratory by the confirmatory analysis. To do so we perform some tests and, when suggested, we estimate spatial models. First we analyze the residuals of the OLS regressions and that allows us to rule out the presence of any sort of spatial dependence in the Zipf's analysis. However, we reject the null of spatial randomness in the Gibrat's specification. We then perform the LM test for the existence of a spatial error, finding it relevant. The next step we take is to include an autoregresive structure in the error term. We estimate it with the GMM procedure suggested by Kelejian and Prucha (2010) and find the spatial parameter significant for every specification. However, this does not change the main conclusions regarding Gibrat's law.

The main picture we can draw after this study has a non-spatial and a spatial side, and we can find some similarities between both views. On the non-spatial world, Zipf's analysis sheds a very uneven distribution of people across the urban system, with city sizes more diverse than in other countries in the world. Moreover, Gibrat's approach sketches a link between larger size and faster growth. Once we go down on surface to the spatial world, we also find a very unequal distribution of cities across the Australian geography and a very unbalanced but space-led distribution of growth among cities.

In order to conclude the paper, here we suggest two directions which could be followed to expand the study of Australia. The first one would be to take the data set further back in time and the second one to dig into the causes which give rise to this outcome. Although they certainly give useful information, two points in time with a five-year lag in-between are certainly not enough to study long-term processes such as the evolution of a city system. That is why this paper should be seen rather as a static picture. Covering more years would bring the whole movie and would surely shed more light about the dynamical processes underlying the result pictured here. On the other hand, this study is rather descriptive in the sense that it focuses on characterizing Australia and on withdrawing systematic patterns in the way Australian cities are configured but it falls short in explaining why such trends and distributions are so. Mining possible explanatory variables to get deeper into the causes would surely be of great interest.

REFERENCES

Anderson, G. and Ge, Y. (2005). The size distribution of Chinese cities. *Regional Science and Urban Economics*, 35 (6): 756–776.

Anselin, L. (1988). *Spatial econometrics*. Kluwer Academic Publishers Dordrecht.

Anselin, L. (1995). Local indicators of spatial association-LISA. *Geographical Analysis*, 27 (2): 93–115.

Assuncao, R.M. and Reis, E.A. (1999). A new proposal to adjust Moran's I for population density. *Statistics in Medicine*, 18 (16): 2147-2161.

Beeson, P., DeJong, D., and Troesken, W. (2001). Population growth in US counties, 1840–1990. *Regional Science and Urban Economics*, 31 (6): 669–699.

Black, D. and Henderson, V. (2003). Urban evolution in the USA. *Journal of Economic Geography*, 3 (4): 343–372.

Bosker, M., Brakman, S., Garretsen, H., and Schramm, M. (2007). Looking for multiple equilibria when geography matters: German city growth and the WWII shock. *Journal of Urban Economics*, 61 (1): 152–169.

Bosker, M., Brakman, S., Garretsen, H., and Schramm, M. (2008). A century of shocks: The evolution of the German city size distribution 1925–1999. *Regional Science and Urban Economics*, 38 (4): 330-347.

Brakman, S., Garretsen, H., and Schramm, M. (2004). The Strategic Bombing of Cities in Germany in World War II and it Impact on City Growth. *Journal of Economic Geography*, 4 (1): 1–18.

Cliff, A. and Ord, J. (1981). *Spatial processes: models & applications*. Pion Ltd.

Cordoba, J. (2008). On the distribution of city sizes. *Journal of Urban Economics*, 63 (1): 177–197.

Davis, D. and Weinstein, D. (2002). Bones, Bombs, and Break Points: The Geography of Economic Activity. *American Economic Review*, 92 (5): 1269–1289.

Davis, D. and Weinstein, D. (2008). A Search for Multiple Equilibria in Urban Industrial Structure. *Journal of Regional Science*, 48 (1): 29-65.

Duranton, G. (2007). Urban Evolutions: The Fast, the Slow, and the Still. *American Economic Review*, 97 (1): 197–221.

Eaton, J. and Eckstein, Z. (1997). Cities and growth: Theory and evidence from France and Japan. *Regional Science and Urban Economics*, 27 (4-5): 443–474.

Edwards, R. W. (2001). Australian standard geographical classification. Technical report, Australian Bureau of Statistics.

Eeckhout, J. (2004). Gibrat's Law for (All) Cities. *American Economic Review*, 94 (5): 1429–1451.

Ellis, L. and Andrews, D. (2001). City sizes, housing costs, and wealth. *Reserve Bank of Australia Research Discussion Paper*, No 2001-08.

Gabaix, X. and Ioannides, Y. (2004). The Evolution of City Size Distributions. *Handbook of Regional and Urban Economics*, 4: 2341–2378.

Gonzalez-Val, R., Lanaspa, L., and Sanz, F. (2010). Gibrat's law for cities revisited. *MPRA paper* 10411, University Library of Munich, Germany.

Hugo, G. (2002). Changing Patterns of Population Distribution in Australia. Populations of New Zealand and Australia at the Millennium: A Joint Special Issue of the *Journal of Population Research and the New Zealand Population Review*, 1–22.

Junius, K. (1999). Primacy and Economic Development: Bell Shaped or Parallel Growth of Cities? *Journal of Economic Development*, 24 (1): 1–22.

Kelejian, H. and Prucha, I. (1998). A generalized spatial two-stage least squares procedure for estimating a spatial autoregressive model with autoregressive disturbances. *The Journal of Real Estate Finance and Economics*, 17 (1): 99–121.

Kelejian, H. and Prucha, I. (2010). Specification and estimation of spatial autoregressive models with autoregressive and heteroskedastic disturbances. *Journal of Econometrics*, 157 (1): 53-67.

Lanaspa, L., Perdiguero, A., and Sanz, F. (2004). La distribucion del tamaño de las ciudades en España, 1900-1999. *Revista de Economía Aplicada*, 34: 5–16.

Lanaspa, L., Pueyo, F., and Sanz, F. (2003). The evolution of spanish urban structure during the twentieth century. *Urban Studies*, 40: 567–580.

Moran, P. (1948). The interpretation of statistical maps. *Journal of the Royal Statistical Society. Series B (Methodological)*, 10 (2): 243–251.

Moreno, R. and Vayá, E. (2000). *Técnicas econométricas para el tratamiento de datos especiales: la econometría espacial*. Barcelona (España). Ediciones de la Universidad de Barcelona.

Nitsch, V. (2003). Does history matter for urban primacy? The case of Vienna. *Regional Science and Urban Economics*, 33 (4): 401–418.

Overman, H. and Ioannides, Y. (2001). Cross-Sectional Evolution of the US City Size Distribution. *Journal of Urban Economics*, 49 (3): 543–566.

Rey, S. and Anselin, L. (2007). Pysal, a Python library of spatial analytical methods. *The Review of Regional Studies*, 37 (1): 5–27.

Rey, S. and Janikas, M. (2006). STARS: Space-Time Analysis of Regional Systems. *Geographical Analysis*, 38 (1): 67–86.

Rosen, K. and Resnick, M. (1980). The size distribution of cities: an examina- tion of the Pareto law and primacy. *Journal of Urban Economics*, 8 (2): 165–186.

Sharma, S. (2003). Persistence and stability in city growth. *Journal of Urban Economics*, 53 (2): 300–320.

Silverman, B. (1986). *Density estimation for statistics and data analysis*. Chapman & Hall/CRC.

Soo, K. (2005). Zipf 's Law for cities: a cross-country investigation. *Regional Science and Urban Economics*, 35 (3): 239–263.

Soo, K. (2007). Zipf 's Law and Urban Growth in Malaysia. *Urban Studies*, 44 (1): 1-14.

KANGOUROUS, VILLES ET ESPACE : UNE APPROCHE EXPLORATOIRE DU SYSTÈME URBAIN AUSTRALIEN

Résumé - *Cet article tente de dégager les caractéristiques du système urbain australien en 1996 et 2001. La première partie propose une approche descriptive du système urbain australien. La seconde partie examine la validité des lois de Zipf et de Gibrat pour les villes. Aucune de ces lois n'est validée. En s'appuyant sur les développements récents en économétrie spatiale (Heteroskedastic Consistent GM Estimation), une analyse exploratoire des données spatiales est utilisée pour étudier la répartition spatiale de la taille et de la croissance des villes.*

Mots-clés : SYSTÈME URBAIN AUSTRALIEN, LOI DE ZIPF, LOI DE GIBRAT, ANALYSE EXPLORATOIRE DES DONNÉES SPATIALES.

LA LOI DE ZIPF SOUS LE PRISME DE L'AUTO-CORRELATION SPATIALE

LES CAS DE LA CHINE ET DE L'INDE

Alexandra SCHAFFAR *

Résumé : *Cet article utilise un modèle rang-taille des villes sur des données de panel. En introduisant la dimension géo-localisée des données, il propose de prendre en compte les effets d'auto-corrélation spatiale dans l'étude de la validité de la loi de Zipf. La méthodologie utilisée pour détecter les effets d'auto-corrélation spatiale est celle initiée par Debarsy et Ertur (2010). Elle permet de choisir la meilleure spécification du modèle rang-taille parmi trois alternatives : le modèle autorégressif spatial (SAR), le modèle à auto-corrélation spatiale des erreurs (SEM) et le modèle spatial général à effets fixes sur des données de panel (SARAR). En Chine, la prise en compte des effets d'auto-corrélation spatiale ne modifie pas fondamentalement les conclusions du modèle a-spatial tout en permettant de l'affiner : la distribution rang-taille des villes suit la loi de Zipf dans le long terme. En Inde, le modèle a-spatial conduit à un rejet de la loi de Zipf et l'introduction de la dimension spatiale conduit à valider la loi de Zipf sur le long terme.*

Mots clés : LOI DE ZIPF, HIÉRARCHIES URBAINES, CHINE, INDE, AUTOCORRÉLATION SPATIALE.

Classification JEL : R10, R12, C31

L'auteur souhaite remercier Julie Le Gallo, Université de Besançon, et Nicolas Debarsy, Université de Louvain, pour les échanges et les remarques fructueuses qui ont permis d'améliorer cet article.

---

* Université de Toulon, LEAD, EA 3163, 83957 La Garde, France ; schaffar@univ-tln.fr.

1. INTRODUCTION

Depuis plusieurs années, la littérature économique sur la démographie des villes s'interroge sur la nature et la forme des hiérarchies urbaines contemporaines. De nombreux travaux mettent en évidence la validité de la loi de Zipf (1949), selon laquelle la distribution rang-taille des villes d'un pays ou d'une région épouse une distribution de type Pareto avec une pente égale à -1, ce qui confirme les observations empiriques antérieures de Auerbach (1898) et de Lotka (1941). Bien que le « mystère » de la loi de Zipf (Krugman, 1996) fasse l'objet de plusieurs travaux d'ordre méthodologique et/ou empirique, sa dimension spatiale fut étrangement négligée sauf quelques tentatives récentes isolées.

L'objectif de ce papier est de tester l'existence d'effets d'auto-corrélation spatiale sur les distributions des tailles urbaines en Chine et en Inde, entre 1980 et 2005. Durant cette période, les deux pays ont connu des évolutions importantes, tant du point de vue économique que démographique ou institutionnel. En Chine, la libéralisation économique des années quatre-vingt a généré d'importants flux migratoires de main d'œuvre sur un plan intra-régional et interrégional. Ces flux se sont intensifiés après les réformes de 1993 qui ont assoupli le système *Hukou*, en relâchant les multiples contraintes et réglementations qui pesaient sur la mobilité des travailleurs. En Inde, la période 1981-2001 correspond au passage d'un pays autocentré à une économie ouverte à l'échange international. Ce mouvement s'est accéléré après les réformes et les changements politiques intervenus en 1991, tandis que les grandes villes indiennes acquièrent progressivement un statut de métropoles internationales (Schaffar et Dimou, 2012 ; Schaffar, 2010).

De nombreuses études empiriques sur les hiérarchies urbaines emploient des modèles économétriques sur données transversales, permettant d'obtenir une information sur le degré de hiérarchisation d'un système régional ou national de villes pour une seule date. Nous privilégions, ici, une analyse sur des données de panel permettant de déterminer un coefficient de hiérarchisation pour l'ensemble de la période de référence. Comme ces données sont géolocalisées, il est nécessaire d'étudier l'existence d'effets d'auto-corrélation spatiale dans la distribution rang-taille des villes, en s'appuyant sur une batterie d'outils économétriques récents (Elhorst, 2010 ; Lee et Yu, 2010 ; Debarsy et Ertur, 2010).

Dans une deuxième section, nous présentons les développements théoriques récents sur la loi de Zipf pour les villes. La troisième section est axée sur des questions méthodologiques liées à l'utilisation des modèles spatiaux sur données de panel. La quatrième section présente les résultats obtenus pour les distributions chinoise et indienne durant la période 1981-2005. Enfin, la dernière section conclut sur les résultats obtenus et les apports des modèles spatiaux sur données de panel dans l'analyse des hiérarchies urbaines.

2. LA LOI DE ZIPF POUR LES VILLES

Les études empiriques sur les hiérarchies urbaines admettent généralement l'hypothèse que la probabilité $\Pr(S > S_0)$ pour que la taille S d'une ville soit supérieure à une taille minimale S_0 est :

$$\Pr\left(S > S_0\right) = \int_s^{\infty} f(t)\,dt = \int_s^{\infty} Ct^{-a}\,dt = \frac{CS^{-a+1}}{a-1}, a > 1$$

Lorsque les villes sont rangées, selon leur taille $S_1 > S_2 > S_3 > ... > S_i > ... > S_n$, avec *R(s)* le rang de la ville de taille S, on obtient :

$$\Pr(S > S_0) = \frac{R}{n} = \frac{C}{a-1} S^{-a+1}, a > 1$$

Si on pose $k = \dfrac{Cn}{a-1}$ et $\beta = a - 1$ ($\beta > 0$), le modèle rang-taille des villes est donné par la relation :

$$R(s) = k \cdot S^{-\beta}$$

avec *k* un paramètre qui dépend de la taille de la plus grande ville et β un coefficient de hiérarchisation, appelé communément coefficient de Pareto. La relation linéaire entre les logarithmes de rang et de taille correspond à la version la plus connue de la loi rang-taille qui stipule que le rang d'une ville donnée est inversement proportionnel à sa taille :

$$\ln r(s) = -\beta \ln s + \ln k$$

Lorsque β est égal à 1, on obtient la loi de Zipf.

Les modèles rang-taille ont généré une littérature empirique importante. Rosen et Resnick (1980) entament une comparaison des distributions de villes de plus de 100 000 habitants dans 44 pays. Ils obtiennent des coefficients de hiérarchisation dans un intervalle entre 0,81 et 1,96, avec 75% des pays affichant une valeur absolue de l'exposant supérieure à 1, ce qui les conduit à conclure que la distribution rang-taille des villes est plus égalitaire que celle supposée par la loi Zipf.

Dans sa revue de la littérature empirique sur la loi de Zipf, entre 1913 et 1980, Carroll (1982) montre que les distributions dont le coefficient de Pareto est égal à 1 ne représentent qu'un cas parmi d'autres hiérarchies urbaines existantes. Plutôt que de tester la validité de la loi de Zipf, il suggère de comparer l'organisation des différents systèmes urbains dans un *continuum* entre deux configurations extrêmes, la primatie absolue d'une part, l'égalité parfaite des tailles des villes, d'autre part. Gabaix et Ioannides (2004) se focalisent également sur le degré d'adéquation des différentes distributions avec la loi de Zipf plutôt que sur sa validité au sens strict du terme.

Moriconi-Ebrard (1993) propose une analyse de la distribution des villes de plus de 10 000 habitants dans 78 pays, entre 1950 et 1980. Il trouve un indice de hiérarchisation global égal à 1,05, avec un écart-type relativement faible, ce qui semble valider la loi de Zipf à l'échelle mondiale. Un véritable clivage apparaît entre l'Ancien (Europe, Asie, Afrique) et le Nouveau Monde (Amérique, Océanie), ce qui conduit Moriconi-Ebrard à expliquer les différentes structurations des systèmes urbains par des facteurs historiques. De son côté, dans son étude sur les distributions des villes de 73 pays, Soo (2005) rejette la validité empirique de la loi de Zipf dans 40% des cas. Il trouve un coefficient de hiérarchisation plus fort pour les pays à revenu élevé que pour les pays à revenu faible ou intermédiaire, en concluant que le niveau du développement économique a une influence déterminante sur les hiérarchies urbaines.

Enfin, dans sa méta-analyse sur 515 études, Nitsch (2005) propose une comparaison des différentes estimations du coefficient de hiérarchisation. L'ensemble des estimations du coefficient varie dans un intervalle de valeurs entre 0,49 et 1,96, avec une moyenne de 1,09. Nitsch (2005) montre, dans un premier temps, que la définition de la ville joue un rôle fondamental dans la valeur estimée du coefficient de hiérarchisation. Les échantillons de villes définies de façon administrative présentent des distributions plus égalitaires que les échantillons des agglomérations, bien que ce résultat puisse être lié au fait que le nombre des premières est systématiquement inférieur à celui des secondes. Dans un deuxième temps, il montre que la moyenne des estimations baisse de façon conséquente jusqu'au milieu du $20^{\text{ème}}$ siècle puis se stabilise, voire remonte légèrement par la suite, ce qui serait un signe de déconcentration urbaine, dans certains pays, à partir des années 1960 et 70.

Bien qu'une littérature conséquente semble confirmer la loi de Zipf dans sa version plus ou moins stricte, plusieurs travaux mettent en cause sa construction statistique parfois artificielle (Black et Henderson, 1999).

En premier lieu, certains chercheurs considèrent que si l'on tient compte de toute la distribution des tailles urbaines et non seulement de sa partie haute, celle-ci épouse davantage la forme d'une distribution log-normale que d'une distribution de Pareto (Eeckhout, 2004). La contestation d'une borne inférieure arbitraire pour l'échantillonnage devient cependant problématique pour la définition de la ville qui, dans certains cas, n'est plus qu'un simple bourg voire un habitat isolé. Or, dans de nombreux pays, la majorité de la population vit dans les centres urbains et les agglomérations, ce qui permet de considérer que la distribution tronquée est une bonne approximation des hiérarchies urbaines (Levy, 2009 ; Eeckhout, 2009 ; Ioannides et Scouras, 2009).

En second lieu, la taille de l'échantillon et/ou la méthode d'estimation du coefficient de hiérarchisation influent fortement sur sa valeur. Gabaix et Ioannides (2004) ou Soo (2005) montrent que pour de nombreuses distributions, la loi de Zipf est validée ou pas, selon la méthode d'estimation utilisée, tandis que Gabaix et Ibragimov (2011) élaborent une correction pour les petits échantillons. Schaffar (2009) propose une comparaison des biais du coefficient selon les différentes méthodes d'estimation utilisées et leurs corrections.

Enfin, en dernier lieu, les distributions rang-taille des villes traitent des données géo-localisées. Il semble, alors, logique que les tailles urbaines puissent être géographiquement corrélées : par exemple, les régions rurales sont peuplées de petites villes, tandis que certaines régions marquées par la présence d'industries traditionnelles sont caractérisées par un tissu de villes moyennes spécialisées ; parfois, l'ombre d'agglomération d'une grande métropole empêche le développement d'autres grandes et ou moyennes villes à proximité (Krugman, 1996). Peu d'études ont cherché à prendre en compte la dimension spatiale des distributions rang-taille.

Parmi celles-ci, il convient de citer le travail de Chasco et Le Gallo (2008) qui utilisent un modèle spatial SUR pour tester l'auto-corrélation spatiale de la distribution rang-taille des villes espagnoles durant le vingtième siècle. Xu et Harriss (2010), de leur côté, introduisent l'auto-corrélation spatiale dans un modèle de croissance urbaine appliqué aux villes du Texas entre 1850 et 2000, tandis que dans leur travail sur la distribution rang-taille des grandes villes américaines, Rey et Ye (2007) cherchent à spatialiser la loi de Zipf en identifiant les Etats d'appartenance des villes les plus dynamiques, dont le rang a fortement augmenté entre 1960 et 2000. Enfin Schaffar (2010), propose un test de cointégration afin d'identifier les éventuels effets d'appartenance régionale sur la croissance démographique des villes indiennes durant les trente dernières années du vingtième siècle.

3. L'INTRODUCTION DES EFFETS D'AUTO-CORRÉLATION SPATIALE : ÉLÉMENTS MÉTHODOLOGIQUES

Nous cherchons à prendre en compte les effets d'auto-corrélation spatiale dans l'examen de la validité de la loi de Zipf en Chine et en Inde, à la fin du vingtième siècle. Ce travail s'appuie sur la méthodologie économétrique développée par Lee et Yu (2010) et Debarsy et Ertur (2010).

La base de données pour les villes chinoises est extraite *des Chinese Urban Statistical Yearbooks*. Les villes sont définies selon les critères statistiques de 1984 corrigés en 2000. L'échantillon comprend les 225 villes de plus de 100 000 habitants en 1984, ce qui correspond à 59% de la population urbaine du pays. Les séries statistiques vont de 1984 à 2004 et couvrent toute la période des mutations économiques sociales, politiques et institutionnelles profondes de ce pays. Les villes de Hong Kong et du Tibet sont exclues de la base statistique.

Pour l'Inde, les données sont issues des *Census* de 1981, 1991 et 2001. Nous considérons, dans ce travail, les 222 villes avec plus de 100 000 habitants en 1981. Pour établir des séries de tailles urbaines annuelles entre 1981 et 2001, deux sources statistiques complémentaires ont été utilisées : celles de la croissance démographique naturelle, c'est-à-dire le solde des naissances et des décès, publiées annuellement par le *Registrar General of India* pour chaque ville et celles des migrations rurales-urbaines, disponibles pour chaque ville, dans les *Migration Tables* annuelles. Ces informations ont été fournies par *Datanet* qui est une émanation du *Department of Statistics, Planning and Public Grievances* du gouvernement indien. Les villes du Jammu et Kashmir et de Himachal Pradesh ne sont pas inclues.

Afin d'étudier la distribution rang-taille des villes des deux pays, nous utilisons la correction de Gabaix et Ibragimov (2011) pour les échantillons de petite taille à travers le modèle Rang – ½. Lorsque l'on dispose des données en panel, ce modèle est donné par l'équation :

$$\ln(R_{it} - 1/2) = -\beta \ln S_{it} + \alpha_i + u_{it}$$

où α_i représente les effets fixes individuels et u_{it} le terme d'erreur qui est i.i.d. avec une moyenne nulle est une variance σ^2.

Nous testons l'hypothèse de la dépendance spatiale dans la distribution rang-taille des villes qui sous-entend une asymétrie spatiale dans la distribution des tailles urbaines en Chine et en Inde. Nous suivons la démarche initiée par Anselin (1998 et 2008) qui introduit des effets d'interaction spatiale dans des modèles sur données de panel, en distinguant le modèle SAR (modèle autorégressif spatial) et le modèle SEM (modèle à auto-corrélation spatiale des erreurs). Le premier incorpore une variable endogène décalée parmi les régresseurs du modèle linéaire standard, tandis que le second admet l'hypothèse d'une relation autorégressive spatiale pour le terme d'erreur u_{it}. Lee et Yu (2010) proposent une combinaison du modèle autorégressif spatial et du modèle à autocorrélation spatiale des erreurs, à travers un modèle spatial général (SARAR) à effets fixes sur des données de panel.

Afin de prendre en compte l'hétérogénéité spatiale dans la distribution rang-taille des villes, nous suivons la démarche initiée par Debarsy et Ertur (2010) pour spécifier les modèles SAR, SEM et SARAR.

Le modèle autorégressif spatial (SAR) sur des données de panel avec effets fixes est exprimé par l'équation :

$$Y_{nt} = \rho W_n Y_{nt} + X_{nt}\beta + \mu_n + U_{nt}$$

où $Y_{nt} = (y_{1t}, y_{2t}, \ldots, y_{nt})$ est le vecteur $n \times 1$ de la variable dépendante, $X_{nt} = (x_{1t}, x_{2t}, \ldots, x_{nt})$ le vecteur $n \times 1$ de la variable exogène, W_n la matrice de poids $n \times n$, μ_n le vecteur $n \times 1$ permettant de prendre en considération les effets fixes individuels. Le terme β désigne le coefficient de hiérarchisation et ρ le paramètre spatial autorégressif.

Le modèle à auto-corrélation spatiale des erreurs (SEM) sur données de panel peut être présenté de la manière suivante :

$$Y_{nt} = X_{nt}\beta + \mu_n + U_{nt}$$
$$U_{nt} = \lambda M_n + V_{nt}$$

avec λ le paramètre spatial autorégressif des erreurs, M_n la matrice de poids $n \times n$ et $V_{nt} = (v_{1t}, v_{2t}, ..., v_{nt})$ le vecteur des termes d'erreur. Le terme v_{it} est *i.i.d.* avec une moyenne nulle et une variance σ^2.

Enfin, les deux types d'auto-corrélation spatiale sont pris en considération dans le modèle SARAR :

$$Y_{nt} = \rho W_n Y_{nt} + X_{nt}\beta + \mu_n + U_{nt}$$
$$U_{nt} = \lambda M_n U_{nt} + V_{nt}$$

où W_n et M_n sont deux matrices spatiales $n \times n$ et λ et ρ des coefficients d'auto-corrélation spatiale à estimer.

Selon de nombreux chercheurs (Baumont et al, 2006), la définition de la matrice de poids joue un rôle fondamental dans la détection des effets d'auto-corrélation spatiale. L'utilisation de données de panel implique que le poids de la distance géographique entre les villes reste le même durant toute la période de référence.

Dans ce travail, deux matrices de poids ont été utilisées : la première est une matrice de contiguïté où la valeur des « poids spatiaux » est égale à 1 lorsque deux villes sont « voisines » et à 0, à défaut. Nous admettons que deux villes sont définies comme voisines si elles appartiennent à la même province (Chine) ou au même Etat (Inde). Ceci permet de prendre en compte les aspects institutionnels dans l'organisation hiérarchique urbaine des deux pays comme, par exemple, le fait que les migrations interprovinciales restent interdites et/ou fortement contrôlées en Chine, avant les réformes de 1993.

La deuxième est une matrice de distance définie par $w_{ij} = d_{ij}^{-1}$avec $i \neq j$, où d_{ij} est la distance entre les villes *i* et *j*. Cette matrice est standardisée en ligne, ce qui signifie que chaque élément de la ligne *i* a été divisé par la somme totale de ses *j* éléments : $w_{ij} = w_{ij} / \sum_j w_{ij}, \forall i$. Les poids spatiaux sont alors compris entre 0 et 1. Comme le soulignent Le Gallo et al. (2005), cette démarche modifie l'interprétation des poids spatiaux et met davantage l'accent sur la distance relative que sur la distance absolue entre les villes.

En suivant Debarsy et Ertur (2010), nous opérons cinq différents tests de spécification, le test joint, le test d'omission d'une auto-corrélation spatiale des erreurs, le test d'omission d'une variable spatialement décalée et deux tests conditionnels :

i. $H_0 : \rho = \lambda = 0$. Sous l'hypothèse nulle, la dimension spatiale ne joue aucun rôle dans le modèle rang-taille des villes.

ii. $H_0 : \lambda = 0$, en supposant que $\rho = 0$. Sous l'hypothèse alternative, on est en présence d'un modèle SEM.

iii. $H_0 : \rho = 0$, en supposant que $\lambda = 0$. Sous l'hypothèse alternative, on est en présence d'un modèle SAR.

iv. $H_0 : \rho = 0$, avec $\lambda \neq 0$. Sous l'hypothèse nulle, on obtient un modèle SEM, tandis que sous l'hypothèse alternative, un modèle SARAR.

v. $H_0 : \lambda = 0$, avec $\rho \neq 0$. Sous l'hypothèse nulle, on obtient un modèle SAR et sous l'alternative, un modèle SARAR.

Pour réaliser les différents tests, nous utilisons le multiplicateur de Lagrange (LM) dont l'intérêt réside dans le fait qu'il nécessite uniquement l'estimation du modèle sous hypothèse nulle, ($LM_{\lambda\rho}$, LM_{λ}, LM_{ρ}, $LM_{\rho|\lambda}$, $LM_{\lambda|\rho}$), ce qui facilite considérablement l'inférence statistique.

4. LA LOI DE ZIPF EN CHINE ET EN INDE SOUS LE PRISME DE L'AUTO-CORRÉLATION SPATIALE

Dans un premier temps, nous estimons le coefficient de Pareto pour les distributions rang-taille des villes chinoises et indiennes sans prendre en considération la dimension spatiale des données de panel. Le tableau 1 fournit les résultats des estimations pour chaque pays, d'une part pour l'ensemble de la période de référence (1984-2004 en Chine ; 1981-2001 en Inde), d'autre part par sous-période : avant et après les réformes de 1993 en Chine et celles de 1991 en Inde.

Le coefficient de Pareto obtenu avec le modèle rang-taille a-spatial n'est pas significativement différent de 1 pour la Chine (0,913) mais significativement inférieur à 1 pour l'Inde (0,816), lorsque l'on considère l'ensemble de la période de référence. Ceci signifie que pour la période 1984-2004, la distribution des tailles des villes chinoises valide la loi de Zipf, tandis que le système urbain indien apparait plus hiérarchisé, marqué par le poids prépondérant de quelques très grandes métropoles.

Lorsque l'on étudie les distributions des tailles urbaines par sous-période, ces conclusions doivent être amendées. En Chine, le coefficient de Pareto baisse très sensiblement durant la deuxième sous-période, ce qui traduit une hiérarchisation croissante marquée du système urbain de ce pays, suite aux réformes de 1993 et la libéralisation des migrations interprovinciales des ménages. En Inde, à l'inverse, le coefficient reste étonnamment stable durant les deux sous-périodes, ce qui impliquerait que les changements radicaux dans les orientations des politiques macroéconomiques qui s'opèrent à partir de 1991 n'ont pas de conséquences fondamentales sur les hiérarchies urbaines.

Nous introduisons, par la suite, l'hypothèse d'une auto-corrélation spatiale dans les séries des tailles urbaines chinoises et indiennes, en utilisant deux matrices de poids, une matrice de contiguïté et une matrice de distance. Les tableaux 2 et 3 résument les résultats des différents tests d'auto-corrélation spatiale qui permettent de spécifier les modèles rang-taille respectivement pour les villes chinoises et indiennes. Dans tous les cas de figure, le test joint $LM_{\lambda\rho}$ conduit à un rejet de l'hypothèse nulle et confirme la présence d'effets d'auto-corrélation spatiale dans les deux panels de données.

Tableau 1. Le modèle rang-taille pour les villes chinoises et indiennes

Chine	1984-1993	1994-2004	1984-2004
Modèle	a-spatial	a-spatial	a-spatial
β	-1.108	-0.742	-0.913
(t-stat)	(-122.779)	(-70.721)	(-130.225)
Inde	1981-1991	1991-2001	1981-2001
Modèle	a-spatial	a-spatial	a-spatial
β	-0.809	-0.835	-0,816
(t-stat)	(-122.779)	(-70.721)	(-130.225)

Pour la Chine, le test d'omission d'une auto-corrélation spatiale des erreurs LM_{λ} et le test d'omission d'une variable spatialement décalée LM_{ρ} conduisent à rejeter l'hypothèse nulle H_0 pour $\lambda = 0$ et pour $\rho = 0$ (tableau 2). Lorsque l'on utilise la matrice de distance, on obtient des valeurs plus élevées avec le test LM_{ρ} qu'avec le test LM_{λ}, ce qui permet de supposer que le modèle SEM est plus approprié pour décrire la relation rang-taille des villes chinoises.

Les tests conditionnels $LM_{\lambda/\rho}$ et $LM_{\rho/\lambda}$ permettent de spécifier la nature de l'auto-corrélation spatiale et de choisir le modèle le plus adéquat parmi les différents modèles alternatifs (SAR, SEM et SARAR). Lorsque l'on utilise la matrice de contiguïté, l'hypothèse nulle est rejetée avec les deux tests pour l'ensemble de la période de référence, ainsi que pour la période 1984–1993. Dans ce cas, le modèle SARAR, c'est-à-dire le modèle spatial autorégressif avec des erreurs spatialement auto-corrélées, apparaît comme le plus pertinent pour décrire la relation rang-taille des villes chinoises. A l'inverse, le modèle SEM semble plus adéquat pour la deuxième sous-période (1994-2004).

Lorsqu'on utilise la matrice de distance, le test $LM_{\rho/\lambda}$ n'est pas significatif. Dans ce cas, le modèle rang-taille des villes chinoises est un modèle SEM, à la fois pour l'ensemble de la période de référence et pour les deux sous-périodes avant et après les réformes de 1993.

Pour l'Inde, lorsqu'on utilise la matrice de distance, le test d'omission d'une variable spatialement décalée LM_{ρ} n'est pas significatif (l'hypothèse nulle ne peut pas être rejetée) pour la première décennie, ce qui implique que le modèle le plus adéquat est le modèle à auto-corrélation spatiale des erreurs. Les résultats des tests conditionnels $LM_{\lambda/\rho}$ et $LM_{\rho/\lambda}$ opérés pour la spécification du modèle durant la seconde décennie et pour l'ensemble de la période 1981-2001, conduisent également au choix d'un modèle SEM.

Tableau 2. Tests d'auto-corrélation spatiale dans le modèle rang-taille des villes chinoises

	W1 : matrice de distance			W2 : matrice de contiguïté		
	1984-1993	1993-2003	1984-2004	1984-1993	1993-2003	1984-2004
$LM_{\rho\lambda}$	1466.312 (0.000)	26.318 (0.000)	3442.665 (0.000)	47.015 (0.000)	2156.932 (0.000)	4423.473 (0.000)
LM_{λ}	1156.424 (0.000)	4.423 (0.035)	31.022 (0.000)	39.038 (0.000)	19.877 (0.000)	4313.099 (0.000)
LM_{ρ}	1994.91 (0.000)	26.313 (0.000)	54.522 (0.000)	20.586 (0.000)	21.542 (0.000)	63.118 (0.000)
$LM_{\rho/\lambda}$	0.174 (0.676)	1.981 (0.159)	0.507 (0.476)	14.154 (0.000)	3.362 (0.067)	21.075 (0.000)
$LM_{\lambda/\rho}$	1166.955 (0.000)	23.953 (0.000)	2395.108 (0.000)	13.400 (0.000)	1726.515 (0.000)	3491.924 (0.000)
Model	SEM	SEM	SEM	SARAR	SEM	SARAR

Avec la matrice de contiguïté, aucun test ne permet de réfuter l'hypothèse nulle H_0. Pour chaque sous-période, comme pour l'ensemble de la période de référence le modèle le plus pertinent est le modèle SARAR.

Le tableau 4 réunit les résultats des estimations des paramètres spatiaux autorégressifs λ et ρ ainsi que du coefficient de hiérarchisation β pour la Chine, calculés à travers la méthode du maximum de vraisemblance. Ces résultats montrent clairement que la prise en compte des effets d'auto-corrélation spatiale ne modifie pas, de façon fondamentale, les interprétations de l'évolution du coefficient de Pareto avant et après les réformes de 1993, obtenues par le modèle a-spatial.

En premier lieu, la distribution rang-taille des villes chinoises suit, dans le long terme, la loi de Zipf, peu importe le modèle utilisé (a-spatial, avec utilisation de la matrice de distance, avec utilisation de la matrice de contiguïté).

En second lieu, la dynamique de la distribution rang-taille des villes suit une tendance contradictoire avant et après les réformes de 1993 : le coefficient β est élevé durant la période 1984-1993, indiquant une distribution de la population urbaine entre les villes plus équitable que celle préconisée par la loi de Zipf. Ceci est la conséquence d'une politique volontariste centralisée de contrôle des migrations et de canalisation de la croissance démographique urbaine. Après les réformes de 1993 et la levée de certaines restrictions du système *Hukou*, l'accélération des flux migratoires des travailleurs vers les villes les plus dynamiques induisent des changements profonds dans la structuration urbaine du pays et un renforcement des hiérarchies urbaines. La croissance des villes de grande ou de moyenne taille (à l'exception des trois plus grandes métropoles, toujours sous le contrôle du système *Hukou*) est supérieure à celle des petites villes ce qui traduit la baisse significative du coefficient β : 0,799 (0,749) entre 1994 et 2004, contre 1,024 (1,086) durant la décennie précédente, lorsque l'on utilise la matrice de distance (ou de contiguïté).

Tableau 3. Tests d'auto-corrélation spatiale dans le modèle rang-taille des villes indiennes

	W1 : matrice de distance			W2 : matrice de contiguïté		
	1981-1991	1992-2001	1981-2001	1981-1991	1992-2001	1981-2001
$LM_{\rho\lambda}$	281.112 (0.000)	387.841 (0.000)	781.975 (0.000)	53.975 (0.000)	381.932 (0.000)	402.263 (0.000)
LM_{λ}	54.93 (0.000)	1040.287 (0.000)	1204.22 (0.000)	53.475 (0.000)	37.527 (0.000)	40.239 (0.000)
LM_{ρ}	0.454 (0.502)	133.171 (0.000)	197.16 (0.000)	7.186 (0.007)	362.832 (0.000)	6.238 (0.013)
$LM_{\rho/\lambda}$	4.671 (0.031)	2.032 (0.296)	0.027 (0.870)	6.471 (0.011)	754.965 (0.000)	6.145 (0.013)
$LM_{\lambda/\rho}$		178.145 (0.000)	2208.679 (0.000)	42.240 (0.000)	342.35 (0.000)	33.99 (0.000)
Modèle	SEM	SEM	SEM	SARAR	SARAR	SARAR

Tableau 4. Paramètres du modèle rang-taille (Chine)

	W1 : matrice de distance			W2 : matrice de contiguïté		
	1984-1993	1993-2003	1984-2004	1984-1993	1993-2003	1984-2004
Modèle	SEM	SEM	SEM	SARAR	SEM	SARAR
β	-1.024	-0.799	-0.944	-1.086	-0.749	-0.919
σ_β	0.098	0.076	0.090	0.101	0.071	0.086
(t-stat)	(-88.401)	(-72.842)	(-132.284)	(-97.051)	(-75.061)	(-131.825)
ρ	—	—	—	0.087	—	0.049
(t-stat)	—	—	—	(2.308)	—	(-1.106)
λ	0.773	0.981	0.816	0.292	0.800	0.790
(t-stat)	(18.077)	(25.939)	(42.066)	(3.276)	(24.081)	(29.971)

Comme on peut le constater dans le tableau 4, les effets de voisinage sont renforcés dans la croissance urbaine chinoise, après les réformes de 1993.

Dans le modèle SEM, valable dans le cas chinois lorsque l'on utilise la matrice de distance, la dépendance spatiale est liée uniquement aux effets de diffusion spatiale. Un choc exogène qui affecte la taille démographique d'une ville affecte également la taille démographique de toutes les autres villes, mais de façon inversement proportionnelle à la distance qui les sépare de celle-ci. Les effets d'un tel choc exogène diminuent, donc, au fur et à mesure que l'on s'éloigne de la ville où il s'est produit. Le tableau 4 montre que lorsque l'on utilise le modèle SEM, l'intensité de l'auto-corrélation spatiale des résidus passe de 0,773 à 0,981 entre la première et la seconde sous-période, ce qui signifie que les effets de diffusion spatiale des chocs exogènes localisés sur la démographie urbaine se renforcent sensiblement après 1993.

Tableau 5. Paramètres du modèle rang-taille (Inde)

	W1 : matrice de distance			W2 : matrice de contiguïté		
	1981-1991	1991-2001	1981-2001	1981-1991	1991-2001	1981-2001
Modèle	SEM	SEM	SEM	SARAR	SARAR	SARAR
β	-0.934	-1.113	-1.070	-0.932	-1.160	-1.067
σ_β	0.094	0.107	0.101	0.089	0.110	0.096
(t-stat)	(-105.29)	(-504.76)	(-95.12)	(-112.57)	(-468.45)	(-97.62)
ρ	—	—	—	0.0527	0.171	0.041
(t-stat)	—	—	—	(2.77)	(12.24)	(3.39)
λ	0.975	0.443	0.551	0.281	1.001	0.414
(t-stat)	(287.12)	(25.93)	(12.89)	(4. 38)	(56.78)	(5.414)

Dans le modèle SARAR, obtenu quand on privilégie la matrice de contiguïté, l'interprétation de la diffusion spatiale des effets des chocs exogènes aléatoires sur la démographie des villes est plus complexe, car elle doit prendre en compte l'omission de variables déterminantes, en particulier lorsque celles-ci sont spatialement corrélées (Fingleton, 1999 ; Ertur et Thiaw, 2005). Il convient de signaler que les valeurs de β obtenues avec le modèle SARAR sont très proches de celles obtenues avec le modèle a-spatial.

De façon générale, la détection des effets d'auto-corrélation spatiale dans la distribution rang-taille des villes chinoises illustre l'existence de clusters de villes, géographiquement proches à un niveau intra ou interprovincial, dont la démographie évolue de façon parallèle, surtout après 1993 et la libéralisation des mouvements migratoires. Les corrections apportées à l'estimation du coefficient de Pareto lorsqu'on tient compte de ces effets permettent une meilleure adéquation entre la distribution rang-taille des villes et la loi de Zipf, du moins avec l'utilisation d'une matrice de distance.

L'introduction d'effets d'auto-corrélation spatiale dans le modèle rang-taille des villes indiennes permet également de corriger certaines interprétations obtenues à partir du modèle a-spatial. Le tableau 5 fournit les résultats des estimations des paramètres spatiaux autorégressifs λ et ρ et du coefficient de hiérarchisation β, calculés à travers la méthode du maximum de vraisemblance. Il convient, néanmoins de signaler qu'on ne distingue pas, ici, les effets directs liés aux effets de voisinage de premier ordre et les effets indirects (Lesage et Pace, 2009), ce qui devrait introduire une certaine prudence dans les interprétations formulées.

En premier lieu, avec l'introduction de la dimension spatiale des données, le coefficient de Pareto emprunte des valeurs beaucoup plus proches de l'unité, peu importe la matrice de poids utilisée. Ceci signifie que la prise en considération des effets d'auto-corrélation spatiale permet de valider la loi de Zipf pour les villes, contrairement aux conclusions établies avec le modèle a-spatial.

En second lieu, comme avec le modèle a-spatial, le coefficient β augmente après 1991, ce qui traduit une diffusion de la croissance urbaine indienne et une distribution plus égalitaire des tailles urbaines. Bien que les différences entre les deux sous-périodes soient plus marquées avec les deux modèles SEM et SARAR qu'avec le modèle a-spatial, force est de constater que l'évolution du coefficient est assez faible durant la période de référence, ce qui permet de conclure en faveur d'une certaine stabilité des hiérarchies urbaines entre 1981 et 2001. Les réformes d'ordre macro-économique de 1991 n'ont pas d'incident sur la structuration du système urbain indien.

Enfin, en troisième lieu, lorsque l'on utilise la matrice de distance, les effets d'auto-corrélation spatiale semblent progressivement s'amenuiser, avec le paramètre spatial autorégressif λ qui diminue fortement entre les deux sous-périodes. Ceci signifie que la dimension spatiale des données joue un rôle de moins en moins important dans la structuration des hiérarchies urbaines indiennes, ce qui pourrait être expliqué par une dissociation progressive des performances de croissance démographique de chaque ville de celles de son Etat d'appartenance (Schaffar, 2010).

CONCLUSION

Cet article utilise un modèle rang-taille des villes sur des données de panel. En introduisant la dimension géo-localisée des données, il propose de prendre en compte les effets d'auto-corrélation spatiale dans l'étude de la validité de la loi de Zipf. La méthodologie utilisée pour détecter les effets d'auto-corrélation spatiale est celle initiée par Debarsy et Ertur (2010). Elle permet de choisir la meilleure spécification du modèle rang-taille parmi trois alternatives : le modèle autorégressif spatial (SAR), le modèle à auto-corrélation spatiale des erreurs (SEM) et le modèle spatial général à effets fixes sur des données de panel (SARAR).

Ce travail est appliqué sur les distributions des tailles des villes chinoises et indiennes entre 1981 et 2005. Durant cette période, les deux pays ont connu des mutations démographiques, économiques et institutionnelles importantes. En Chine, en 1993, des réformes importantes alègent le contrôle des déplacements et des migrations internes et libéralisent les processus de croissance démographique urbaine. En Inde, l'année 1991 marque un virage important dans l'orientation des choix macro-économiques du pays, avec une libéralisation des marchés des capitaux et du travail et une ouverture à l'internationalisation. Dans cet article, nous examinons les distributions rang-taille des villes pour l'ensemble de la période de référence, mais aussi par sous-période : avant et après 1993 pour la Chine, avant et après 1991 en Inde, afin d'étudier les impacts de ces changements et réformes sur leurs hiérarchies urbaines. L'introduction de la dimension spatiale se fait à travers l'utilisation de deux matrices de poids : une matrice de contiguïté et une matrice de distance.

De façon globale, trois séries de conclusions peuvent être tirées :

En premier lieu, sur un plan méthodologique, l'utilisation d'un modèle rang-taille avec des données de panel fournit des résultats plus robustes quant à l'interprétation des hiérarchies urbaines que les modèles rang-taille classiques qui portent sur une seule série de données annuelles. L'introduction de la dimension spatiale des données permet d'affiner ce modèle et fournir une estimation plus pertinente du coefficient de hiérarchisation.

En second lieu, en Chine, la prise en compte des effets d'auto-corrélation spatiale ne modifie pas fondamentalement les conclusions du modèle a-spatial tout en permettant de l'affiner : la distribution rang-taille des villes chinoises suit la loi de Zipf dans le long terme, tandis que lorsque l'on raisonne par sous-période, le coefficient de Pareto baisse sensiblement après 1993, ce qui traduit une hiérarchisation croissance du système urbain chinois. En Inde, à l'inverse, l'introduction de la dimension spatiale des données conduit à valider la loi de Zipf sur le long terme, contrairement aux conclusions du modèle a-spatial. Néanmoins, dans les deux modèles, le coefficient de hiérarchisation entre les deux sous-périodes reste relativement stable, ce qui signifie que les changements obtenus en 1991 n'interviennent pas de façon significative dans la détermination des hiérarchies urbaines.

Enfin, en troisième lieu, l'intensité des effets d'auto-corrélation spatiale évolue différemment dans chaque pays : en Chine, ces impacts se renforcent après 1993 et conduisent à l'hypothèse d'une formation de clusters spatiaux de villes qui évoluent de façon parallèle du point de vue démographique. En Inde, à l'inverse, ces impacts s'amenuisent, ce qui peut être interprété comme une désindexation des processus de croissance urbaine de chaque ville et des évolutions démographiques de son Etat d'appartenance. Ceci pourrait traduire l'émergence d'un processus long de substitution des migrations interétatiques aux migrations intra-étatiques qui prévalaient jusqu'à la fin du vingtième siècle dans ce pays.

Ce travail s'inscrit dans une démarche originale d'introduction de la dimension spatiale des données dans l'étude des modèles rang-taille des villes. Il élimine, de ce fait, un biais important dans l'examen de la loi de Zipf, lié à l'auto-corrélation spatiale des tailles urbaines, que les nombreuses études sur ce sujet ont curieusement omis d'étudier. L'étape suivante de cette démarche exploratoire passe par la prise en compte de la dimension spatiale dans la croissance urbaine, permettant, par là, d'étudier les effets dynamiques de l'auto-corrélation spatiale sur la trajectoire démographique des villes.

REFERENCES

Anselin L., 1998, *Spatial econometrics: methods and models*. Kluwer Academic, The Netherlands.

Anselin L., Le Gallo, J, Jayet, J., 2008. *Spatial panel econometrics. The econometrics of panel data: fundamentals and recent developments in theory and practice*, Springer, Berlin Heidelberg.

Auerbach, F., 1913, Das Gesetz der Bevölkerungskonzentration, *Regional Science and Urban Economics* 31, 601-615.

Baumont C., Ertur C., Le Gallo J., 2006, Clubs de convergence et effets de débordements géographiques : une analyse spatiale sur données régionales européennes, 1980-1995, *Economie et prévision*, 173(2), 111-134.

Black D., Henderson J.V., 1999, A Theory of Urban Growth, *Journal of Political Economy*, 107, 252-284.

Chasco C., Le Gallo J., 2008, Spatial analysis of urban growth in Spain, 1900-2001, *Empirical Economics*, Vol. 34(1), 59-80.

Chinese Urban Statistical Yearbooks, Chinese Statistical Office, Beijing.

Debarsy N., Ertur C., 2010, Testing for spatial autocorrelation in a fixed effects panel data model, *Regional Science and Urban Economics*, 40, 453-470.

Eeckhout J., 2004, Gibrat's Law for (all) Cities, *The American Economic Review*, 94(5), 1429-1451.

Eeckhout J., 2009, Reply to Levy M. on Gibrat's Law for (all) Cities, *American Economic Review*, 99, 1676-1683.

Ertur C., Thiaw K., 2005, Growth and Spatial Dependence - The Mankiw, Romer and Weil model revisited, communication au colloque de la European Regional Science Association.

Elhorst J., 2010, Spatial panel data models, In Fischer M.M., Getis A. (Eds.), *Handbook of Applied spatial analysis*, Springer, 377-407.

Fingleton, B., 1999, Estimates of time to economic convergence: an analysis of regions of the European Union, *International Regional Science Review*, 22, 5-34.

Gabaix X., 1999, Zipf's Law for Cities: an Explanation, *Quarterly Journal of Economics*, 114, 739-767.

Gabaix, X., Ibragimov, R., 2011, RANK-1/2: A simple way to improve the OLS estimation of tail exponents, *Journal of Business & Economic Statistic*, 29(1), 24-31.

Gabaix, X., Ioannides, Y., 2004, The evolution of city sizes' distribution, in Henderson J.V et Thisse J-F. (eds) *Handbook of regional and urban economics*, vol.4, Elsevier Science B.B, Amsterdam, 2341-2376.

Ioannides Y., Scouras S., 2009, Gibrat's law for all cities: a rejoinder, working paper, Tufts University.

Krugman P., 1996, Confronting the Mystery of Urban Hierarchy, *Journal of the Japanese and the International Economies*, 10, 399-418.

Lee L., Yu J., 2010, Some recent developments in spatial panel data models, *Regional Science and Urban Economics*, 40, 255-271.

Le Gallo J., Baumont C., Dall'Erba S. Ertur C., 2005, On the property of diffusion in the spatial error model, *Applied Economics Letters*, vol. 12(9), 533-536.

Lesage J., Pace R.K., 2009, *Introduction to spatial econometrics*, CRC Press, Taylor and Francis, 331 p.

Levy M., 2009, Comment on Eeckhout J., 2004, Gibrat's Law for (all) Cities, *American Economic Review*, 99, 1672-1675

Moriconi-Ebrard F., 1993, *L'urbanisation du monde depuis 1950,* Paris, Anthropos.

Nitsch V., 2005, Zipf zipped, *Journal of Urban Economics*, n°57, 86-100.

Parr J., 1985, A note on the size distribution of cities over time, *Journal of Urban Economics*, vol.18, 199–212.

Rey S., Ye X., 2007, Spatial Dynamics in City Size Distribution, The 2nd ICA Workshop on Geospatial Analysis and Modeling, online proceedings.

Rosen, K., Resnick, M., 1980, The size distribution of cities: an examination of the Pareto low primacy, *Journal of Urban Economics*, 8, 165-186.

Schaffar A., 2010, Quelle est la nature de la croissance urbaine indienne ?, *Revue d'Economie du Développement*, 2, 101-120.

Schaffar A., Dimou M., 2012, Rank size dynamics in India and in China: 1981-2004, *Regional Studies,* 46(6), 707-721.

Soo K.T., 2005, Zipf's Law for cities: a cross-country investigation, *Regional Science and Urban Economics*, vol.35, 239-263.

Xu Z, Harriss R, 2010 A Spatial and Temporal Autocorrelated Growth Model for City Rank--Size distribution, *Urban Studies*, 47(2), 321-335

Zipf G.K., 1949, *Human Behavior and the Principle of Least Effort*, Addison-Welsey, Cambridge, MA.

ZIPF'S LAW UNDER SPATIAL AUTOCORRELATION. THE CASE OF INDIA AND CHINA

Abstract: *This paper applies a rank-size model on panel data. By introducing the spatial dimension of data, it aims in taking into account spatial autocorrelation effects on the Zipf law. We apply Debarsy and Ertur (2010) methodology in order to choose the best specification between three alternative models: the spatial autoregressive model (SAR), the spatial error model (SEM) and the general spatial model with fixed effects on panel data (SARAR). Taking into account spatial autocorrelation effects does not modify the conclusions from the a-spatial model for China – the Zipf's law holds but do modify conclusions for India: in this country the a-spatial model doesn't confirm the Zipf's law on the long run, while this changes when we introduce spatial autcorrelation.*

Key-words: ZIPF'S LAW, URBAN HIERARCHIES, SPATIAL AUTOCORRELATION, CHINA, INDIA.

TRANSMISSION DES PRIX ET ASYMÉTRIE SUR LES MARCHÉS DE PRODUITS VIVRIERS AU BÉNIN

Rose FIAMOHE*, **Bruno HENRY de FRAHAN****

Résumé - *Cet article examine la transmission des prix entre le marché de consommation de Cotonou et quatre marchés de regroupement de produits vivriers au Bénin. L'utilisation du modèle d'analyse asymétrique de Enders et Granger sur des séries mensuelles de prix entre 1990 et 2005 montre que la plupart des marchés vivriers de regroupement sont symétriquement intégrés au marché de consommation de Cotonou. La vitesse d'ajustement des prix sur les marchés de regroupement est toutefois supérieure à la vitesse d'ajustement des prix sur le marché de consommation. Les associations de commerçants davantage présentes sur les marchés de regroupement pourraient expliquer de tels résultats. En regroupant leurs commandes de marchandises et affrétant collectivement les moyens de transport, les associations de commerçants facilitent les échanges entre les marchés malgré l'ampleur des coûts de transaction dus aux distances entre marchés et à la piètre qualité du réseau routier. En s'accordant sur les prix d'achat et de vente des produits vivriers, ces associations exerceraient aussi un certain pouvoir sur ces marchés.*

Mots-clés : TRANSMISSION DES PRIX, ASYMÉTRIE, MARCHÉS VIVRIERS, ASSOCIATION DE COMMERÇANTS, COTONOU, BÉNIN.

Classification JEL : C32, D43, O18, O55, Q13

Les auteurs remercient les rapporteurs anonymes pour leurs commentaires et suggestions très constructives. Ils remercient aussi Alia Didier pour son appui dans les estimations économétriques.

---

*Africa Rice Center (AfricaRice), 01 BP 2031 Cotonou, Benin ; fiamoh@yahoo.fr ; e.fiamohe@cgiar.org

** Earth and Life Institute, Université catholique de Louvain, Place de la Croix du Sud 2, 1348 Louvain-la-Neuve, Belgique ; bruno.henrydefrahan@uclouvain.be

1. INTRODUCTION

L'examen de la transmission des prix entre marchés fait l'objet de nombreuses études en économie agricole. La plupart de ces études réalisent des analyses comparatives de la transmission des prix entre marchés agro-alimentaires en mettant en évidence le caractère symétrique ou non de cette transmission. La présence d'asymétrie dans la transmission des prix entre les marchés est généralement considérée comme une démonstration de défaillances de ces marchés (Meyer et von Cramon-Taubadel, 2004). L'asymétrie de la transmission des prix est observée lorsque des variations de prix à la hausse sur un marché ne sont pas transmises de la même manière sur un autre marché que des variations de prix à la baisse (von Cramon-Taubadel et Loy, 1998). L'asymétrie peut être aussi observée lorsqu'un prix sur un marché augmente plus vite qu'il ne baisse (Peltzman, 2000) ou lorsque la vitesse d'ajustement des prix à l'équilibre diffère d'un marché à un autre ou bien selon des régimes particuliers délimités par des seuils. En principe, un circuit commercial bien intégré devrait transmettre de la même manière les prix d'un marché à l'autre.

Parmi les explications de l'asymétrie de la transmission des prix entre marchés, le pouvoir de marché exercé par certains acteurs est souvent mis en évidence. En général, ce pouvoir de marché consiste à établir les prix à des niveaux différents de ceux qui résulteraient du jeu de la concurrence (Carlton et Perloff, 1995). Par exemple, Meyer et von Cramon-Taubadel (2004) montrent que la concentration observée dans l'industrie de l'abattage et dans la distribution peut expliquer l'asymétrie de la transmission des prix sur les marchés de la viande porcine en Allemagne. Par ailleurs, Rapsomanikis *et al.* (2004) expliquent que des ententes entre commerçants dans des pays en développement peuvent maintenir des différences dans la variabilité des prix entre des marchés qui sont isolés en raison de conditions difficiles de transport. Cutts et Kirsten (2006) montrent que le grand nombre de groupements de commerçants génère une asymétrie dans la transmission des prix sur les marchés vivriers en Afrique du Sud. Abdulai (2000) montre que les ententes entre commerçants sur les marchés ruraux du maïs au Ghana permettent de maintenir leurs prix de vente à un niveau préalablement décidé de commun accord même en cas d'événements qui auraient suscité une baisse de ces prix. Par exemple, ces commerçants peuvent délibérément stocker leurs produits pour relever le niveau des prix en aval ou répercuter les baisses des prix de l'aval vers l'amont de la filière en s'approvisionnant à un prix plus faible. En préfinançant les activités agricoles de leurs fournisseurs, les commerçants peuvent aussi se positionner comme des acheteurs incontournables. Ce positionnement peut aboutir à une transmission incomplète des prix entre marchés.

L'importance des coûts de transaction peut également être une autre source de l'asymétrie dans la transmission des prix entre marchés. Balke et Fomby (1997) soulignent que même sur des marchés financiers efficaces, la présence des coûts importants de transaction est susceptible de créer une bande dans laquelle les rendements des actifs financiers peuvent dévier librement de leur point d'équilibre. Dans les pays en développement, Rapsomanikis *et al.* (2004) montrent que l'ampleur des coûts de transaction résultant de la piètre qualité des infrastructures et des moyens de transport permet d'expliquer une asymétrie de la transmission des prix entre marchés agricoles. Des coûts de transaction élevés contraignent l'accès de nombreux producteurs aux marchés et temporisent l'arbitrage entre les marchés. Faivre Dupaigre *et al.* (2008) expliquent que l'acquittement de nombreux prélèvements illicites sur les axes de commercialisation en Afrique de l'Ouest augmente les coûts de transport et, par conséquent, les coûts de transaction. Rapsomanikis et Karfakis (2010) montrent que la distance et les coûts de transfert en Tanzanie impactent négativement les prix payés aux producteurs. McNew et Fackler (1997) et Goodwin *et al.* (2002) expliquent que la discontinuité des échanges en raison d'une baisse brutale de l'offre ou de la demande augmente les coûts de recherche d'informations sur les paramètres de marché et, par conséquent, les coûts de transaction.

Au Bénin, des enquêtes réalisées en 1999 par l'*International Food Policy Research Institute* (IFPRI) et le Laboratoire d'Analyse Régionale et d'Expertise Sociale (LARES) mettent en évidence l'importance des associations de commerçants dans la commercialisation des produits vivriers. Parmi les 656 commerçants interrogés sur l'ensemble des marchés agricoles du Bénin, 62% adhèrent à une association de commerçants. Tassou (2004) observe que les responsables de ces associations de commerçants s'entendent sur les modalités de fonctionnement des marchés sous leur contrôle, telles que le calendrier des transactions, les unités de mesure, les modes de conditionnement et les prix maximum d'achat et les prix minimum de vente des produits vivriers. De tels accords pourraient dès lors affecter la transmission des prix entre les marchés et provoquer une asymétrie de la transmission des prix. Par exemple, Kuiper *et al.* (2003) montrent que les prix du maïs au Bénin sont uniquement transmis des marchés urbains de consommation vers les marchés ruraux situés dans les zones excédentaires en raison du pouvoir qu'exercent les associations de commerçants présentes sur ces marchés ruraux. Adégbidi *et al.* (2003) montrent également que la vitesse de transmission des prix du maïs entre les marchés ruraux du Nord du Bénin et le marché de consommation de Cotonou, capitale du Bénin, demeure faible en raison de l'influence des associations de commerçants sur les marchés ruraux situés dans les zones excédentaires du Nord du Bénin.

D'autres auteurs mettent en évidence l'ampleur des coûts de transaction sur les marchés béninois. Galtier (2002) montre que l'impraticabilité de la majorité des routes pendant les saisons des pluies entre les exploitations agricoles et les marchés de regroupement, d'une part, et entre ces marchés et les marchés de consommation, d'autre part, augmente les coûts de transaction et, par conséquent, atténue la vitesse de transmission des prix entre ces marchés. Bard *et al.* (2004) montrent que la dégradation de certains axes routiers de commercialisation contribue aussi à augmenter les coûts de transaction au Bénin. Adanguidi (2006) explique que la plupart des commerçants de Malanville au Nord du Bénin se détournent du commerce de longue distance avec le marché de consommation de Cotonou pendant les saisons des pluies en vue de satisfaire la demande des commerçants nigériens qui sont géographiquement plus proches. Ce détournement des échanges provoque une rupture de l'approvisionnement des produits alimentaires à l'intérieur du Bénin et, par conséquent, occasionne des coûts de recherche supplémentaires d'information sur d'autres sources d'approvisionnement. Le grand nombre d'intermédiaires généralement présents sur les marchés ruraux ralentit la circulation de l'information sur la situation des marchés et, en conséquence, augmente les coûts de transaction.

Dans ce contexte, cette étude vise à analyser et expliquer la nature de la transmission des prix des principaux produits vivriers entre certains marchés, en particulier entre le marché de consommation de Cotonou et les marchés de regroupement au Bénin pour la période de 1990 à 2005. Pour conduire cette analyse, nous utilisons l'approche d'Enders et Granger (1998) et l'appliquons à des séries mensuelles de prix du maïs, de la semoule du manioc et de l'igname collectées par l'Office National d'Appui à la Sécurité Alimentaire (ONASA) et le Réseau des Systèmes d'Information des Marchés (RESIMAO). Par rapport à l'approche standard d'Engle et Granger (1987), cette approche utilise un modèle à seuil autorégressif qui permet de tenir compte des coûts de transaction et de l'effet de seuil généré par ces coûts de transaction. La section 2 rappelle d'abord les approches traditionnelles de l'analyse de la transmission des prix et présente ensuite l'approche d'Enders et Granger. La troisième section teste et analyse la transmission des prix sur les marchés de produits vivriers au Bénin. La quatrième section propose des conclusions et des recommandations.

2. LA MODÉLISATION DE LA TRANSMISSION DES PRIX

La plupart des analyses de la transmission des prix des produits alimentaires entre différents marchés utilisent le modèle modifié de Houck (1977). Ce modèle est basé sur la segmentation des variables de prix entre phases croissantes et décroissantes. Selon von Cramon-Taubadel et Loy (1996) et Meyer et von Cramon-Taubadel (2004), toutes les variantes du modèle de Houck sont toutefois incompatibles avec la relation de cointégration entre les séries de prix car elles ne tiennent pas compte de la possibilité d'une relation d'équilibre de long terme entre les séries de prix examinées. Par exemple, Hassan et Simioni (2004) expliquent que les prix au détail et ceux à l'expédition peuvent s'écarter dans le court terme en raison de facteurs saisonniers. Si de tels écarts persistent dans le temps, les mécanismes sous-jacents au fonctionnement du marché considéré devraient contraindre ces prix à retourner vers une relation de long terme que les variantes du modèle de Houck ne pourraient expliquer. Un autre problème de ces variantes du modèle de Houck résulte de la négligence des avantages de l'information contenue dans les variables de prix en niveau.

Les modèles standards de cointégration et de correction d'erreur selon Engle et Granger sont aussi couramment utilisés pour examiner les marchés agricoles. Enders et Granger (1998) et ensuite Goodwin et Piggot (2001), Hansen et Seo (2002), Meyer et Von Cramon-Taubadel (2004) et Meyer (2004) ont toutefois critiqué les formes de spécification de ces modèles parce qu'elles ne permettent pas de représenter l'asymétrie de la relation de cointégration en raison de la non-stationnarité des coûts de transaction. Enders et Siklo (2001) expliquent que l'approche de cointégration d'Engle et Granger (1987) peut être incorrectement spécifiée si l'ajustement est asymétrique. Par exemple, selon le graphique 1, on observe des régimes de variation de prix ΔX_{1t} qui diffèrent selon les intervalles définis pour le terme retardé de correction d'erreur (TCE_{t-1}). Dans l'intervalle fermé $[-\gamma, +\gamma]$ du TCE_{t-1}, la variation des prix ΔX_{1t} réagit de manière linéaire par rapport au TCE_{t-1} selon le régime 1 alors qu'à l'extérieur de cet intervalle, elle réagit d'une manière différente au régime 1.

Graphique 1. Ajustement des séries selon le terme de correction d'erreur

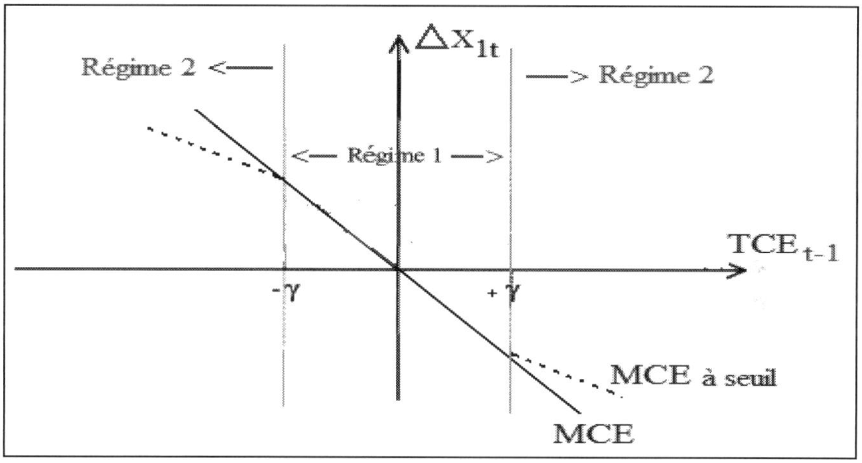

Source : Selon Meyer (2004).

En raison des critiques adressées aux variantes du modèle de Houck mais aussi de l'ampleur des coûts de transaction présents sur les marchés vivriers béninois, nous utilisons le modèle proposé par Enders et Granger (1998) pour examiner la nature de la relation entre les prix observés sur les marchés de produits vivriers au Bénin. Le choix de ce modèle se justifie aussi en raison de la forme simplifiée de sa spécification qui utilise la valeur nulle comme seuil délimitant deux régimes de variation des prix. Selon Hansen (1996), les seuils délimitant les régimes d'ajustement pour des valeurs inconnues occasionnent des problèmes d'inférence dus à la présence des paramètres de nuisances dans les modèles à seuils. Toutefois, cet auteur propose un test statistique permettant de tester la significativité statistique des seuils retenus.

Selon Engle et Granger (1987), lorsque des séries non-stationnaires X_{it} sont intégrées du même ordre, il est possible d'établir une relation de long terme entre celles-ci de la manière suivante :

$$X_{1t} = \beta_0 + \sum_{i=2}^{n} \beta_i X_{it} + \mu_t \qquad (1)$$

où μ_t représente le terme d'erreur . Engle et Granger (1987) examinent la relation de cointégration entre les séries X_{it} en testant la non-stationnarité des résidus μ_t issus de l'estimation de la relation de long terme (1). La non-stationnarité de ces résidus μ_t est testée à partir de la relation suivante :

$$\Delta\mu_t = \rho\mu_{t-1} + \varepsilon_t \tag{2}$$

où $\Delta\mu_t$ représente la différence première entre μ_t et μ_{t-1} et le terme d'erreur ε_t un bruit blanc.

Enders et Granger (1998) scindent alors la relation (2) de la manière suivante :

$$\Delta\mu_t = \begin{cases} \rho_1\mu_{t-1} + \varepsilon_t \; si \; \mu_{t-1} \geq 0 \\ \rho_2\mu_{t-1} + \varepsilon_t \; si \; \mu_{t-1} < 0 \end{cases} \tag{3}$$

où les termes ρ_1 et ρ_2 représentent respectivement les paramètres d'ajustement positif et négatif du terme d'erreur retardé μ_{t-1} et le terme ε_t le terme d'erreur. Le système d'équations (3) peut être écrit d'une autre manière :

$$\Delta\mu_t = I_t\rho_1\mu_{t-1} + (1 - I_t)\rho_2\mu_{t-1} + \varepsilon_t \tag{4}$$

où I_t est une variable indicatrice :

$$I_t = \begin{cases} 1 \; si \; \mu_{t-1} \geq 0 \\ 0 \; si \; \mu_{t-1} < 0 \end{cases}$$

Le seuil critique de ce modèle correspond à la valeur nulle. Enders et Granger (1998) montrent que les résidus μ_t issus de l'estimation de la relation de long terme (1) sont stationnaires si les valeurs des paramètres ρ_1 et ρ_2 sont comprises dans l'intervalle ouvert $]2, 0[$. Selon eux, pour autant qu'il existe une relation de cointégration entre les séries X_{it}, le modèle à correction d'erreur (MCE) standard selon Engle et Granger (1987) peut intégrer les paramètres d'ajustement positif et négatif pour donner un modèle à correction d'erreur asymétrique (MCEA) de la manière suivante :

$$\Delta X_{1t} = I_t\emptyset_1\mu_{t-1} + (1 - I_t)\emptyset_2\mu_{t-1} + \sum_{i=2}^{n}\sum_{j=1}^{k}\beta_{ij}\Delta X_{i,t-J} + \vartheta_{1t} \tag{5}$$

où les termes $\emptyset_1$et $\emptyset_2$ représentent les paramètres d'ajustement des déviations positive et négative et le terme ϑ_{1t} un bruit blanc. L'ajustement des variations de la variable X_{1t}, est symétrique lorsque les paramètres $\emptyset_1$et $\emptyset_2$ sont significatifs et égaux. Dans ce cas, le MCE d'Engle et Granger devient un cas particulier du MCE asymétrique d'Enders et Granger.

3. TEST DE LA TRANSMISSION ET DE L'ASYMÉTRIE DES VARIATIONS DE PRIX ENTRE LES MARCHÉS BÉNINOIS DE PRODUITS VIVRIERS

Avant d'analyser la transmission et le caractère symétrique des variations de prix entre les marchés béninois de produits vivriers retenus, nous décrivons ces marchés et présentons les séries temporelles de prix de ces produits vivriers.

3.1. Description des marchés béninois de produits vivriers et des séries temporelles

Parmi les 181 marchés vivriers recensés en 1998, l'ONASA suit régulièrement 57 marchés. Parmi ces 57 marchés, l'ONASA (1998) distingue 15 marchés ruraux de collecte de la production, 30 marchés de regroupement et 12 marchés urbains de consommation dont cinq marchés frontaliers. Les marchés ruraux de collecte sont proches des bassins de production excédentaire. Les marchés de regroupement entretiennent des relations commerciales directes avec ces marchés ruraux de collecte. Ils desservent les marchés urbains de consommation au Bénin. Localisés dans les grands centres urbains, les marchés de consommation assurent la distribution des produits vivriers auprès des consommateurs urbains.

Graphique 2. Principaux circuits commerciaux entre marchés vivriers béninois

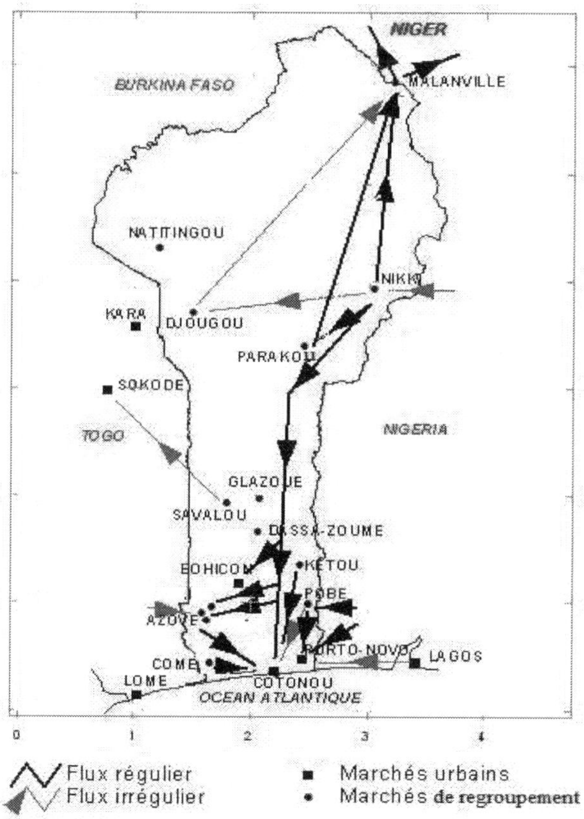

Source : LARES (2009).

Parmi ces marchés, le marché de consommation de la capitale, Cotonou et les quatre marchés de regroupement d'Azovè, de Comé, de Malanville et de Parakou sont sélectionnés en raison du rôle important qu'ils jouent dans le circuit de commercialisation du maïs, de la semoule de manioc et de l'igname. Ces trois produits constituent la source essentielle de féculents consommés par la majorité de la population béninoise.

Le graphique 2 montre que les marchés de regroupement d'Azovè et de Comé sont situés dans la région du Sud du Bénin. En 2008, cette région contribue pour 73% et 49% à la production nationale du maïs et de manioc respectivement. Les marchés de regroupement d'Azovè et de Comé approvisionnent le marché de consommation de Cotonou et, dans une moindre mesure, les marchés frontaliers du Togo. On observe également des flux de produits vivriers provenant du Nigéria et, dans une moindre mesure, du Togo. Les marchés de regroupement de Malanville et de Parakou sont situés dans la région du Nord du Bénin. Cette région contribue pour 12%, 39% et 74% à la production nationale du maïs, de manioc et de l'igname respectivement. Le marché de regroupement de Parakou approvisionne principalement l'autre marché de regroupement de Malanville. Le marché de regroupement de Malanville approvisionne ensuite tous les marchés frontaliers du Niger. Ce marché met en liaison les zones de production excédentaire du Bénin avec les marchés frontaliers du Niger en raison de la proximité géographique. Situé dans le département du Littoral au Sud du Bénin, le marché de Cotonou (*Dantokpa*) est le plus important marché de consommation de produits vivriers du pays pour plus de 700 000 habitants.

Pour réduire les coûts de transaction élevés entre les marchés de regroupement et de consommation, la plupart des commerçants sont membres d'une association de commerçants. Ces associations de commerçants sont constituées à l'initiative des commerçants eux-mêmes (Tassou, 2004). Celles-ci permettent principalement à leurs membres de regrouper leurs commandes de marchandises et d'affréter collectivement les moyens de transport. Elles favorisent aussi l'entente sur les prix d'achat et de vente des produits vivriers.

Tableau 1. Proportion des marchés avec associations de commerçants et des commerçants membres d'une association par département en 1999

Département	Marché avec association de commerçants	Commerçants en association
Atacora	17%	57%
Atlantique	13%	18%
Borgou	19%	49%
Mono	16%	69%
Ouémé	15%	46%
Zou	20%	30%

Source : Tassou (2004).

Le tableau 1 montre la proportion de marchés animés par des associations de commerçants et la proportion de commerçants enquêtés membres d'une association de commerçants selon le département. Les associations de commerçants sont présentes dans tous les départements avec une présence plus importante dans les départements du Zou et de Borgou. Dans les deux départements du Mono et de Borgou qui comptent les marchés de regroupement étudiés, la proportion des marchés de regroupement avec associations de commerçants s'élève à 16 et 19% respectivement. Dans ces deux départements, 69% et 49% des commerçants enquêtés appartiennent à des associations respectivement. Les statistiques individuelles par marché de regroupement étudié n'étant pas disponibles, nous exploitons les statistiques par département pour analyser les résultats qui suivront.

Graphique 3. Evolution du prix du maïs sur cinq marchés béninois (1990-2005)

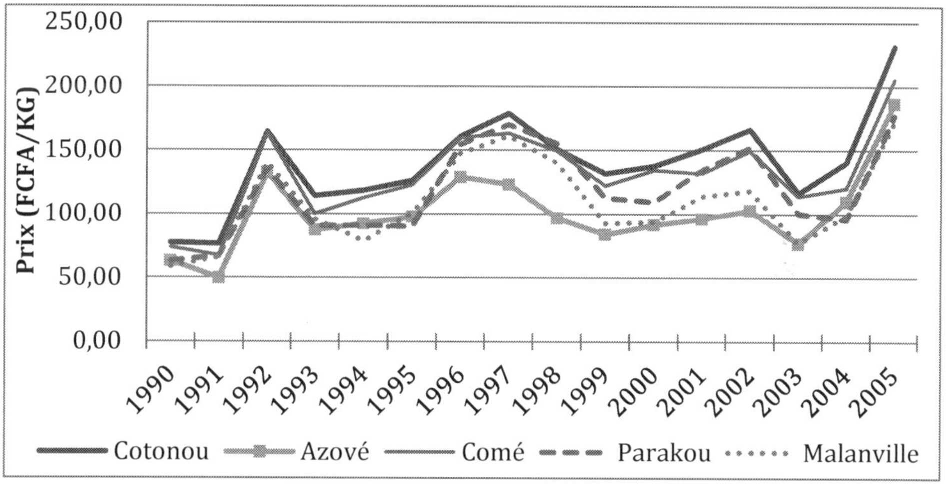

Source : ONASA et RESIMAO.

Graphique 4. Evolution du prix de la semoule de manioc sur cinq marchés béninois (1990-2005)

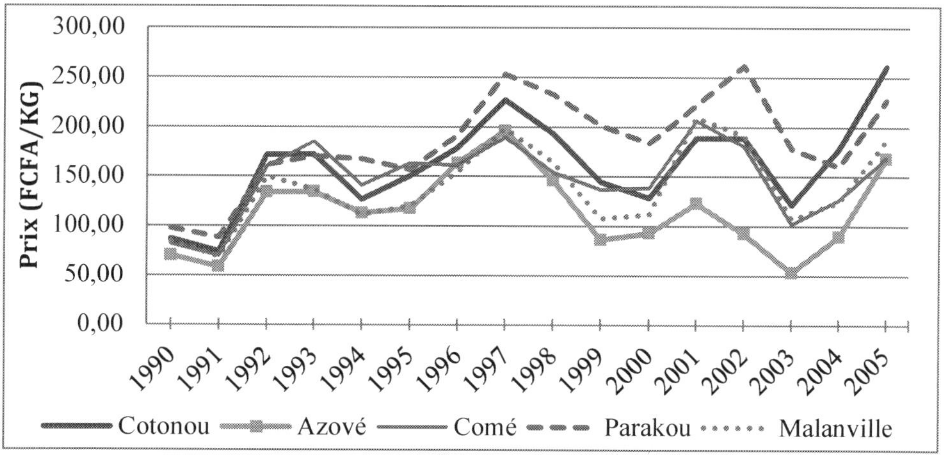

Source : ONASA et RESIMAO.

Les graphiques 3 à 5 montrent les séries annuelles de prix couvrant la période de 1990 à 2005 déflatés par l'indice de prix à la consommation (base

2000=100) de différents produits vivriers au Bénin fourni par Perspective Monde[1]. Les séries de prix sur les marchés du maïs et de la semoule de manioc présentées aux graphiques 3 et 4 montrent des évolutions similaires. Par contre, les séries de prix sur les marchés de l'igname présentées au graphique 5 montrent des évolutions parfois opposées selon les périodes. Sur les graphiques 3 à 5, on observe des écarts de prix différents selon les couples de marché formés par le marché de consommation de Cotonou avec chacun des quatre marchés de regroupement pendant la même année. Par exemple sur le graphique 3, l'écart des prix entre les marchés du maïs de Cotonou et d'Azovè s'élève à 38% en 2002 alors que cet écart est seulement de 10% entre les marchés de Cotonou et de Comé pour la même année. Au graphique 4, l'écart des prix entre les marchés de la semoule de manioc de Cotonou et de Parakou s'élève à -46% alors que celui entre les marchés de Cotonou et de Malanville s'élève à 12% en 2003. Au graphique 5, on observe également une variabilité des écarts des prix entre le marché de consommation de Cotonou avec chacun des quatre marchés de regroupement de l'igname. Par exemple, l'écart des prix entre le marché de consommation de Cotonou et le marché de regroupement de Parakou s'élève à 36% en 2004 alors que celui entre le marché de consommation de Cotonou et le marché de regroupement de Malanville s'élève seulement à 22% pour la même année.

Graphique 5. Evolution du prix de l'igname sur cinq marchés béninois (1990-2005)

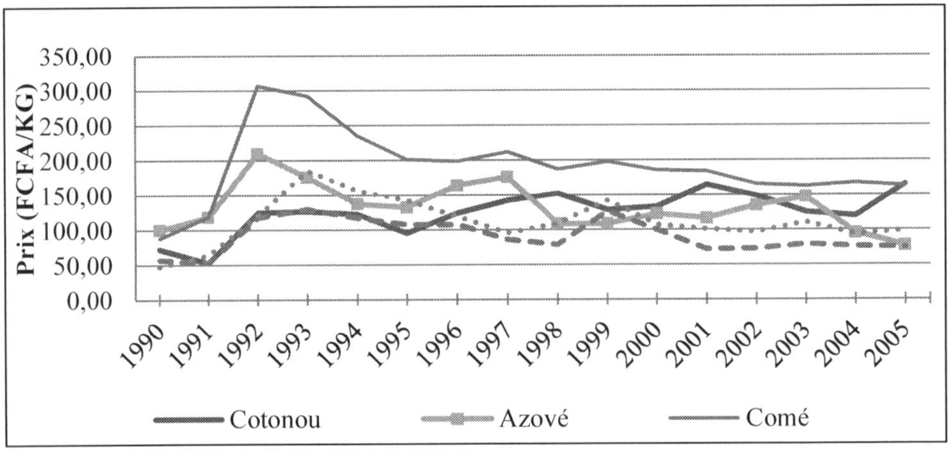

Source : ONASA et RESIMAO.

La variabilité des écarts de prix selon les paires de marchés et les produits dans la même année est due à l'origine des produits commercialisés, les distances et l'état de praticabilité des voies qui séparent les couples de marchés commentés.

[1] Perspective Monde est un outil statistique pédagogique des grandes tendances mondiales depuis 1945 sous la direction de l'université de Sherbrooke et de la Banque mondiale.

3.2. Tests de cointégration standard et asymétrique entre les séries de prix de produits vivriers

Nous réalisons le test de la relation de cointégration entre les séries de prix observés sur le marché urbain de consommation de Cotonou et celles observées sur chaque marché de regroupement en utilisant la relation (1) pour n = 2. En général, les prix des produits agricoles sont affectés de variations saisonnières[2]. Les périodes de fortes pluies pendant laquelle les routes reliant les marchés sont impraticables ainsi que les changements au cours d'une même année des habitudes de consommation peuvent expliquer cette saisonnalité. La présence de la saisonnalité ne permet pas de capter l'évolution intrinsèque d'une série et donc sa relation avec une autre. Pour prendre en compte cette saisonnalité, l'introduction des variables muettes est la solution la plus utilisée. Alderman (1993) et Abdulai (2000) suggèrent d'identifier les périodes saisonnières à partir d'information a priori observables sur le fonctionnement des marchés. Ils préconisent de ne corriger que ces périodes saisonnières par l'introduction des variables muettes correspondantes. Cette identification des mois de forte saisonnalité étant subjective, notre démarche consiste à désaisonnaliser toutes les séries de prix en utilisant la méthode des moyennes mobiles afin d'y retirer toute influence cyclique.

L'hypothèse nulle de racines unitaires spécifiant la non-stationnarité des séries de prix désaisonnalisées est testée en utilisant le test augmenté de Dickey et Fuller (1979) et celui de Phillips-Perron (1988) sans tendance[3]. Le nombre optimal de retards est sélectionné à partir du critère de Schwartz. Les résultats des tests de racines unitaires reportés au tableau 2 indiquent que toutes les séries sont non-stationnaires en niveau et intégrées en différence première.

Etant donné que les séries de prix sont stationnaires en différence première, les hypothèses nulles d'absence de cointégration et de symétrie de la relation de cointégration entre les marchés sont testées en utilisant la relation (1) pour $n = 2$. Les résultats présentés au tableau 3 sont obtenus en estimant des relations (1) de cointégration pour des séries non intégrées de même ordre. Les coefficients estimés se révèlent très significatifs pour chaque paire de marchés considérée. Ces résultats montrent qu'à long terme une variation des prix à la hausse sur les marchés de regroupement se traduirait par une variation des prix sur le marché de consommation de Cotonou.

L'approche d'Engle et Granger reprise par la relation (2) et celle de Johansen sont utilisées pour tester les relations de cointégration standard entre les marchés. L'approche d'Enders et Granger reprise par la relation (3) est utilisée pour tester les relations de cointégration asymétrique entre les différents marchés considérés. Le nombre maximum de retard est déterminé par le critère de Schwarz.

---

[2] Les périodes de pénurie, de pluie où les routes sont impraticables, et des périodes de fêtes sont des exemples de facteurs saisonniers.

[3] Le test de racines unitaires est réalisé en utilisant le modèle sans tendance parce que la tendance n'est pas statistiquement significative.

Tableau 2. Tests de racine unitaire sur les séries mensuelles de prix de produits vivriers au Bénin (1990-2005)

Test	Produit	Spécification	Cotonou	Azové	Comé	Parakou	Malanville
Augmented Dikey-Fuller	Maïs	Niveau	0,017	0,01	0,01	-0,004	0,005
			(1,88)	(1,02)	(0,69)	(-0,39)	(0,53)
		Différence	-1,25***	-	-	-0,10***	-1,23***
			(-17,72)	1,24***	1,24***	(-14,63)	(-16,44)
				(-17,53)	(-17,41)		
	Semoule de manioc	Niveau	0,007	0,005	0,006	0,003	0,006
			(1,05)	(-0,65)	(0,76)	(0,36)	(0,60)
		Différence	-1,08**	-	-1,18**	-1,25***	-1,37***
			(-15,01)	1,12***	(-16,02)	(-16,95)	(-20,04)
				(-15,17)			
	Igname	Niveau	-0,003	-0,007	-0,007	-0,01	-0,01
			(-0,35)	(-0,53)	(-0,07)	(-1,59)	(-0,56)
		Différence	-1,11***	-	-	-1,33***	-1,59***
			(-15,21)	1,91***	1,64***	(-12,79)	(-14,08)
				(-12,10)	(-14,09)		
Philipps-Perron	Maïs	Niveau	0,01	0,004	0,001	0,004	0,00
			(1,03)	(1,08)	(0,89)	(0,42)	(0,42)
		Différence	-1,25***	-	-	-1,10***	-1,23***
			(-17,69)	1,24***	1,24***	(-16,61)	(-16,52)
				(-18,10)	(-17,91)		
	Semoule de manioc	Niveau	0,007	0,005	0,003	0,00	-0,001
			(1,06)	(0,65)	(0,46)	(0,003)	(-0,13)
		Différence	-1,08***	-	-	-1,25***	-1,37***
			(-15,01)	1,12***	1,18***	(-16,95)	(-20,04)
				(-15,17)	(-16,02)		
	Igname	Niveau	0,004	-0,02	-0,008	-0,03	-0,03
			(0,64)	(-0,70)	(-0,07)	(-0,88)	(-0,69)
		Différence	-0,11***	-	-	-1,06***	-1,25***
			(-18,47)	1,09***	1,32***	(-26,70)	(-30,09)
				(-20,99)	(-24,07)		

Les valeurs sans parenthèses sont les coefficients estimés des paramètres. Celles entre parenthèses sont les statistiques de test à comparer aux valeurs critiques de MacKinnon (1996) correspondant à -3,59, -2,93 et -2,60 aux seuils de 1%, 5% et 10% respectivement.
Les notations *, ** et *** correspondent respectivement à 10%, 5% et 1% des seuils de significativité.

Source : Estimations des auteurs.

Le tableau 4 montre les résultats des tests de cointégration selon Engle et Granger réalisés sur les résidus issus de l'estimation de la relation (1). Selon ce test, l'hypothèse nulle d'absence de cointégration entre les séries de prix des trois produits est rejetée pour toutes les paires de marchés sauf pour la paire de marchés Cotonou-Parakou pour le maïs. La comparaison des statistiques calculées sous l'hypothèse nulle ($\rho = 0$) aux valeurs critiques de la table de McKinnon (1991) confirme la relation de cointégration entre les séries de prix du marché de consommation de Cotonou et des quatre marchés de regroupement pour les trois produits considérés sauf entre Cotonou et Parakou pour le maïs.

Le tableau 5 montre les résultats des tests de cointégration selon Johansen réalisés entre les différentes paires de marchés. Sous l'hypothèse nulle d'absence de cointégration, les statistiques de trace montrent une relation de cointégration pour chaque paire de marchés considérée au seuil de significativité de 5%. Ces résultats montrent qu'une combinaison linéaire des variables tend vers un état d'équilibre dans le long terme pour toutes les paires de marchés et tous les produits.

Tableau 3. Estimation de la relation (1) de cointégration entre les marchés vivriers au Bénin (1990-2005)

Produit Paire de marchés	Coefficient estimé	Constante	R^2
Maïs			
Cotonou-Azovè	1,22*** (30,69)	17,02*** (4,70)	0,83
Cotonou-Comé	1,05*** (39,09)	4,05 (1,12)	0,87
Cotonou-Parakou	0,95*** (21,50)	24,49*** (4,78)	0,71
Cotonou-Malanville	0,68*** (25,21)	11,87*** (3,23)	0,77
Semoule de manioc			
Cotonou-Azovè	1,11*** (16,00)	34,04*** (4,61)	0,59
Cotonou-Comé	1,08*** (19,37)	3,09 (0,39)	0,65
Cotonou-Parakou	0,73*** (19,68)	22,83** (3,37)	0,67
Cotonou-Malanville	0,96*** (23,91)	25,53*** (4,64)	0,75
Igname			
Cotonou-Azovè	0,32** (3,06)	75,35*** (12,40)	0,05
Cotonou-Comé	0,56*** (7,24)	18,09 (1,36)	0,20
Cotonou-Parakou	0,42*** (3,68)	79,19*** (8,37)	0,07
Cotonou-Malanville	0.47** (5.09)	66.61*** (7.08)	0.12

*Nombre d'observations pour chaque paire de marché : 189. Les valeurs sans parenthèses sont les coefficients estimés et celles entre parenthèses sont les statistiques de Student. Les notations *, ** et *** correspondent respectivement à 10%, 5% et 1% des seuils de significativité.*

Source : Estimations des auteurs.

Le tableau 6 montre les résultats des tests de la relation de cointégration asymétrique entre les séries de prix selon Enders et Granger. Le test de Ljung-Box est aussi réalisé pour s'assurer que les résidus ne sont pas corrélés. Les Q-statistiques de Ljung-Box reportées aussi au tableau 6 indiquent que les résidus ne sont pas significativement corrélés. L'hypothèse nulle $(\rho_1 = \rho_2 = 0)$ est rejetée en comparant les statistiques de Fisher calculées aux valeurs critiques de la table de Enders et Granger (1998) pour toutes les paires de marchés du maïs, les paires de marchés de la semoule de manioc Cotonou-Azovè, Cotonou-Comé et Cotonou-Malanville et les paires de marchés de l'igname Cotonou-Comé et Cotonou-Malanville.

Tableau 4. Estimation de la relation de cointégration selon Engle-Granger entre les marchés vivriers au Bénin (1990-2005)

Produit	Hypothèse	Paire de marchés			
		Cotonou-Azovè	Cotonou-Comé	Cotonou-Parakou	Cotonou-Malanville
Maïs	$\rho = 0$	-0,38*** (-6,40)	-0,58*** (-8,30)	-0,14 (-1,49)	-0,22*** (-2,94)
Semoule de manioc	$\rho = 0$	-0,09*** (-2,28)	-0,13*** (-2,99)	-0,15*** (-3,71)	-0,14** (-2,74)
Igname	$\rho = 0$	-0,10** (-3,04)	-0,16*** (-3,94)	-0,11*** (-3,13)	-0,15** (-3,85)

*Les valeurs sans parenthèses sont les coefficients estimés et celles entre parenthèses sont les statistiques de test à comparer aux valeurs critiques de McKinnon (1996). Les notations *, ** et *** correspondent respectivement à 10%, 5% et 1% des seuils de significativité retenus pour les valeurs critiques de McKinnon qui sont respectivement de -1,615, -1,942 et -2,577.*

Source : Estimations des auteurs.

Puisqu'il existe une relation de cointégration entre les séries de prix pour des paires de marchés ci-dessus mentionnées selon le test d'Enders et Granger, l'hypothèse nulle de symétrie de la relation de cointégration ($\rho_1 = \rho_2$) est testée en utilisant le test de Fisher standard (Enders et Granger, 1998). Enders et Granger expliquent que si l'hypothèse nulle ($\rho_1 = \rho_2 = 0$) est rejetée, alors les paramètres d'ajustement ρ_1 et ρ_2 convergent vers des distributions normales multivariées. La restriction selon laquelle l'ajustement est symétrique ($\rho_1 = \rho_2$) peut dès lors être testée en utilisant le test standard de Fisher. Selon les résultats de ce test, l'hypothèse nulle de symétrie de cointégration entre les séries de prix des différentes paires de marchés vérifiant la relation de cointégration n'est pas rejetée lorsque les valeurs calculées de Fisher sont comparées à la valeur critique de la table de Fisher.

Pour la paire de marchés de la semoule de manioc Cotonou-Parakou, seul le paramètre spécifiant la variation négative des prix est statistiquement significatif avec le signe négatif attendu. Pour les paires de marchés d'igname Cotonou-Azovè et Cotonou-Parakou, seuls les paramètres spécifiant les variations positives des prix sont statistiquement significatifs avec le signe négatif attendu. On peut conclure à une intégration asymétrique des marchés de la semoule de Cotonou et Azovè selon les variations négatives des prix et à une intégration asymétrique des marchés de l'igname de Cotonou et Parakou et de Cotonou et Parakou selon les variations positives des prix.

Des différents tests repris aux tableaux 4 à 6, il en résulte que les marchés de regroupement de Parakou et de Malanville situés dans les zones excédentaires du Nord et ceux d'Azovè et de Comé situés dans les zones excédentaires du Sud du Bénin entretiennent des relations commerciales avec le marché de consommation de Cotonou. Ces relations commerciales sont garanties par les associations de commerçants malgré l'importance de la distance et l'impraticabilité des routes séparant les marchés de regroupement et le marché de consommation situé à Cotonou. Le degré d'intégration de ces marchés peut aussi s'expliquer par le fait que les produits sont consommés par une grande partie de la population béninoise conduisant à une relation commerciale soutenue dans le temps garantie par les associations de commerçants. L'importance de la demande de ces produits sur le marché de consommation de Cotonou et du rôle joué par les associations de commerçants en garantissant les échanges entre les marchés quelle que soit la période conduit à une relation de cointégration et de symétrie pour la plupart des marchés. En considérant la mensualité des fréquences des séries de prix utilisées dans cette analyse, les valeurs estimées pour le paramètre ρ de la relation (2) et les composantes positive (ρ_1) et négative (ρ_2) de la relation (3), on est en mesure de conclure que le niveau d'intégration de la plupart des marchés des trois produits est relativement important.

Tableau 5. Estimation de la relation de cointégration selon Johansen entre les marchés vivriers au Bénin (1990-2005)

Produit Paire de marchés	Hypothèse nulle (H0)	Hypothèse alternative (H1)	Statistique de trace	Valeur critique
Maïs				
Cotonou-Azovè	R=0	R=1	49,22**	12.32
	R=1	R=2	2,26	4,13
Cotonou-Comé	R=0	R=1	49,94**	12,32
	R=1	R=2	3,52	4,13
Cotonou-Parakou	R=0	R=1	31,63**	12,32
	R=1	R=2	3,65	4,13
Cotonou-Malanville	R=0	R=1	25,24**	12,32
	R=1	R=2	3,24	4,13
Semoule de manioc				
Cotonou-Azovè	R=0	R=1	13,11**	12,32
	R=1	R=2	2,62	4,13
Cotonou-Comé	R=0	R=1	12,74**	12,32
	R=1	R=2	2,485	4,13
Cotonou-Parakou	R=0	R=1	28,92**	12,32
	R=1	R=2	0,90	4,13
Cotonou-Malanville	R=0	R=1	17,78**	12,32
	R=1	R=2	2,07	4,13
Igname				
Cotonou-Azovè	R=0	R=1	13,79**	12,32
	R=1	R=2	0,01	0,94
Cotonou-Comé	R=0	R=1	12,51**	12,32
	R=1	R=2	0,01	4,13
Cotonou-Parakou	R=0	R=1	23,45**	12,32
	R=1	R=2	0,02	4,12
Cotonou-Malanville	R=0	R=1	21,41**	11,22
	R=1	R=2	0,00	4,13

** correspondent à 5% de seuil de significativité retenu.
Le terme R indique au nombre de relations de cointégration.

Source : Estimations des auteurs.

Tableau 6. Estimation de la relation de cointégration selon Enders-Granger entre les marchés vivriers au Bénin (1990-2005)

Produit	Paire de marchés	Hypothèse				
		$\rho_1^a = 0$	$\rho_2^a = 0$	Φ^b	$\rho_1 = \rho_2{}^c$	Q^d
Maïs	Cotonou-Azovè	-0,38*** (-4,10)	-0,37*** (-4,05)	20,25	0,001 (0,97)	0,19 (0,66)
	Cotonou-Comé	-0,56*** (-5,60)	-0,59*** (-5,78)	34,04	0,04 (0,85)	0,95 (0,33)
	Cotonou-Parakou	-0,41*** (-3,82)	-0,30*** (-3,41)	14,46	0,50 (0,48)	0,31 (0,58)
	Cotonou-Malanville	-0,49*** (-4,92)	-0,24** (-2,39)	17,72	2,64 (0,10))	2,08 (0,15)
Semoule de manioc	Cotonou-Azovè	-0,12** (-2,02)	-0,20** (-2,26)	7,60	0,40 (0,53)	0,23 (0,63)
	Cotonou-Comé	-0,15** (-2,67)	-0,25*** (-3,09)	10,36	0,85 (0,36)	13,27 (0,10)
	Cotonou-Parakou	-0,07 (-1,18)	-0,29*** (-3,63)	-	-	1,759 (0,21)
	Cotonou-Malanville	-0,28*** (-4,08)	-0,32*** (-3,27)	15,74	0,09 (0,76)	1,35 (0,24)
Igname	Cotonou-Azovè	-0,16** (-2,71)	-0,04 (-0,60)	-	-	2,45 (0,11)
	Cotonou-Comé	-0,16** (-2,33)	-0,18** (-2,21)	7,72	0,03 (0,85)	0,41 (0,52)
	Cotonou-Parakou	-0,12** (-1,99)	-0,09 (-1,25)	-	-	1,57 (0,21)
	Cotonou-Malanville	-0,16** (-2,50)	-0,13* (-1,89)	7,35	0,06 (0,81)	2,46 (0,11)

[a] Les valeurs sans parenthèses sont les coefficients estimés et celles entre parenthèses sont les statistiques de test de Student pour ρ_1 et ρ_2.
[b] Le terme Φ correspond aux F-statistiques calculées sous l'hypothèse nulle ($\rho_1 = \rho_2 = 0$). Ces statistiques sont comparées à celles des valeurs critiques tabulées par Enders et Granger (1998). Ces valeurs critiques sont 3,10; 3,82 et 5,53 pour des seuils de 10%, 5% et 1% respectivement pour le modèle sans tendance.
[c] Les valeurs sans parenthèses sont les F-statistiques et celles entre parenthèses sont les valeurs des probabilités correspondantes à ces statistiques de Fisher sous l'hypothèse nulle de symétrie ($\rho_1 = \rho_2$). Les valeurs sans parenthèses sont les F-statistiques et celles avec parenthèses sont les valeurs des probabilités correspondantes.
[d] Statistiques de Ljung-Box pour lesquelles les premiers ordres (p) d'autocorrélation des résidus sont conjointement égaux à zéro.

Source : Estimations des auteurs.

3.3. Test de la transmission asymétrique des prix entre les marchés de produits vivriers

Etant donné qu'il existe des relations de cointégration et de symétrie entre le marché de Cotonou et la plupart des marchés de regroupement, nous réalisons le test de la transmission des prix entre les marchés. Dans un premier temps, en concordance avec le théorème de représentation de Granger (1987), nous testons la transmission des prix en utilisant le modèle à correction d'erreurs (MCE) standard. Ensuite, en considérant la présence d'importants coûts de transaction suscitant la présence des associations de commerçants sur les marchés vivriers du Bénin, nous examinons la transmission asymétrique des prix entre les paires de marchés symétriquement cointégrés en utilisant le modèle à correction d'erreurs asymétrique (MCEA) d'Enders et Granger représenté par la relation (5). Le critère de Schwartz est utilisé pour terminer le nombre de retards considéré dans les modèles estimés pour chaque paire de marchés.

Les résultats du test selon le MCE standard présentés au tableau 7[4] indiquent que la transmission des prix se fait dans les deux sens, c'est-à-dire du marché de consommation de Cotonou aux quatre marchés de regroupement considérés, d'une part, et de ces quatre marchés de regroupements au marché de consommation de Cotonou, d'autre part, pour le maïs et l'igname. Pour la semoule de manioc, la transmission des prix se fait dans les deux sens seulement pour la paire de marchés Cotonou-Azovè. Pour les autres paires de marchés de la semoule, la transmission des prix se fait à sens unique des marchés de regroupement de Comé, Parakou et Malanville au marché de consommation de Cotonou respectivement. Les statistiques-Q de Ljung-Box indiquent que les résidus ne sont pas corrélés. Les paramètres de correction d'erreur estimés pour le marché de consommation de Cotonou varient de -0,31 à -0,29 pour le maïs, de -0,07 à -0,05 pour la semoule de manioc et de -0,09 à -0,08 pour l'igname pendant que ceux estimés pour les marchés de regroupement varient fortement de -0,55 à -0,24 pour le maïs, de -0,21 à -0,05 pour la semoule de manioc et de -0,40 à -0,30 pour l'igname. Ces résultats indiquent que les marchés de regroupement corrigent le déséquilibre de long terme à une vitesse plus élevée que le marché de consommation de Cotonou. Il est donc possible que les associations de commerçants davantage présentes sur les marchés de regroupement exploitent mieux les informations commerciales que les commerçants isolés situés sur le marché de consommation de Cotonou.

Les résultats d'estimation de la relation (5) d'asymétrie selon Enders et Granger sont présentés au tableau 8[5]. Le critère de Schwartz est utilisé pour déterminer le nombre de retards considéré dans les modèles estimés pour chaque paire de marchés. Le test de Ljung-Box est aussi réalisé pour s'assurer que les résidus ne sont pas significativement corrélés. Les résultats indiquent une transmission symétrique dans les deux sens selon les variations positives et négatives des prix observés sur les paires de marchés de maïs Cotonou-Azovè et Cotonou-Comé. Pour les autres paires de marchés du maïs et pour la plupart des

[4] Le test de la transmission selon le MCE standard n'est pas réalisé pour la paire de marché du maïs Cotonou-Parakou en raison de la non-cointégration de cette paire de marchés (voir les résultats du tableau 4).

[5] Le test de la transmission asymétrique selon le MCEA n'est pas réalisé pour la paire de marché de la semoule Cotonou-Parakou selon les variations positives des prix et aussi pour les paires de marchés de l'igname Cotonou-Azovè et Cotonou-Parakou pour les variations négatives des prix, en raison de la non-cointégration symétrique de ces paires de marchés (voir les résultats du tableau 6).

paires de marchés de la semoule, la transmission des prix se fait dans les deux sens mais selon les variations négatives des prix. Par contre, pour la plupart des paires de marchés de l'igname, la transmission des prix se fait dans les deux sens selon les variations positives des prix.

Tableau 7. Test de la transmission des prix entre les marchés vivriers au Bénin (1990-2005) à l'aide du MCE standard

Paire de marchés	Maïs		Semoule de manioc		Igname	
	δ^a	Q^b	δ^a	Q^b	δ^a	Q^b
Cotonou-Azovè	-0,31***	2,51	-0,05**	0,31	-0,08**	0,08
	(-4,75)	(0,11)	(-2,05)	(0,58)	(-2,37)	(0,78)
Azovè-Cotonou	-0,29***	0,08	-0,07*	0,21	-0,36***	0,03
	(-3,75)	(0,78)	(-1,91)	(0,65)	(-5,61)	(0,87)
Cotonou-Comé	-0,31***	2,15	-0,04	0,31	-0,09**	0,02
	(-3,69)	(0,14)	(-1,41)	(0,58)	(-2,48)	(0,87)
Comé-Cotonou	-0,55***	0,002	-0,15***	0,32	-0,30***	0,31
	(-6,99)	(0,96)	(-3,51)	(0,57)	(-5,06)	(0,57)
Cotonou-Parakou	-	-	0,04	0,02	-0,08**	0,17
			(1,24)	(0,89)	(-2,44)	(0,67)
Parakou-Cotonou	-0,38***	0,32	-0,17***	0,31	-0,40***	0,01
	(-5,75)	(0,57)	(-4,17)	(0,58)	(-6,50)	(0,94)
Cotonou-Malanville	-0,18**	0,11	-0,06	0,78	-0,09**	0,10
	(-2,83)	(0,10)	(-1,57)	(0,38)	(-2,81)	(0,75)
Malanville-Cotonou	-0,24***	0,01	-0,21***	0,64	-0,34***	0,11
	(-4,04)	(0,92)	(-3,85)	(0,42)	(-5,21)	(0,74)

[a] Le paramètre δ correspond au terme de correction d'erreur pour le MCE standard.
Les termes sans parenthèses sont les valeurs estimées des coefficients. Les termes entre parenthèses sont les statistiques de Student.
[b] Statistique de Ljung-Box notée Q pour lesquelles les premiers ordres (p) d'autocorrélation des résidus sont conjointement égaux à zéro.
Les notations *, ** et *** correspondent respectivement à 10%, 5% et 1% des seuils de significativité.

Source : Estimations des auteurs

A l'instar des résultats obtenus à partir du MCE standard présentés au tableau 7, les résultats du tableau 8 montrent en général que la vitesse d'ajustement des prix à long terme est plus élevée à partir des marchés de regroupement vers le marché de consommation de Cotonou qu'à partir du marché de consommation de Cotonou vers les marchés de regroupement.

De manière générale, on peut déduire des résultats obtenus que les marchés de regroupement sont des marchés leaders dans la transmission des prix entre les marchés vivriers considérés. La présence d'associations de commerçants et l'importance du rôle qu'elles jouent en garantissant les échanges des produits vivriers ont été mises en évidence à la section 3.1. Ces associations de commerçants adoptent différentes stratégies en vue de préserver leurs marges commerciales. Etant donné qu'elles exploitent mieux les informations commerciales que les commerçants isolés, elles influencent la fixation et la transmission des prix en contrôlant l'approvisionnement des marchés.

Tableau 8. Test de la transmission des prix entre les marchés vivriers au Bénin (1990-2005) à l'aide du MCEA

Paire de marchés	Maïs				Semoule				Igname			
	ϕ_1^a	ϕ_2^a	F-stat[b]	Q-stat[c]	ϕ_1^a	ϕ_2^a	F-stat[b]	Q-stat[c]	ϕ_1^a	ϕ_2^a	F-stat[b]	Q-stat[c]
Cotonou-	-0,42***	-0,25**	0,76	1,37	0,04	-0,17**	-	0,09	-	-	-	-
Azovè	(-3,82)	(-2,31)	(0,38)	(0,24)	(0,33)	(-2,56)		(0,75)				
Azovè-	-0,23**	-0,43***	1,09	0,01	-0,10	-0,05	-	0,23	-0,67***	0,08	-	0,001
Cotonou	(-2,42)	(-3,09)	(0,29)	(0,93)	(-1,57)	(-0,66)		(0,63)	(-6,34)	(0,59)		(0,98)
Cotonou-	-0,25*	-0,38**	0,36	1,70	0,09	-0,27***	-	0,09	-0,13*	-0,04	-	0,02
Comé	(-1,93)	(-2,74)	(0,55)	(0,19)	(2,11)	(-4,47)		(0,77)	(-1,90)	(-0,49)		(0,88)
Comé-	-0,55***	-0,54**	0,02	0,002	-0,13	-0,23**	-	0,37	-0,49***	-0,18**	2,99*	0,17
Cotonou	(-4,49)	(-3,64)	(0,96)	(0,96)	(-1,44)	(-2,39)		(0,54)	(-3,82)	(-2,13)	(0,08)	(0,68)
Cotonou-	0,20**	-0.35**	-	0,05	-	-	-	-	-	-	-	-
Parakou	(2,17)	(-2,78)		(0,827)								
Parakou-	-0,21**	-0,48**	2,40	0,00	-0,09	-0,29***	-	0,42	-0,52***	-0,16	-	0,01
Cotonou	(-2,18)	(-4,19)	(0,12)	(0,99)	(-1,29)	(-3,49)		(0,52)	(-5,89)	(-1,09)		(0,92)
Cotonou-	-0,04	-0,28**	-	0,46	0,07	-0,22**	-	0,38	-0,19***	0,02	-	0,08
Malanville	(-0,31)	(-2,80)		(0,10)	(1,42)	(-3,01)		(0,54)	(-2,98)	(0,23)		(0,77)
Malanville-	-0,06	-0,56***	-	0,02	-0,16*	-0,22**	0,15	0,002	-0,64***	0,002		0,23
Cotonou	(-0,75)	(-4,58)		(0,88)	(-1,84)	(-2,12)	(0,70)	(0,96)	(-5,79)	(0,02)		(0,63)

[a] *Coefficients estimés sans parenthèses et t-statistiques de Student avec parenthèses pour $\emptyset_1$ et $\emptyset_2$.*
[b] *Test de Fisher pour l'hypothèse nulle de symétrie selon laquelle les coefficients des termes de correction d'erreur sont égaux ($\emptyset_1 = \emptyset_2$). Les valeurs sans parenthèses sont les F-statistiques et celles entre parenthèses sont les valeurs des probabilités correspondantes.*
[c] *Statistique de Ljung-Box notée Q pour lesquelles les premiers ordres (p) d'autocorrélation des résidus sont conjointement égaux à zéro.*
*Les notations *, ** et *** correspondent respectivement à 10%, 5% et 1% des seuils de significativité.*
Source : Estimations des auteurs.

Par exemple, lorsque les prix diminuent sur le marché de consommation de Cotonou, les commerçants en association réduisent l'approvisionnement du marché de consommation soit en stockant leurs produits, soit en les commercialisant sur d'autres marchés où les conditions de transport et d'arbitrage sont meilleures. Cette stratégie consiste à accroître le niveau des prix sur le marché de consommation de Cotonou. Lorsqu'il s'agit d'une hausse des prix sur le marché de consommation de Cotonou, les échanges se poursuivent entre ce marché et les marchés de regroupement considérés.

La transmission symétrique des prix du maïs observée entre le marché de consommation de Cotonou et les marchés de regroupement d'Azovè et de Comé s'explique par le niveau compétitif des prix sur le marché de consommation de Cotonou comme sur le marché de regroupement d'Azovè et de Comé. En effet, le marché de consommation de Cotonou, en plus des marchés d'Azovè et de Comé, est aussi approvisionné par d'autres marchés de regroupement du maïs. La diversité des sources d'approvisionnement et l'importance de l'offre du maïs sur le marché de consommation de Cotonou semblent favoriser la transmission symétrique des prix entre ces deux paires de marchés.

4. CONCLUSIONS ET RECOMMANDATIONS

Cette étude a examiné la transmission des prix entre le marché de consommation de Cotonou et quatre marchés béninois de regroupement du maïs, de la semoule de manioc et de l'igname. Malgré l'ampleur des coûts de transaction sur les marchés vivriers béninois, les résultats des tests de cointégration montrent que la plupart des marchés considérés sont symétriquement bien intégrés deux à deux. Les principaux résultats obtenus à l'aide du MCE standard et du MCE asymétrique indiquent que les prix sur la plupart des marchés de regroupement considérés s'ajustent plus rapidement aux prix sur le marché de consommation de Cotonou que ne s'ajustent les prix sur le marché de consommation de Cotonou aux prix des marchés de regroupement.

D'une part, les associations de commerçants facilitent les échanges entre les différents marchés de regroupement et le principal marché de consommation de Cotonou malgré l'ampleur des coûts de transaction dus aux distances entre marchés, à l'état du réseau routier et de leur impraticabilité pendant les saisons de pluies. Ces échanges soutenus dans le temps favoriseraient l'intégration des paires de marchés considérés. D'autre part, ces associations de commerçants exerceraient un certain pouvoir sur ces marchés qui pourrait expliquer que la transmission en termes de vitesse et de type de variation des prix soit différente selon le sens de la transmission des prix.

L'analyse de la cointégration et de la symétrie de la transmission des prix sur les marchés vivriers béninois pourrait bénéficier de quelques améliorations méthodologiques. Il conviendrait notamment pour les prochaines études d'utiliser des modèles à seuils de façon à endogénéiser les valeurs des seuils délimitant des régimes d'ajustement des prix.

Si l'on souhaite équilibrer la vitesse de la transmission et permettre aussi que les baisses et les hausses des prix soient transmises symétriquement entre les marchés, il conviendrait d'améliorer la praticabilité des axes routiers séparant les différents marchés et aussi atténuer le pouvoir de marché exercé par les commerçants réunis association. Depuis 2003, les grands projets d'investissement en infrastructures routières se concentrent sur Cotonou et de sa périphérie au détriment des voies de communication entre Cotonou et les grandes zones de production des produits vivriers. Il conviendrait que l'Etat béninois et les institutions internationales de développement investissent davantage dans la réhabilitation et la construction de routes et pistes rurales pour faciliter les échanges entre les différents marchés en vue de réduire les coûts de transaction. De tels investissements conduiraient au désenclavement des zones de production excédentaires en produits vivriers et permettraient aux producteurs de commercialiser davantage leurs produits sur des marchés vivriers où les conditions d'arbitrage deviendraient plus favorables.

L'atténuation du pouvoir de marché exercé par les associations de commerçants requiert notamment que l'Etat béninois fournit certains services qu'offrent les associations à leurs membres. Par exemple, les associations permettent à leurs membres de regrouper leurs commandes de marchandises et d'affréter collectivement les moyens de transport en vue de permettre à leurs membres d'économiser sur les coûts de transports. Elles favorisent aussi l'entente sur les prix d'achat et de vente des produits vivriers en vue de maintenir leurs marges commerciales. L'implication de l'Etat béninois dans l'organisation du transport en commun afin d'assurer le transport des personnes et des marchandises actuellement à la charge des acteurs privés peut leur permettre d'accéder aux différents marchés à moindre coût. De telles mesures permettront à chaque commerçant de moins dépendre d'une quelconque association pour bénéficier de ces services.

REFERENCES

Abdulai, A., 2000, "Spatial price transmission and asymmetry in the Ghanaian maize market", *Journal of Development Economics,* 63, pp. 327-349.

Adanguidi, J., 2006, "La personnalisation de l'impersonnel. Réflexion autour du commerce de l'igname à Cotonou, Bénin", Les interactions rural-urbain : circulation et mobilisation des ressources, *Le bulletin de l'APAD,* 19.

Adégbidi, A., Dédehouanou H., Kpenavoun S., Lutz C., 2003, "Dix ans de libéralisation du marché de maïs au Bénin", *CDS Research Report,* 20.

Alderman, H., 1993, "Intercommodity price transmittal: analysis of markets in Ghana", *Oxford Bulletin of Economics and Statistics,* 55(1), pp. 43-64.

Balke, S. N., Fomby, T. B., 1997, "Threshold cointegration", *International Economic Review,* 38, pp. 627-45.

Bard, C., Soulé, B. G., Coste, J., 2004, "Analyse de la Compétitivité régionale des filières tomate et pomme de terre au Bénin, au Niger et au Nigeria", Echanges Régionaux, LARES-IRAM.

Carlton, D. W., Perloff, J-M., 1998, "Economie industrielle", De Boeck Université, France.

Cutts, M., Kirsten J., 2006, "Asymmetric price transmission and market concentration: an investigation into four South African agro-food industries", *South African Journal of Economics* 74 (2), pp. 323-333.

Enders, W., Granger C. W. J., 1998, "Unit-root tests and asymmetric adjustment with an example using the term structure of interest rates", *Journal of Business and Economic Statistics,* 16, pp. 304-311.

Engle, R. F., Granger C. W. J., 1987, "Cointegration and error correction: representation, estimation and testing", *Econometrica,* 55, pp. 251-276.

Enders, W., Siklo, P.L., 2001, "Cointegration and threshold adjustment", *Journal of Business & Economic Statistics,* 19(2), pp. 166-176.

Faivre Dupaigre, B., Blein, R., Soule, B.G., 2008, "Améliorer le fonctionnement des marchés agricoles en Afrique de l'Ouest", FARM, IRAM-LARES.

Galtier, F., 2002, "Information, Institutions et Efficacité des marches. L'analyse de filières céréalières d'Afrique de l'Ouest comme système de consommation", ENSA Montpellier, 520 p + Annexes.

Goodwin, B. K., Grennes T., Graig, L., 2002, "Mechanical refrigeration and the spatial integration of perishable commodity markets", *Explorations in Economic History,* 39, pp. 154-182.

Goodwin, B. K., Pigott, N., 2001, "Spatial market integration in the presence of threshold effects", *American Journal of Agricultural Economics,* 83, pp. 302-317.

Hansen, B. E., Seo, B., 2002, "Testing for two-regime threshold cointegration in vector error correction models", *Journal of Economics,* 110, pp. 293-318.

Hansen, B.E., 1996, "Inference when a nuisance parameter is not indentified under the null hypothesis", *Econometrica,* 64(2), pp. 413-430.

Houck, P. J., 1977, "An approach to specifying and estimating nonreversible functions", *American Journal of Agricultural Economics,* 59(3), pp. 570-572.

Kouassi, B., Sirpé, G., Gogoué, A., 2006, "Commerce des produits agricoles et sécurité alimentaire durable en Afrique de l'Ouest centrale", Edition Karthala, Paris.

Kuiper, W. E., Lutz, C. H. M., van Tulburg, A., 2003, "Vertical price leadership on local maize markets in Benin", *Journal of Development Economic,* 71, pp. 417-433.

Lutz, C. H. M., 1994, "The functioning of the maize market in Benin: spatial and temporal arbitrage on the market of a staple food crop", Department of Regional Economics (Section Agro).

McNew, K., Fackler, P. L., 1997, "Testing market equilibrium : is conintegration informative ?" *Journal of Agricultural and Ressource Economics,* 22, pp. 191-207.

Meyer, J., 2004, "Measuring market integration in the presence of transaction costs: a threshold vector error correction approach", *Journal of Agricultural Economics,* 31, pp. 327-334.

Meyer, J., Von Cramon-Taubadel, S., 2004, "Asymmetric price transmission: a survey", *Journal of Agricultural Economics,* 55, pp. 581-611.

Peltzman, S., 2000, "Prices rise faster than they fall", *Journal of Political Economy,* 108(3), pp. 466-502.

Rapsomanikis, G., Hallam, D., Conforti, P., 2004, "Intégration des marchés et transmission des prix pour certains marchés de cultures vivrières et commerciales de pays en développement : Analyse et applications", FAO, Rapport sur les marchés des produits.

Rapsomanikis, G., Karfakis, P., 2010, "Marges à travers le temps et l'espace : détermination spatiale des prix sur les marchés de produits agricoles en Tanzanie", *Revue d'Economie du Développement,* 24 (1), pp. 109-133.

Hassan, D., Simioni, M., 2004, "Transmission des prix dans la filière des fruits et légumes : une application des tests de cointégration avec seuils", *Economie rurale,* 283-284, pp. 27-46.

Hansen, B.E., 1996, "Inference when a nuisance parameter is not identified under the null hypothesis", *Econometrica,* 64(2), pp. 413-430.

Tassou, Z., 2004, "Libéralisation des marchés agricoles et coordination des échanges de produits vivriers : le rôle des associations de commerçants au Bénin", Thèse de doctorat, UM1-ENSA Montpellier, 443 p.

Von Cramon-Taubadel, S., Loy, J. P., 1997, "Price asymmetry in the international wheat market", *Canadian Journal of Agricultural Economics,* 44(3): 311-317.

Xia, T., 2009, "Assymmetric price transmission, market power, and supply and demand curvature". *Journal of Agricultural and Food Industrial Organization,* 7, article 6.

PRICE TRANSMISSION AND ASYMMETRY
IN THE BENIN FOOD MARKETS

Abstract *- This paper examines price transmission between the retail market of Cotonou and rural markets of several food products in Benin. The use of Enders and Granger asymmetric model on the monthly price series from 1990 to 2005 shows that most rural food markets are symmetrically integrated to the retail market. The speed of price adjustments on the rural markets is however greater than the speed of price adjustments on the retail market of Cotonou. Merchant associations that are more active in the rural markets could explain such results. By consolidating their supply and chartering together their shipments, merchant associations facilitate trade between markets despite high transaction costs resulting from distances between markets and low quality of the road network. Through agreements on buying and selling prices of food products, these merchant associations exercise some market power on these markets.*

Key-words: PRICE TRANSMISSION, ASYMMETRY, FOOD MARKETS, MERCHANT ASSOCIATION, COTONOU, BENIN

NOTE ET DOCUMENT

L'INDICE DE DÉVELOPPEMENT HUMAIN : UNE ÉVALUATION POUR MAYOTTE

Michaël GOUJON* **et François HERMET****

Résumé - *La position de Mayotte en matière de développement est une question essentielle dans le contexte de son accession récente au statut de département français. Nous proposons ici de mesurer ce niveau de développement par l'Indice de Développement Humain (IDH) du Programme des Nations Unies pour le Développement, un indicateur synthétique qui intègre simultanément les dimensions ayant trait à la richesse monétaire, à la santé et à l'éducation de la population du territoire. Nous appliquons le calcul pour Mayotte, et pour La Réunion, pour les années 2005-2007, en présentant toutes les hypothèses et estimations qui se sont avérées nécessaires. A la lumière de cet exercice, le retard de développement de Mayotte apparaît conséquent, puisque son niveau de développement humain se situe aux alentours du 100ème rang mondial, comparée au 40ème rang pour La Réunion et au 8ème pour la France.*

Mots-clés : DÉVELOPPEMENT, INDICE DE DÉVELOPPEMENT HUMAIN, LA RÉUNION, MAYOTTE, DÉPARTEMENT D'OUTRE-MER

Classification JEL : I00, O15, R00

Cet article a bénéficié des commentaires des participants à la journée de recherche "La Réunion - Mayotte. Quel développement économique, social et environnemental ?" du 20 septembre 2011 à l'Université de La Réunion et au Colloque "Inégalités et pauvreté dans les pays riches" du 20 janvier 2012 à l'Université de Clermont-Ferrand. Les auteurs remercient également le referee anonyme de la revue pour ses remarques judicieuses.

* CERDI, CNRS-Université d'Auvergne ; michael.goujon@udamail.fr
** CEMOI, Université de La Réunion ; fhermet@univ-reunion.fr

INTRODUCTION

Mayotte, petite île de l'archipel des Comores dans le canal du Mozambique, est devenue le 101ème département français en mars 2011, suite à un referendum tenu deux ans auparavant. Mayotte devient alors le cinquième Département français d'Outre-Mer (DOM) et pourrait accéder à terme au statut de Région Ultra-Périphérique (RUP) de l'Union européenne. Dans un tel contexte, la question du niveau de développement relatif de ce territoire devient essentielle, que ce niveau soit comparé à ceux de la métropole, des autres DOM ou des autres îles de la région. En effet, les transferts publics, nationaux ou européens, et plus généralement les politiques économiques territoriales, ont pour objectif de permettre un rattrapage des régions présentant un retard de développement, et ont donc pour base les niveaux relatifs de développement. De plus, si les petites îles ultrapériphériques partagent des handicaps communs (insularité, éloignement, faible superficie, climat difficile...), la différence de statut administratif, et des politiques qui l'accompagnent, peuvent expliquer des trajectoires et des résultats différents en termes de développement. Enfin, les inégalités de développement entre les îles de l'Océan Indien peuvent également expliquer certaines dynamiques régionales, notamment commerciales ou migratoires.

Cet article se fixe pour objectif de caractériser de façon simple et synthétique le niveau relatif du développement de Mayotte par rapport à la France métropolitaine, mais aussi par rapport à ses homologues institutionnels (DOM) et géographiques (iles de l'Océan Indien). Le concept de développement, et par conséquent l'évaluation d'un niveau ou d'un quelconque retard en la matière, est cependant complexe. Pour ce faire, l'Indice de Développement Humain (IDH) du PNUD reste l'indicateur le plus approprié. Il permet de dépasser la seule mesure du PIB par habitant en agrégeant des dimensions ayant trait à la richesse monétaire, à la santé et à l'éducation. Il est de plus le seul indicateur synthétique de développement qui a été réellement accepté au niveau international, devenant de ce fait un outil de communication important auprès du public et des décideurs politiques.

Le PNUD ne calcule l'IDH que pour les pays et territoires indépendants. Sur la base de travaux déjà entrepris pour mesurer l'IDH de régions françaises, nous proposons dans cet article le calcul de l'IDH pour Mayotte, en reprenant également ce calcul pour La Réunion, pour les années 2005-2007. Nous nous attachons aussi à présenter toutes les hypothèses et estimations qui se sont avérées nécessaires, afin d'assurer la transparence de l'exercice, son acceptation et son amélioration future. Le niveau d'IDH de ce territoire est ensuite comparé à ceux de la France et de différentes économies insulaires, françaises et de l'Océan Indien.

1. UNE PRÉSENTATION RAPIDE DE MAYOTTE

Au-delà de son intérêt méthodologique, l'attrait de cet article réside également dans le fait qu'il investit un territoire français peu connu. Peuplée à l'heure actuelle d'un peu moins de 200 000 habitants (plus de 800 000 pour La Réunion), l'île est distante de près de 8 000 kilomètres de la métropole. Les relations de la France avec Mayotte ne débutent réellement qu'au 19ème siècle, quand l'île devient une colonie française en 1841, les trois autres îles de l'archipel des Comores étant placées sous le statut de protectorat en 1886. En 1912, les quatre îles deviennent une province de la colonie de Madagascar puis un territoire d'outre-mer en 1946 (la Martinique, la Guadeloupe, la Guyane et la Réunion devenant des DOM cette année-là). A la différence des trois autres îles qui deviennent un état indépendant en 1975 et constituent à l'heure actuelle l'Union des Comores, Mayotte affirme son désir de rester française lors des référendums de 1974 et 1976, et obtient peu de temps après le statut de collectivité territoriale à caractère départemental. Cette situation est depuis à l'origine de vives tensions diplomatiques entre la France et l'Etat des Comores, ce dernier revendiquant toujours sa souveraineté sur Mayotte, quatrième étoile de son drapeau. S'ensuit au cours de ces trois dernières décennies toute une série d'accords visant à ancrer Mayotte dans la République Française, jusqu'à la départementalisation de mars 2011.

Sur le plan économique, Mayotte enregistre un retard très important par rapport aux autres régions françaises et européennes (CEROM, 2010 ; IEDOM, 2010). Malgré une croissance économique de l'ordre de 10% par an ces dernières années, plus d'un quart de la population de Mayotte continue à vivre sous le seuil relatif de pauvreté. Le PIB moyen par habitant est environ trois fois inférieur à celui de La Réunion, quatre fois inférieur à celui de l'UE à 27, six fois à celui de la métropole. Il est en revanche huit fois supérieur à celui des Comores. Le secteur des administrations publiques est le principal contributeur à l'activité économique avec une valeur ajoutée représentant près de la moitié du PIB. S'agissant de la balance commerciale, les échanges avec l'extérieur sont fortement déséquilibrés, avec un taux de couverture des importations par les exportations inférieur à 2% ces dernières années. La croissance rapide des importations suit la forte progression de la demande, qu'il s'agisse de la consommation des ménages ou de la commande publique. La question du retard de développement est devenue plus aigüe à l'automne 2011, quand d'importants mouvements de contestation contre l'augmentation du coût de la vie ont paralysé l'activité de l'île.

2. L'INDICE DE DÉVELOPPEMENT HUMAIN

L'Indice de Développement Humain (IDH) est probablement l'indicateur synthétique de développement le plus reconnu au niveau international et le plus à même de concurrencer l'indicateur du PIB par tête. Depuis 1990, le PNUD publie chaque année l'IDH de chaque pays dans son Rapport sur le Développement Humain. L'IDH prend en compte trois aspects essentiels du développement humain : la richesse monétaire, mais aussi la santé et l'éducation. La méthode de calcul de l'IDH a connu des modifications depuis 1990, la dernière étant intervenue en 2010. Nous continuons cependant à appliquer la méthode utilisée jusqu'en 2009 qui nécessite des données plus disponibles pour Mayotte. De plus, cette méthode a servi ces dernières années à évaluer les niveaux d'IDH pour les DOM (CEROM, 2008 ; Goujon 2008, 2009), et la reprendre apparaît nécessaire à l'exercice de comparaison. Nous présentons brièvement la méthode de calcul de l'IDH utilisée jusqu'en 2009, son intérêt et ses limites, et la dernière évolution méthodologique de 2010.

2.1. Rappel sur le principe du calcul de l'Indice de Développement Humain

La méthodologie employée par le PNUD jusqu'en 2009 pour mesurer l'IDH est relativement simple et transparente : elle consiste à appliquer la moyenne arithmétique de trois indices.

$$\text{IDH} = \frac{R+S+E}{3} \qquad \text{avec}$$

R : indice de la richesse monétaire, basé sur le PIB par habitant ;

S : indice de la santé, basé sur l'espérance de vie à la naissance ;

E : indice de l'éducation basé sur la moyenne pondérée d'un indice de scolarisation des jeunes (1/3) et d'un indice d'alphabétisme des adultes (2/3).

Les variables utilisées dans la construction de ces trois indices ne sont pas exprimées dans les mêmes unités. Le PIB par habitant est en unités monétaires (en dollar), l'espérance de vie en années et le niveau d'éducation en pourcentage. Afin de calculer l'IDH comme la moyenne des trois variables, celles-ci sont normalisées ou redimensionnées afin que leur niveau respectif soit compris entre 0 (minimum) et 1 (maximum). L'IDH est de cette façon également compris entre 0 (niveau minimum de développement) et 1 (niveau maximum). Le redimensionnement nécessite que soient définies des valeurs minimales et maximales (possibles ou acceptables) pour chacune des variables (tableau 1). La formule de « normalisation » est alors de la forme :

Valeur de l'indice = (valeur observée de la variable – minimum) / (maximum – minimum)

S'agissant de l'indice de richesse monétaire, le PNUD utilise une transformation logarithmique « écrasant » les valeurs élevées de PIB par habitant, que nous présentons plus en détail plus loin :

R = (log valeur observée de la variable – log minimum) / (log maximum – log minimum)

2.2. Intérêts et limites de l'IDH

Sur la définition

Le concept de développement est bien sûr plus complexe que ce que permet de mesurer l'IDH avec seulement trois dimensions et quatre variables. Cependant, ces quatre variables sont des mesures acceptées des principaux aspects du développement et sont très liées à la satisfaction des besoins essentiels comme l'alimentation, le logement, l'hygiène et les soins médicaux, le savoir, les capacités sociales... De plus, le nombre de variables doit demeurer limité pour que l'indicateur synthétique reste compréhensible et acceptable. La reconnaissance internationale de l'IDH semble prouver que cet indicateur rassemble suffisamment d'informations tout en restant compréhensible.

Tableau 1. Minima et maxima des variables utilisés dans la formule de normalisation

	Minimum	Maximum
PIB/habitant ($ ppa)	100	40 000
Espérance de vie (années)	25	85
Education (%), dont :	0	100
Alphabétisme	0	100
Scolarisation	0	100

Source : PNUD.

L'IDH est un indicateur du niveau *moyen* de développement, et ne prend pas en compte explicitement les inégalités de revenus ou sociales dans les pays. Deux pays peuvent ainsi présenter des niveaux identiques d'IDH mais des niveaux différents de pauvreté si les niveaux des inégalités sont différents. On peut cependant considérer que les variables comme le taux d'alphabétisme ou de scolarisation, et même l'espérance de vie, reflètent indirectement le niveau des inégalités dans le pays, et c'est d'ailleurs en cela que l'IDH représente un progrès par rapport au PIB par habitant.

Sur la méthode

On peut s'interroger sur la pertinence d'agréger sous la forme d'un indicateur unique des éléments si hétérogènes (richesse monétaire, santé, éducation). L'agrégation suppose en effet une équivalence entre des niveaux des différentes dimensions, et qu'une faiblesse dans l'une peut être compensée par un niveau élevé dans une autre. Cette propriété est cependant justifiable dans le sens où un pays à PIB par habitant élevé mais n'investissant que peu dans la santé et l'éducation peut présenter un indice de développement humain affaibli. L'utilisation de la moyenne arithmétique simple pour agréger les composants est également critiquable mais elle a cependant l'avantage d'être la plus transparente et a par conséquent grandement participé à l'acceptation de l'IDH. De façon complémentaire, la pondération des variables dans l'IDH (poids identique des trois dimensions dans l'IDH, poids deux fois plus important de l'alphabétisme par rapport à la scolarisation dans l'indice d'éducation) apparaît arbitraire, mais sans que puissent être finalement justifiés d'autres choix.

Les formules de normalisation qui permettent le passage entre les niveaux des variables et les valeurs d'indices, y compris le choix des minima et maxima, relèvent de choix subjectifs. Il en va particulièrement de la formule de normalisation du PIB par habitant menant à l'indice de richesse monétaire. Cette formule utilise une transformation logarithmique qui « écrase » les valeurs élevées de PIB par habitant (voir graphique 1). Le PNUD considère ainsi qu'atteindre un niveau de vie acceptable ne nécessite pas une valeur illimitée de revenu, ou, qu'une augmentation du PIB par habitant est plus « importante » quand celui-ci est initialement faible.[1] Il s'agit de considérations qui relèvent certes du sens commun mais qui peuvent être critiquées.

---

[1] En d'autres termes, l'utilité marginale d'un dollar supplémentaire de revenu est décroissante avec le niveau du revenu.

Graphique 1. Normalisation du PIB par habitant

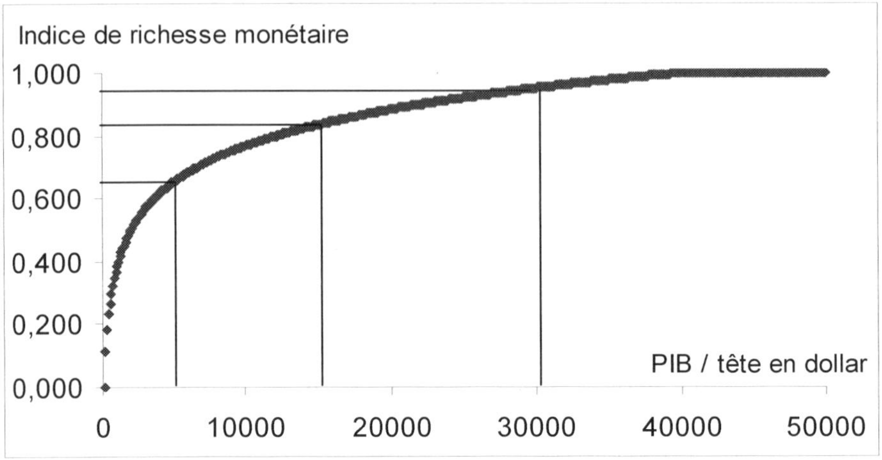

Note de lecture : un PIB par habitant de 5000, 15 000 et 30 000 dollars correspond à un niveau d'indice de richesse monétaire de 0,65, 0,84 et 0,95 respectivement. A partir de 40 000 dollars par habitant, l'indice de richesse est égal à 1 (le maximum).

Sur les données

L'objet principal de l'IDH, qui est d'établir un classement des pays, nécessite que soient utilisées des données standardisées internationalement plutôt que des données nationales, plus précises mais dont la définition peut différer entre les pays. Les données internationales sont des données nationales qui ont été « traitées » ou « ajustées » par les organismes internationaux, voire estimées quand elles manquent.[2] Par conséquent, les données statistiques sur lesquelles repose la construction de l'IDH peuvent être imprécises, d'autant plus pour les pays à faibles niveaux de développement où les données statistiques sont de mauvaise qualité. Ce qui pose surtout problème ici, c'est que l'imprécision des données et donc du classement IDH, bien que reconnue, est généralement reléguée au second plan.

Le changement de méthodologie de 2010

La méthodologie de l'IDH présentée ci-dessus et que nous maintenons dans notre exercice sur Mayotte a été révisée par le PNUD en 2010 (voir Rapport sur le Développement Humain 2010). Les trois dimensions – santé, éducation et revenu – sont conservées. La santé reste mesurée par l'espérance de vie à la naissance. En revanche, l'éducation est maintenant mesurée par les années de scolarisation escomptées pour les enfants et les années de scolarisation moyennes des adultes, qui donnent une idée plus fine du niveau d'éducation que

[2] Les organismes nationaux sont, selon les pays, les instituts de statistiques et des Ministères ; les organismes internationaux sont la Division de la Population des Nations Unies (espérance de vie), l'Institut des Statistiques de l'UNESCO (alphabétisation, scolarisation) et la Banque mondiale (PIB par habitant).

le taux d'alphabétisme. Le revenu est maintenant mesuré sur la base du Revenu National Brut qui prend en compte les transferts internationaux de fonds, mesurant mieux la richesse d'une population.

La formule d'agrégation est maintenant une moyenne géométrique plutôt qu'arithmétique et les maxima utilisés dans la normalisation ne sont plus fixes mais égaux à ceux observés sur la période pour laquelle l'IDH est calculé.[3] La moyenne géométrique donne plus d'importance à de mauvais résultats dans une des dimensions, limitant ainsi l'effet de compensation ou de substituabilité discuté plus haut. De ce fait, les niveaux d'IDH ont diminué en moyenne de 7%, les changements les plus importants étant pour les pays présentant des résultats inégaux entre les trois dimensions. Ce nouvel IDH répond à certaines critiques qui étaient adressées à l'ancienne version. En revanche il demeure des problèmes de données, notamment sur les variables d'éducation, et la moyenne géométrique est moins transparente que la moyenne simple. Il n'est donc pas à exclure que cette nouvelle version, dont on ne connaît pas encore véritablement la reconnaissance internationale, fasse l'objet de nouvelles modifications dans les prochaines années.

3. L'ÉVALUATION DU NIVEAU D'INDICE DE DÉVELOPPEMENT HUMAIN POUR MAYOTTE

Le PNUD ne produit pas d'IDH pour les régions ou pour les territoires non indépendants. Il existe cependant des tentatives de calculs de l'IDH au niveau des régions métropolitaines (Gadray et al., 2006 ; Boutaud, 2007). S'agissant des DOM, l'évaluation pour la Guadeloupe, la Guyane et la Martinique a été effectuée au début des années 2000 par l'Université Antilles-Guyane et l'INSEE et pour l'année 2005 par le CEROM (2008). Pour La Réunion, Goujon (2008, 2009) présente une évaluation en détaillant les hypothèses et les calculs pour l'année 2004 et la période 1985-2005 respectivement. Pour Mayotte, on ne dispose pour l'instant que d'évaluations très imprécises, dont la méthodologie n'est pas détaillée : l'IDH serait de 0,590 sur la période 1990-2005 selon Guébourg (2006), et compris entre 0,535 et 0,741 au début des années 2000 pour Taglioni (2003). Nous proposons ici une évaluation de l'IDH de Mayotte en présentant toutes les hypothèses et toutes les approximations qui ont été nécessaires. Nous comparons ensuite ce niveau à celui de la France, et à ceux des autres DOM et îles de l'Océan Indien.

3.1. L'indice de santé

L'espérance de vie à la naissance à Mayotte et à La Réunion fait l'objet d'estimations et de publications régulières par l'INSEE. Le tableau 2 présente le niveau de cet indicateur pour différentes économies en 2006 (donnée disponible la plus récente pour Mayotte). Le niveau d'espérance de vie à Mayotte est nettement plus faible que celui de la métropole et comparable aux niveaux de Maurice et des Seychelles.

---

[3] Les minima ont été fixés comme suit : espérance de vie à 20 ans, les deux variables de l'éducation à 0 et le RNB par habitant à $100 PPA, considéré comme un minimum naturel absolu.

Tableau 2. Espérance de vie à la naissance en 2006 (années)

Mayotte	Réunion	France[a]	Comores	Maurice	Madagascar	Seychelles
73	77	81	65	72	60	73

[a] *France métropolitaine.*
Source : INSEE et PNUD.

En appliquant la formule de normalisation, l'indice de santé pour Mayotte en 2006 est :

S= (73 – 25) / (85 – 25)
S= 0,80

3.2. L'indice d'éducation

L'indice d'éducation est la combinaison de deux variables, le taux de scolarisation des « jeunes » et le taux d'alphabétisme des « adultes », qu'il s'agit d'estimer pour Mayotte, et La Réunion, en suivant les définitions du PNUD.

3.2.1. Le taux de scolarisation des jeunes

Le taux de scolarisation est le rapport du nombre de « jeunes » scolarisés sur le nombre de « jeunes » en âge d'être scolarisés. Dans la méthodologie du PNUD, le nombre de jeunes scolarisés est le nombre d'individus inscrits au primaire (excepté le pré-primaire ou maternelle), au secondaire et au tertiaire (supérieur). Ces individus sont dénombrés sur la base de données administratives (inscriptions dans les systèmes éducatifs et décomptes des Ministères de l'éducation) ou à partir d'enquêtes dans les pays. La population en âge d'être scolarisée est entendue comme celle des individus âgés de 6 à 22 ans. Le PNUD utilise principalement les estimations établies par l'UNESCO, qui vérifie les données nationales, les ajuste pour les rendre conformes aux standards internationaux, estime les données manquantes, et calcule le taux de scolarisation combiné (UNESCO, 2007).

S'agissant de Mayotte, le nombre d'élèves du primaire et du secondaire peut être estimé à 57 600 en 2007 (INSEE-TEM). L'effectif dans le supérieur (Institut Formation des Maîtres, Pôle Universitaire) est quant à lui évalué à seulement 400 (INSEE-TEM ; Académie de La Réunion, 2011). L'effectif total est par conséquent de 58 000, à rapporter à l'effectif de la population des 6-22 ans d'environ 72 000 personnes. Le taux de scolarisation s'établit ainsi à 80,5%.[4] Pour La Réunion en 2007, le nombre de scolarisés s'établit à 194 000 (179 000 élèves et 15 000 étudiants dans le supérieur) pour une population des 6-22 ans d'environ 230 000 (INSEE-TER), donnant un taux de scolarisation de 84,4%. Ces évaluations sont reportées dans le tableau 3 avec les estimations du PNUD pour la France et les îles de l'Océan Indien.

[4] La question de l'émigration des jeunes est souvent évoquée comme source d'un biais potentiel dans ce calcul. Les étudiants hors Mayotte seraient au nombre de 4000 : 1700 lycéens et 2200 étudiants selon l'INSEE (2010) (voir Goujon 2008 pour une discussion de l'impact limité sur le taux de scolarisation du départ des jeunes à La Réunion).

Tableau 3. Taux de scolarisation combiné primaire, secondaire et supérieur, 2007 (en %)

Mayotte	Réunion	France[a]	Comores	Maurice	Madagascar	Seychelles
80,5	84,4	95,4	46,4	76,9	61,3	82,2

[a] *France métropolitaine.*
Source : PNUD et calculs à partir de INSEE-TER et TEM.

La relative faiblesse du taux de scolarisation des DOM par rapport à la France métropolitaine s'explique principalement par une diminution plus rapide de la scolarisation au-delà de 16 ans. Cette tendance peut s'expliquer à la fois par des abandons d'études plus nombreux mais aussi par un développement encore trop récent, et donc limité, de l'offre de formation.[5] Avec un taux de scolarisation de 80,5%, l'indice de scolarisation pour Mayotte est donc de 80,5/100 = 0,805.

3.2.2. L'indice d'alphabétisme des adultes

Parmi les quatre variables utilisées dans le calcul de l'IDH, le taux d'alphabétisme est probablement celui qui reste le plus difficile à estimer pour les DOM. Le PNUD définit le taux d'alphabétisme comme étant le « pourcentage des personnes âgées de 15 ans ou plus qui peuvent, en comprenant, lire et écrire un texte court en rapport avec leur vie de tous les jours ». La distinction entre analphabétisme et illettrisme n'étant pas toujours claire[6], la question du type et des seuils de compétences testées est essentielle : la difficulté vient du fait qu'ils peuvent différer entre les pays et les organismes qui évaluent ces compétences. Les comparaisons internationales, ou même régionales, ne sont donc pas aisées en la matière (UNESCO, 2007). Pour la France par exemple, l'INSEE évalue l'illettrisme mais ne calcule pas un taux d'analphabétisme au sens du PNUD. Ce dernier utilise alors pour la France un taux par défaut dans le calcul de l'IDH (taux d'alphabétisme de 99%). Selon l'INSEE, l'illettrisme en France métropolitaine touche environ 10% des adultes, avec environ 1 à 2% qui éprouvent de fortes difficultés, ce qui correspond environ au taux d'analphabétisme du PNUD.

Selon l'INSEE (2008), le taux d'illettrisme serait de l'ordre de 20% à La Réunion, un niveau deux fois plus important qu'en métropole. Ceci correspondrait à un taux d'analphabétisme de l'ordre de 5% en appliquant la proportion analphabétisme/illettrisme de la métropole et en considérant les handicaps particuliers de l'île (particulièrement la mise en place plus tardive de la scolarisation universelle obligatoire). Le taux d'alphabétisme serait donc de l'ordre de 95%.

S'agissant de Mayotte, on ne dispose pas de données précises sur l'illettrisme et l'analphabétisme, l'INSEE n'ayant publié aucun chiffre à ce jour.[7]

---

[5] La récente création en octobre 2011 du Centre Universitaire de Mayotte destiné à accueillir 3000 étudiants dès la rentrée 2012 devrait permettre l'augmentation du taux de scolarisation au niveau tertiaire.
[6] L'illettrisme se définit comme étant un apprentissage *imparfait* de la lecture et de l'écriture.
[7] Puisque aucune indication n'est portée sur la langue testée, se pose également le problème du traitement des personnes étrangères connaissant des difficultés de compréhension, d'écriture et de

Selon une enquête de l'ancienne Direction du Travail, de l'Emploi et de la Formation Professionnelle de Mayotte (DTEFP, 2010), le niveau scolaire des adultes est très faible : 71% des personnes déclarent un niveau inférieur ou égal au primaire. Sur les 93000 personnes de 15 ans ou plus que totalise l'île, 50000 seulement parlent et écrivent le français et 38 000 ne le parlent pas (soit 42%). Selon l'Agence Nationale de Lutte contre l'Illettrisme (ANLCI, 2010), les chiffres issus de la Journée d'Appel pour la Préparation à la Défense montrent que 73% des jeunes en 2009 ont de grandes difficultés pour la lecture et pour l'écriture. Selon une étude du groupement d'établissements pour la formation continue (GRETA, 2007) menée sur des individus âgés de 30 à 60 ans, dans un environnement où le français serait la langue commune, 70% des sondés présenteraient des difficultés pour comprendre et s'exprimer en français au point de ne pouvoir accéder à un niveau d'information et de formation susceptible de les associer au développement économique, social et politique de leur île. Si l'on retient par conséquent un taux d'illettrisme de 70%, on pourrait considérer, en reprenant approximativement la méthode d'estimation pour la métropole et La Réunion, que l'analphabétisme atteint 20% à Mayotte (Tableau 4).

Tableau 4. Estimation des taux d'illettrisme et d'analphabétisme

	Illettrisme	Analphabétisme
France métropolitaine	10% (Insee)	1-2% (PNUD-Insee)
Réunion	20% (Insee)	5%
Mayotte	70% (divers)	20%

Source : INSEE et calcul des auteurs.

Tableau 5. Taux d'alphabétisme (en %)

Mayotte	Réunion	France[a]	Comores	Maurice	Madagascar	Seychelles
80	95	NA - 99,0	75,1	76,9	70,7	82,2

[a] *France métropolitaine.*
Source : PNUD, INSEE et calculs des auteurs.

L'indice d'alphabétisme pour Mayotte serait par conséquent de :

Indice d'alphabétisme = 80 / 100 = 0,80

Au total pour Mayotte, l'indice d'éducation combinant les taux de scolarisation et d'alphabétisme serait donc de :

Indice d'éducation E = 1/3 x 0,805 + 2/3 x 0,80 = 0,802

3.3. L'indice de richesse monétaire

L'indice de richesse basé sur le PIB par habitant fait appel à des ajustements et à des corrections plus complexes que pour les autres indices. En effet, afin de rendre comparables les PIB par habitant, il est nécessaire :

lecture de la langue du pays où ils habitent mais pas dans leur langue maternelle. Même si le français est la langue officielle du territoire, le shimaoré (originaire d'Afrique) et le shibushi (originaire de Madagascar) restent les deux langues les plus couramment parlées à Mayotte.

1- de diviser le PIB/hab. exprimé en monnaie nationale par le taux de change *e* pour obtenir le PIB/hab. en dollar, la monnaie commune de comparaison,[8]

2- d'ajuster cette richesse selon le pouvoir d'achat du pays puisque le pouvoir d'achat d'un dollar diffère entre les pays qui présentent un niveau général des prix différent. La prise en compte de cette différence de pouvoir d'achat revient à multiplier le PIB/hab. du pays en dollar par un *coefficient m*, supérieur (*resp.* inférieur) à 1 si le niveau des prix dans le pays est inférieur (*resp.* supérieur) à celui des Etats-Unis. Le coefficient multiplicateur *m* est égal au rapport du niveau des prix des Etats-Unis sur le niveau des prix dans le pays (voir World Bank - ICP, 2005).

Au total, on a alors :

(PIB/hab en monnaie nationale /*e*).*m* = PIB/hab en dollar *parité pouvoir d'achat*

Pour La Réunion et Mayotte, nous disposons du PIB par habitant en euros courants pour 2005 (données de l'INSEE, reportées dans la première ligne du tableau 6). Sous l'hypothèse de niveaux de prix identiques entre les DOM et la métropole, nous pouvons utiliser le rapport du PIB par habitant en dollar PPA de la France (source : PNUD) sur le PIB par habitant en euros courant de la France pour la même année (source : INSEE). Nous obtenons un rapport de 1,09 que nous appliquons aux PIB par habitant en euros courants des DOM (Tableau 6, deuxième ligne).

Tableau 6. Estimation des PIB par habitant en dollar PPA

	France [b]	Réunion	Mayotte
€ courant	27 800	15 500	5 200
$ PPA (prix identiques)	30 390	*16 940*	*5 680*
$ PPA (prix +10%)[a]	30 390	*15 400*	*5 170*

[a] *Sous l'hypothèse d'un écart de prix de 10% entre les DOM et la Métropole.*
[b] *France métropolitaine.*
Source : PNUD, INSEE et calculs des auteurs.

En réalité cependant, le niveau général des prix à Mayotte est plus élevé qu'en France métropolitaine.[9] En l'absence de données disponibles, nous considérons ici que l'écart des prix de Mayotte avec la métropole est comparable à celui de La Réunion avec la métropole, soit environ 10% selon l'INSEE.[10] Cela revient donc à diviser le PIB par tête $PPA de Mayotte, comme celui de La Réunion, par 1,1 (tableau 6 dernière ligne).[11]

[8] *e* étant le nombre d'unités monétaires nationales pour un dollar américain.

[9] Le différentiel de coût de la vie avec la métropole est une question récurrente dans les DOM. Cette question a été un des thèmes majeurs des Etats Généraux de l'Outre-Mer de 2009, et l'une des principales revendications lors des violentes manifestations de 2011 à Mayotte.

[10] Sur la base d'un panier de consommation de biens et services de type métropolitain, les prix réunionnais seraient 12,4% supérieurs, et sur la base d'un panier de consommation type réunionnais inférieurs de 0,4% (INSEE, 2010). On considère donc ici une hypothèse simplifiée selon laquelle les prix sont supérieurs de 10% à La Réunion par rapport à la Métropole.

[11] Le PIB par habitant en $PPA sous l'hypothèse d'un niveau des prix X% plus élevé dans le DOM (par rapport à la Métropole ou à la France) est égal au PIB par habitant $PPA sous l'hypothèse de niveaux des prix identiques, divisé par (1+X%).

Tableau 7. PIB par habitant 2005 en dollar parité pouvoir d'achat (PPA)

Mayotte	Réunion	France	Comores	Maurice	Madagascar	Seychelles
5 170[a]	*15 400*[a]	30 390	1 990	12 700	920	16 100

[a] *Sous l'hypothèse d'un écart de prix de 10% entre les DOM et la Métropole.*
Source : PNUD, INSEE et calculs des auteurs.

Enfin, pour le calcul de l'indice de richesse monétaire basé sur le PIB par habitant, le PNUD applique une formule de normalisation logarithmique (voir section 2.2). L'indice de richesse monétaire pour Mayotte est alors (en retenant l'hypothèse d'un niveau des prix supérieur de 10% par rapport à la métropole) :

Indice de richesse = [log(5170)-log(100)] / [log(40000)-log(100)] = 0,658

3.4. L'agrégation des trois indices : le niveau d'Indice de Développement Humain

En agrégeant les différentes données disponibles et estimées, le niveau de développement humain de Mayotte au sens du PNUD s'établit à :

$IDH_{Mayotte} = (0{,}658 + 0{,}802 + 0{,}80) / 3 = 0{,}75$

Ce niveau est comparable à celui d'un groupe de pays ayant un développement « moyen » au sens du PNUD. Plus précisément, les valeurs d'IDH comprises dans l'intervalle [0,70 - 0,80] correspondent aux économies situées entre la 84ème et la 121ème place du classement mondial en 2005-2007. Mayotte se situerait ainsi aux alentours de la 100ème place aux cotés de pays comme les Philippines, la Tunisie, les Maldives, Tonga, ou la Jamaïque.

Tableau 8. IDH et ses composantes, Mayotte, La Réunion et France

	Mayotte		**La Réunion**		**France**	
	Valeur	Indice	valeur	Indice	valeur	Indice
(R) PIB/hab. ($PPA)	5170[a]	0,66	15400[a]	0,84	30390	0,95
(V) Esp. de vie (années)	73	0,80	77	0,87	81	0,93
(E) Education (1/3.S+2/3.A)		0,80		0,91		0,98
(S) taux de scola. (%)	81	0,81	84	0,84	95	0,95
(A) taux d'alpha. (%)	80 [b]	0,80	95 [b]	0,95	99	0,99
IDH (R+V+E)/3	0,75		0,87		0,95	

[a] *Sous l'hypothèse d'un écart de prix de 10% entre les DOM et la Métropole.*
[b] *Notre estimation à partir des informations existantes en la matière.*

4. COMPARAISON DES NIVEAUX D'IDH : LE RETARD DE DÉVELOPPEMENT DE MAYOTTE

En reprenant les informations du PNUD et rassemblant les différentes données précédemment décrites pour calculer l'IDH de Mayotte et de La Réunion, nous aboutissons aux résultats rassemblés dans les tableaux 8, 9 et 10.

Tableau 9. IDH de Mayotte par rapport à La France et aux iles de l'Océan Indien

	Mayotte	La Réunion	France	Comores	Maurice	Madagascar	Seychelles
IDH	0,75	0,87	0,95	0,576	0,804	0,543	0,845
Rang *(198 pays)*	100eme *(estimation)*	40eme *(estimation)*	8ème	149ème	87ème	158ème	63ème

Sources : Calculs des auteurs à partir de données INSEE, PNUD et autres.

Tableau 10. IDH de Mayotte par rapport aux autres DOM

	Mayotte	Réunion	Guyane	Martinique	Guadeloupe
IDH	0,75	0,87	0,86	0,93	0,91

Sources : Calculs des auteurs et CEROM (2008).

Sur la base des écarts d'IDH, Mayotte accuse un retard significatif en termes de développement humain par rapport à la France et dans une moindre mesure par rapport à La Réunion et aux autres DOM (Tableau 9). L'écart est cependant particulièrement marqué en termes de richesse monétaire moyenne par habitant. Les domaines de la santé et de l'éducation accusent quant à eux un retard moins important grâce aux politiques publiques en la matière. En comparaison avec les pays de la zone, Mayotte présente un niveau de développement humain bien plus élevé que ses voisins immédiats (Comores et Madagascar). Ce niveau reste toutefois inférieur à ceux de l'ile Maurice et des Seychelles.

CONCLUSION

Les calculs d'IDH pour Mayotte et La Réunion présentés ici pourront être affinés à mesure que des données précises sur certaines des variables seront produites. Une veille et une mise à jour régulière s'avèrent indispensable à ce genre d'exercice. L'application de la nouvelle formule de l'IDH constitue aussi une des étapes suivantes. Un calcul rétrospectif de l'indicateur, dans la mesure où les données seraient disponibles, permettrait également de découvrir les progrès de la région en termes de développement humain.

La mesure de l'IDH établie pour Mayotte est particulièrement utile pour servir de base de réflexion sur le retard de développement de ce nouveau DOM. A la lumière de cet indicateur, Mayotte est le département français, et probablement l'un des territoires de l'Union européenne, le moins avancé en termes de développement. Même si les retards de Mayotte sont perceptibles dans les trois domaines composant l'IDH, ils restent néanmoins particulièrement marqués au niveau de l'activité économique. Or, contrairement aux domaines de la santé et de l'éducation, l'activité économique ne peut être pleinement soutenue par les transferts publics. Ce type de problématique renvoie par conséquent aux analyses relatives aux conditions spécifiques de développement d'une petite économie insulaire ultrapériphérique (Dimou, 2004 ; Jean-Pierre, 1997 ; Rochoux, 1997).

Les quatre premiers DOM ont à ce jour obtenu une égalisation de leurs droits sociaux. Les aides financières massives de la France et de l'Europe ont par ailleurs permis d'accélérer le rattrapage en termes de niveau de vie (Jean-Pierre, 2007 ; Charles, Darné, Hoarau, Jean-Pierre, 2011). La départementalisation de Mayotte devrait logiquement lui permettre de reproduire ce processus de convergence. Une accession rapide au statut de RUP, donnant droit à l'éligibilité aux fonds structurels européens, est néanmoins primordiale.

Pour autant, ce changement statutaire de Mayotte intervient plus d'un demi-siècle après celui de ses quatre homologues ultramarines. Un tel décalage temporel rend périlleuse toute conjecture d'une trajectoire économique comparable pour ce territoire. La seule certitude réside dans le fait que le caractère insulaire de cette petite économie de 376 km² ne manquera de peser, comme c'est le cas dans les autres DOM, sur ses perspectives de développement endogène. Ce dernier reste handicapé par l'étroitesse du marché intérieur et par le manque de compétitivité entraînant une absence de débouchés extérieurs. Il en résulte un taux de chômage élevé, tout particulièrement chez les jeunes à cause de la poussée démographique, et une forte dépendance à l'égard des transferts publics. Mayotte risque ainsi d'être condamnée à voir son développement ne dépendre que de l'arrivée de ces derniers.

REFERENCES

Académie de La Réunion, 2011, *Tableaux statistiques*. http://www2.ac-reunion.fr

ANLCI, 2010, Flash Infos Mayotte du jeudi 7 octobre 2010. http://www.anlci.gouv.fr/

Boutaud A., 2007, "Les indices synthétiques du PNUD en région Ile-de-France", *Etude pour le MIPES - Conseil Régional Ile-de-France*.

CEROM, 2008, "Les défis de la croissance calédonienne". www.isee.nc/telechargement/cerom2.pdf

CEROM, 2010, "Mutations et évolutions de l'économie mahoraise à la veille de la départementalisation", n°1, novembre.

Charles A., Darné O., Hoarau J.-F. et Jean-Pierre P., 2011, "La persistance des écarts de richesse entre La Réunion et les standards français et européens : l'apport des tests de racine unitaire". Document de travail du CEMOI n°2011-13.

Déry S., 2005, "Problèmes de développement dans les régions marginales", *Travaux du GREDIN* n°1, Université de Laval, Québec, novembre.

Dimou M., 2004, "Économies insulaires et trajectoires de développement : une comparaison entre Maurice et la Réunion", *Région et Développement*, n° 20.

DTEFP de Mayotte, 2010, Le dispositif de lutte contre l'illettrisme à Mayotte. http://www.dtefp-mayotte.travail.gouv.fr/index.php?cat=7&rub=13

Gadray J., Ruyters C. et Laffut M., 2006, "Des indicateurs régionaux de développement humain dans le Nord-Pas-de-Calais et en Wallonie", *Etude pour le Conseil Régional Nord-Pas-de-Calais*.

Goujon M., 2009, "L'indice de Développement Humain de La Réunion: des progrès depuis 20 ans mais un retard persistant", dans *INSEE-Economie de La Réunion* n°134, p.32-36 et une version plus détaillée dans *CERDI-Etudes et Documents* 2009.05.

Goujon M., 2008, "L'indice de Développement Humain : Une évaluation pour La Réunion", *Région et Développement,* n° 27.

GRETA, 2007, "La diffusion du français auprès de la population adulte de Mayotte". www.anlci.gouv.fr/.../MAYOTTE/note_d_opportunite_Illetrisme_Mayotte_Greta_2007.doc

Guébourg J-L, 2006, *Petites îles et archipels de l'Océan Indien*, Les Editions Karthala, Université de la Réunion.

IEDOM, 2010, *Mayotte : Rapport Annuel.*

INSEE-Antilles-Guyane, 2005, *Panorama de l'Espace Caraïbe.*

INSEE-Réunion, 2008, "Compétences à l'écrit, en calcul, à l'oral", *INSEE partenaires* n°2, Octobre.

INSEE-Réunion, *Tableau Economique de La Réunion.* (INSEE-TER).

INSEE-Réunion, *Tableau Economique de Mayotte.* (INSEE-TEM).

INSEE-Réunion, 2010, Comparaison spatiale des prix Réunion-France, *Economie de La Réunion,* n°137.

Jean-Pierre P., 1997, "Dynamique d'une économie régionale en développement au sein de la Communauté européenne", *Région et Développement,* n° 5.

Jean-Pierre P., 2007, "Transferts et déséquilibres macroéconomiques des économies ultramarines", Document de Travail de l'Agence Française de Développement, n°51.

PNUD, 2009, *Rapport sur le Développement Humain.*

Rochoux J.-Y., 1997, "Transferts financiers publics et développement régional. Le cas d'une région d'outre-mer : La Réunion", *Région et Développement,* n° 5.

Taglioni F., 2005, *Atlas Géographique Informatisé Régional.* http://atlas.taglioni.net/

UNESCO, 2007, *Education Indicators – Technical Guidelines*, UNESCO Institute for Statistics, Montreal.

World Bank – ICP, 2005, *Technical briefing paper: Purchasing power parities – Statistics to measure the World*, International Comparison Program, The World Bank, Washington.

HUMAN DEVELOPMENT INDEX: AN EVALUATION FOR MAYOTTE

Abstract - *The position of Mayotte in terms of development is a critical issue following its recent accession to the status of French Overseas Department. In this article we propose measuring the level of development by the Human Development Index (HDI) established by the United Nations Development Programme (UNDP), a composite indicator that integrates dimensions relating to monetary wealth, health, and education within an economy. We perform the calculation for Mayotte and La Reunion (the other French Overseas Department in the Indian Ocean), for years 2005-2007, presenting all the assumptions and estimates that have proven necessary. In the light of this assessment, it appears clearly that Mayotte's development gap is substantial since its level of human development ranks approximately 100th on a global scale, as compared to La Reunion, ranking 40th and France, ranking 8th on the index.*

Key-words: DEVELOPMENT, HUMAN DEVELOPMENT INDEX, MAYOTTE, LA REUNION, OVERSEAS DEPARTMENT

REVUE RÉGION ET DÉVELOPPEMENT

Site Web : www.regionetdeveloppement.org

Recommandations aux auteurs

La Revue Région et Développement publie en français ou en anglais des articles originaux, des notes et documents et des comptes rendus de lecture. Pour soumission à publication, l'auteur doit adresser à la rédaction de la revue le texte par courrier électronique ou le manuscrit dactylographié en deux exemplaires. La présentation des chapitres, des références bibliographiques et des notes de bas de page doit être conforme à celle de la revue. Les articles doivent être accompagnés d'un résumé en français et en anglais d'une dizaine de lignes, des mots-clés correspondants et de la classification du JEL. Le nom de l'auteur, l'institution à laquelle il appartient et l'adresse complète doivent figurer en page de garde.

Les articles proposés à la revue Région et Développement sont évalués par le comité de rédaction puis soumis de manière anonyme à un ou deux referees. L'auteur reçoit un rapport d'évaluation, lui aussi anonyme, concluant à publication, révision ou refus.

Après avis favorable à la publication du Comité de lecture, il sera demandé à l'auteur un envoi par mail du texte en Word (y compris figures, tableaux et formules mathématiques compatibles avec Word 2007).

Les propositions d'articles doivent être adressées à la rédaction de la revue :

Professeur Maurice Catin
Revue Région et Développement
LÉAD - Faculté de Sciences Économiques et de Gestion
Université du Sud Toulon-Var, BP 20132
83 957 La Garde Cedex
France

Tél. : 04 94 14 25 46
mél : maurice.catin@univ-tln.fr

BULLETIN D'ABONNEMENT

Revue "Région et Développement"

• **Je désire souscrire un abonnement pour l'année 2012 (deux numéros) :**

☐ France, DOM-TOM : 37 € ☐ Étranger : 40 €

• **Règlement :**

☐ CCP ☐ Chèque bancaire ☐ Mandat international

Pour l'étranger, merci d'effectuer un virement en euros sur le ***CCP 23 625 44 N Paris*** ou bien un règlement par chèque bancaire en euros sur une banque domiciliée en France ou par carte de crédit internationale.

N° de la carte : ☐☐☐☐☐☐☐☐☐☐☐☐☐☐☐☐

Date d'expiration : ☐☐☐☐☐☐☐ Banque : . ...

Nom et Prénom : ....
Adresse : ....
....
Code Postal : .... Ville : ....
Pays : ....

Date :

Signature :

Ce bulletin d'abonnement à la Revue "Région et Développement" et votre règlement sont à retourner à :

Éditions L'HARMATTAN - 7, rue de l'École-Polytechnique, 75005 PARIS
Tél. : 01 40 46 79 14 - fax : 01 43 29 86 20 - site web : www.librairieharmattan.com

Abonnement annuel : 2 numéros	
France, DOM-TOM :	37 €
Étranger :	40 €

L'HARMATTAN, ITALIA
Via Degli Artisti 15; 10124 Torino

L'HARMATTAN HONGRIE
Könyvesbolt ; Kossuth L. u. 14-16
1053 Budapest

ESPACE L'HARMATTAN KINSHASA
Faculté des Sciences sociales,
politiques et administratives
BP243, KIN XI
Université de Kinshasa

L'HARMATTAN CONGO
67, av. E. P. Lumumba
Bât. – Congo Pharmacie (Bib. Nat.)
BP2874 Brazzaville
harmattan.congo@yahoo.fr

L'HARMATTAN GUINÉE
Almamya Rue KA 028, en face du restaurant Le Cèdre
OKB agency BP 3470 Conakry
(00224) 60 20 85 08
harmattanguinee@yahoo.fr

L'HARMATTAN CAMEROUN
BP 11486
Face à la SNI, immeuble Don Bosco
Yaoundé
(00237) 99 76 61 66
harmattancam@yahoo.fr

L'HARMATTAN CÔTE D'IVOIRE
Résidence Karl / cité des arts
Abidjan-Cocody 03 BP 1588 Abidjan 03
(00225) 05 77 87 31
etien_nda@yahoo.fr

L'HARMATTAN MAURITANIE
Espace El Kettab du livre francophone
N° 472 avenue du Palais des Congrès
BP 316 Nouakchott
(00222) 63 25 980

L'HARMATTAN SÉNÉGAL
« Villa Rose », rue de Diourbel X G, Point E
BP 45034 Dakar FANN
(00221) 33 825 98 58 / 77 242 25 08
senharmattan@gmail.com

L'HARMATTAN TOGO
1771, Bd du 13 janvier
BP 414 Lomé
Tél : 00 228 2201792
gerry@taama.net

Achevé d'imprimer par Corlet Numérique - 14110 Condé-sur-Noireau
N° d'Imprimeur : 93314 - Dépôt légal : décembre 2012 - *Imprimé en France*

Made in United States
Orlando, FL
04 November 2026

90200863R00138